きのこの

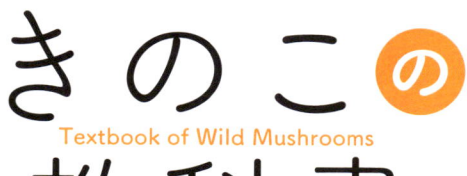

Textbook of Wild Mushrooms

教科書

観察と種同定の入門

大阪市立自然史博物館
佐久間大輔

JN212307

山と溪谷社

プロローグ

　きのこの世界へようこそ。この本を手にとったあなたは、きっときのこに「心引かれるもの」を感じているのだと思います。素晴らしい！　まずはその好奇心に敬意を表したいと思います。

　私は大阪市立自然史博物館の学芸員をしている佐久間大輔と申します。自然史博物館という場所は好奇心の強い人を引きつけるホットスポットみたいなところで、「きのこ大好き！」という人はめずらしくありません。でも、もし、あなたが心斎橋や渋谷のような街中で、花壇の片隅にひょっこり顔を出したきのこを見て、「あ、コガネキヌカラカサタケだ！　かわいい！」などと好奇心を向けようものなら、一気に「フシギちゃん」キャラが確定してしまいそうです。

　それでもこのところ、きのこグッズや関連書籍の勢いはわりあいと強く、ややサブカル的ではありながら、ある程度の市民権を得ているように思います。

　おとぎ話やゲームの中では、きのこはたいてい「魔法」や「毒」、ときには「パワーアップ」のアイテムとして登場します。確かにたくさんヒミツがありそうな、不思議な存在ですよね。ある日突然出てきて、あれ？と思っている間に消えてしまうきのこ。毒の怖さがある反面、健康食品としての紹介も目にします。こうしたことが全部ごちゃごちゃになって、不思議なイメージを作っているのかもしれません。世の中には、きのこを嫌う人もたくさんいますが、一方で多くの人が、きのこに謎めいたものを感じているのでしょう。

　しかし、多くの人はきのこを遠巻きにして眺めているだけです。学校の教科書にもろくに登場せず、理科の成績にもあまり関係しないきのこ。そのきのこの知識を獲得するために、一歩を踏み出す唯一の推進力は好奇心です。プロローグをここまで読んだあなたには、間違いなくそれが備わっているでしょう。

街中で好奇心を露わにするかどうかは別として、自然史博物館に出かけたり、観察会に出かけたり、まずは好奇心を行動に移すことが重要です。

　博物館では、大人から子どもまで、強い好奇心を持った多くの人に出会います。しかし、きのこのことをガンガン調べていく人は、まだ少ないように思います。その理由として、きのこを学ぶ難しさがあげられるでしょう。なにせ理科の教科書にもほとんど登場しない存在です。生物学を体系的に習った人でさえも、どうやって学びはじめればよいのかわからないようです。また、学校の理科の教科書には正解がありますが、きのこは違います。くわしくは後述しますが、目の前のきのこの名前が何であるかさえ「わからない」こともしばしばです。

　名前だけではありません。そのきのこが「何をしているのか」、「どうしてここに生えているのか」、「なぜこんなに虫に食べられているのか」など、きのこには取り組んでみれば難しい「謎」がいっぱいあります。でも、それは捉えようによっては、チャレンジできる「謎」があるということで、時間をかけてじっくり取り組めば、ベールは少しずつはがれてくる……かもしれません。

　あなたは答えがすぐにわかるクイズが好きですか？　それとも謎を解きながらレベルアップをしていくロールプレイングゲームが好きですか？　脅かすわけではありませんが、きのこの世界はなかなかに入り組んだダンジョン（地下迷宮）のようなものです。きのこを調べる道筋に、わかりやすい地図はありません。しかし、手がかりを得る手段がわかれば、道を切り拓くことはできます。仲間もすぐにできるでしょう。

　ただし、ゴールしたからといって、そこにお姫様がいたり、財宝が得られたりするわけではありません。そもそもゴールがあるかどうかもわかりません。まぁ、でも、とりあえず、最初の一歩を踏み出してみましょう。

本書の構成——ダンジョンの見取り図——

この本のねらいと取り上げていないこと

　この本には写真や美しい図譜も掲載していますが、例として掲載しているだけで網羅的ではありません。なぜなら本書は眺めて終わる本ではないからです。本書は野外できのこを見つけて、そのきのこの正体を解き明かしていく方法に、ひたすら集中して解説しています。

　たいていの図鑑の冒頭には図鑑の使い方が、巻末には研究の手法がごく簡単に書かれています。本書はその最初と最後の何ページかをくわしく書いてまとめたようなもので、菌類が生物学的にはどのような位置づけにあるのかなど、生物学的な基礎は逆に少ししか書いていません。また、きのこが私たちの暮らしにどのように役立っているかとか、上手なきのこの育て方などもほとんど書いていません。この小さな本がそうしたテーマまでをも担うのは荷が重すぎます。ですから、本書一冊できのこのことがすべてわかるとは思わないでください。

　本書がねらっているのは、「生物学の知識を特に持たない人がきのこを手にとって、上手に図鑑を使うための手引き」（パート１〜４）であり、「図鑑でもわからないことが楽しくてしょうがなくなるアマチュア研究へのお誘い」（パート５〜８）です。

　本書は、図鑑の替わりにも、専門書の替わりにもなりません。言うならば図鑑や専門書に気後れしている人のためのちょっとしたガイドブックです。近年、日本語でも本格的な菌類学の教科書がいくつも発行されています。正当な生物学的な解説はそうした教科書にすっぱりとゆだねます。

アイテムを手に入れよう！

　本書は、きのこのことをより深く理解していただくことに目的を絞って書いています。これからどんな世界に足を踏み入れるのか、先にその見取り図を示しておこうと思います。そのときどきに入手しなければならない「アイテム」もあります。特に図鑑は、是非、手に入れていただきたいアイテムです。

　また、これらのパートのところどころに、コラムとして過去の研究者のアプローチを書いてみました。偉人として紹介するのではなく、みなさんがきのこに取り組むためのワーキングモデルとして書いたつもりです。使用上の注意も守ってください。

> **本書の使用上の注意**
> ● 食べられるきのこと毒きのこの見分けができるようにはなりません。
> ● 本書単体では使用せず、別の図鑑や書籍などと合わせてご使用ください。
> ● きのこの採集はマナーを守って行いましょう。観察のためにはごく少量で十分です。
> ● 本書で紹介しているヒーターや乾燥機の使い方は、本来の使い方を少々逸脱しています。安全には十分に気をつけてお試しください。
> ● 本書では分類に関して、（あえて）最新の見解を採用していないことがあります。最新の見解については専門書などをご参照ください。

1 まずはきのこを眺めてみよう

手始めに、スーパーなどで手に入りやすいマッシュルームやエリンギなどの観察をしてみましょう。食材のきのこのこと、包丁があれば十分です。

2 野生のきのこを見る

野外に出て、野生のきのこ観察をしてみましょう。まず、身近な観察場所が必要です。木が茂っていて、こまめに観察に通える場所がいいでしょう。
きのこを持ち帰る道具も紹介します。記録のためのスマホでの撮影方法についても、簡単に触れます。

3 きのこの謎解き

採集したきのこを、図鑑で調べるときの観察ポイントを紹介します。虫眼鏡（ルーペ）やノートを用意しましょう。

6 わからないきのことの格闘

ここまで調べても、名前のわからないきのこはたくさんあります。図鑑に載っていない種類がいくつもある、それがきのこです。だからおもしろいとも言えます。わからないものを長い時間かけて調べるためには、記録と標本が大事になります。ここでは標本の作り方と管理について解説します。標本作りのアイテムとして、「フードデハイドレーター（ドライフルーツメーカー）」があると便利です。

5 自宅顕微鏡観察のすすめ

より詳細に調べるために顕微鏡観察に取り組んでみましょう。個人宅でも顕微鏡観察は十分にできます。数万円〜十数万円もする顕微鏡を買うのはちょっと気がひけるかもしれませんが、調べられる世界はぐっと広がります。まずは手軽な40倍対物レンズでの観察を、次に、ちょっと上位機が必要な100倍油浸対物レンズでの観察について解説します。

4 基本になる図鑑を持とう

大型の菌類図鑑を使うときの、手引きを書いています。自分の観察記録をもとに図鑑を引いてみましょう。最初は図書館などで図鑑を見比べていてもよいかもしれませんが、いずれは、自分の図鑑を入手してもらいたいと思います。

7 巨人の肩に立つ

きのこを調べるためには、過去の研究者やアマチュアが取り組んできた成果や記録を活用していくことが重要です。図鑑の絵の読みこみ方、インターネットでの論文の探し方、そして博物館の活用について紹介します。

8 きのこの名前調べを超えて

きのこの謎への取り組みは、名前を調べるだけではありません。暮らしぶりや、ほかの動植物との関わりなど、驚くほどさまざまな広がりがあります。次の「謎」を探してみましょう。

CONTENTS

Fungi Legends column
きのこ人物伝

•••• Part **1**

まずはきのこを
眺めてみよう

　思い立ったが吉日、きのこの観察を始めてみましょう。

　野生のきのこは簡単には手に入らないこともあります。名前がちゃんとついていて、だれもが同じように観察できるきのこなんて、めったにあるものではありません。そこでまずはスーパーなどで入手できるエリンギ、シメジ、マッシュルームあたりを見てみましょう。マッシュルームなんて、よく知っている？　でも、じっくり見ると意外な発見もあるかもしれません。それに見慣れたきのこをしっかり観察することは、見慣れない野生のきのこを見る練習になります。もちろん観察のあとは、料理して食べてくださいね。

1-1

キッチンマイコロジーのすすめ

マイコロジーとは菌類学のことです。スーパーでも、きのこは軽く5種類ぐらいは見つかります。シメジ、エリンギ、シイタケ、マッシュルーム、エノキタケ、マイタケ、ナメコ、キクラゲあたりが基本でしょうか。季節によってはマツタケもあるでしょう。タモギタケやヤマブシタケ、ハナビラタケ、アワビタケ、ヤナギマツタケ、ホンシメジ（大黒しめじ）あたりまであればたいしたものです（図1）。

イタリア料理の食材が充実しているお店

なら、乾燥したアミガサタケ（モリーユ）やヤマドリタケ（ポルチーニ）、セイヨウショウロ（トリュフ）なども見つかるでしょう。中華食材を扱うお店ならシロキクラゲ

図1 スーパーなどで扱われるきのこのいろいろ

表1 スーパーなどで扱われる主なきのこ

和名／商品名	学名	科・属
エリンギ	*Pleurotus eryngii* *	ヒラタケ科ヒラタケ属
アワビタケ	*Pleurotus eryngii* var. *touliensis* *	ヒラタケ科ヒラタケ属
タモギタケ	*Pleurotus cornucopiae* var. *citrinopileatus* *	ヒラタケ科ヒラタケ属
ヒラタケ（しめじ）	*Pleurotus ostreatus* *	ヒラタケ科ヒラタケ属
ブナシメジ	*Hypsizygus marmoreus*	シメジ科シロタモギタケ属
ホンシメジ（大黒しめじ）	*Lyophyllum shimeji*	シメジ科シメジ属
ハタケシメジ	*Lyophyllum decastes*	シメジ科シメジ属
シイタケ	*Lentinula edodes*	ホウライタケ科シイタケ属
マッシュルーム	*Agaricus bisporus*	ハラタケ科ハラタケ属
エノキタケ	*Flammulina velutipes*	タマバリタケ科エノキタケ属
マツタケ	*Tricholoma matsutake*	キシメジ科キシメジ属
フクロタケ	*Volvariella volvacea*	ウラベニタケ科フクロタケ属
ヤナギマツタケ	*Agrocybe cylindracea*	オキナタケ科フミヅキタケ属
ナメコ	*Pholiota microspora*	モエギタケ科スギタケ属
ヤマドリタケ（ポルチーニ）	*Boletus edulis*	イグチ科ヤマドリタケ属
マイタケ	*Grifola frondosa*	トンビマイタケ科マイタケ属
キクラゲ	*Auricularia auricula-judae*	キクラゲ科キクラゲ属
ハナビラタケ	*Sparassis crispa*	ハナビラタケ科ハナビラタケ属
アミガサタケ（モリーユ）	*Morchella esculenta*	アミガサタケ科アミガサタケ属
セイヨウショウロ（トリュフ）	*Tuber* spp.	セイヨウショウロ科セイヨウショウロ属

＊をつけたものは表記の種に、近縁ないくつかの種を交配させた雑種が流通している

や缶詰のフクロタケなんかも置いてあるかもしれません。

生きものの見分け方は英単語の丸暗記とは違います。特徴を観察し、こうした特徴をもつグループはこの仲間だ、と似た仲間のまとまりを突き止めていくことが大切です。食材として流通しているきのこも好都合なことに実にいろいろなグループにまたがっています。個別の「種」に対して、比較的近縁の種をまとめたものを「属」、それらをさらに大きくくくってまとめたものを「科」といいますが、表1のように、同じ属・科になるのは、かろうじてエリンギとアワビタケ、タモギタケ、ヒラタケくらいで、あとはけっこうバラバラです。野生のきのこは日本だけでも数千種にのぼり、いきなり初心者には複雑すぎます。というわけで、そんなきのこの見分け方の基礎を学ぶために、まずは台所の食材から見てみましょう。

1-2
マッシュルームの観察

マッシュルームは、もしかしたら一番馴染みのあるきのこかもしれません。英語では「mushroom＝きのこ」です。名前からも想像がつくと思いますが、明治になってから日本に導入されたきのこです。最初から栽培品として導入されたこともあり「ツクリタケ」という名前もあります。みんながその味を知るまではとっつきにく

かったのでしょうか、最初の頃は「セイヨウマツタケ」などとも呼ばれていました（だれでもが知るきのこはマツタケやシイタケだったということでもあります）。

◆ 外見の観察

さて、そのマッシュルームを食べる前に観察してみましょう。ちょっと大きめのマッシュルームが見やすいと思います。スーパーで売っているマッシュルームは白いボールのように丸まったものが多いようです（図2）。これはきのことしてはまだ成熟する前の状態で、花に例えれば「つぼみ」のようなもの。きのこの専門用語では「幼菌」と呼ばれるきのことしては未熟な状態です。

売られているマッシュルームは、「柄」の下部がスパッと切り落とされています。マッシュルームは堆肥から発生します。生えてきたきのこの根元には堆肥がたっぷりついています。このため出荷前に、堆肥のついた根元の部分（「石づき」と呼ばれて

ツバ

変色している

図2 スーパーで購入したマッシュルーム。幼菌なのでボール状をしている。右は傘裏。ツバは、まだしっかりと蓋の役目をしていて、ヒダは見えない。柄の切り口は赤茶色に変色している

います）は切り落とされてしまうのです。

　柄の切り口の上のほうを見てみると、蓋のようなものが、「傘」の下面を覆っています。蓋のようなものは柄の下のほうにもやや伸びてひっついています。

　蓋のようなものの外側の下面は、ちょっとやわらかそうなふわふわした組織で覆われています。この毛羽立ったような、ささくれのような組織は、傘の上面も覆っています（図3）。このやわらかい部分は、手で触ったり、トレイがあたったり、傷がついたりすると赤茶色になります。写真（図2）でも、柄の切り口が赤茶色をしていますね。決して汚い手で触ったからではありません。

　これは、きのこがもつ特徴のひとつで、「変色性」と呼ばれています。組織が何かにぶつかることで菌糸の細胞が壊れ、中にあった物質が空気に触れたり、細胞の中で混ざったりして起こる化学反応による現象です。きのこの変色性にはさまざまなものがあります。青く変わるもの、赤くなるもの、黒くなるもの。なかにはハツタケ（ベニタケ科の野生のきのこ）などのように、傷つくと乳液を出して、その乳液が白から緑に変わるというような複雑なことをするものもいます。時間が経つと変色した組織は色が薄くなり、わかりにくくなります。何度も触ったり、トレイにあたったりしていると、このふわふわしたささくれのような組織自体が取れてなくなって、つやつやとした表面のマッシュルームになります。マッシュルームに限らず、きのこには驚くほど耐久性が低く壊れやすい組織があります。物理的に取れてしまうだけでなく、乾燥や刺激で縮んだり溶けたりするものもめずらしくありません。パックの商品のなかには、わざとつやつやした状態にしているものもあるようです。

◆ 断面の観察

　では、マッシュルームを包丁やカッターナイフで縦にすっぱりと切って、断面を観察してみましょう（図4）。このスライスされたマッシュルームの姿は、スパゲッティなどでもよく見かけますね。断面を見

図3　傘表面にささくれ状の組織がある

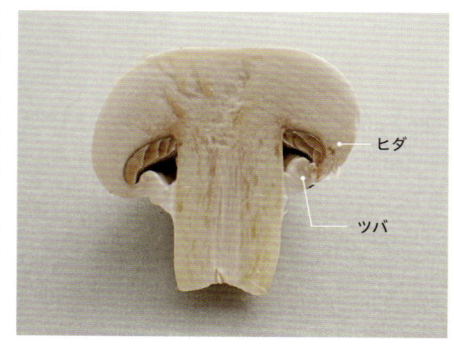

図4　マッシュルームを縦に切った断面

ヒダ

ツバ

ささくれ

てみると、柄の上に傘がつながり、傘の内側に「ヒダ」が並んでいます。断面はきれいに左右対称ですね。これはどの方向で縦に半分に切っても同じです。柄が傘の真ん中について、傘の形にも偏りがない、こうした形を「放射相称」といいます。

そして先程の蓋のような部分は、傘と柄の間のすき間をふさぐ役割をしています。この蓋の部分を「ツバ」と呼んでいます。買ってきたばかりの鮮度の高いマッシュルームでは、ツバはしっかりと蓋となっていて、ヒダもまだ薄く色づいている程度です。

◆ 成熟させてみよう

マッシュルームの観察を続けるために、少しきのこを成熟させてみましょう。少しの期間、置いておく、というだけの話ですが、蒸れたり、乾燥しすぎたりしないようにすることがポイントです。ビニールやラップをかけたままだと蒸れてしまって、1日程度で腐敗が始まったり、カビたりしてしまいます。これは野生のきのこでも同じですので気をつけてください。

ほどよい状態で1日程度置いておくと、きのこの成熟が進み、蓋となっていたツバが破れ始めます。破れ目ができていないようなら、傘と柄を持って、柄を上下左右に少し動かしてみると簡単に破れてくるでしょう。

ツバが破れたマッシュルームでは、ヒダの様子が一変しています。薄かったヒダの色は、真っ黒になっているはずです（図5）。これはヒダが傷んだわけではありません。ヒダが成熟し、「胞子」が形成されたために黒くなっているのです。ふくらんでいない未熟な胞子は無色でしたが、成熟してふくらんでくるにつれ、胞子は黒紫色を帯びてきます。そんな胞子が無数についたヒダが黒く見えるのです。ヒダや胞子の様子は、あとで顕微鏡を使って確認しましょう。

ツバは、しっかりとした膜のような構造で、傘から外れても、柄や傘の縁にくっついています。残っている部分には、傘に見られるささくれと同じようなやわらかい組織が残っています。

黒ずんだ
ヒダ

エリンギの観察

肉厚で、炒めものなどに重宝して使われるエリンギ。日本で食材として使われるようになったのはそれほど古いことではありませんが、1990年代に積極的に試食キャンペーンなどが行われ一気に大人気のきの

こになりました。

◆ 外見の観察

　こちらも縦に切って、断面を観察してみましょう。エリンギの最大の特徴は、傘と柄の区別がはっきりしないことです（図6）。断面を見てもどこから柄で、どこから傘かがはっきりわかりません。傘は開いても、ややいびつに片側へ張り出す形になります。従って柄は傘の中心からややずれてついています。

　ヒダがあるところが傘、と思っても傘の縁近くではヒダにそれなりに高さがあるのですが、柄の下に向かうにつれてだんだんと低くなり、最後は筋を引くように消えていきます。このようにヒダが柄の下に向かってダラダラと続くこともエリンギの大きな特徴です。こうしたヒダの形を専門用語で「垂生（すいせい）」と呼びます。

　断面を見ると傘の一番上（つまり傘の表面）だけが色づいていて、その下の傘肉は真っ白です。

　根元にも目を向けてみましょう。流通し

図6 エリンギの断面。傘と柄が連続的で区別がつかない

ているエリンギでは、柄の最下部は切り落とされていますが、根元近くには何やら産毛のようなものが生えていることがあります。この産毛は触るとすぐに潰れてなくなってしまうので、触る前に観察するか、何本かくっついている場合にはその分け目あたりを見てみましょう。これはカビが生えているわけではなく、エリンギ自身の特徴です。エリンギの仲間は根元に、こうした産毛のような菌糸をもっていることが多いのです。

1-4
「シメジ」の観察

◆ 多種多様な「シメジ」

　「シメジ」、と書きましたが、しめじにはいろいろなものがあります。実際、図鑑には単なる「シメジ」という和名のきのこはありません。今はない、というべきでしょうか。古くからしめじの名前で食べられているきのこは、ホンシメジやハタケシメジなどです。ただ、ホンシメジやハタケシメジが栽培され流通するようになったのはごく最近のことで、それまでは別のきのこが「しめじ」として流通していました。あなたが子供の頃に好きだった（あるいは嫌いだった？）しめじは何だったでしょう。

　戦後、広く流通していたのがヒラタケです。ヒラタケの幼菌をしめじの名で売っていたのですが、最近ではそうした商品も「し

めじ（ヒラタケ）」などと、より正確に表記されるようになりました。ブナシメジも1970年代と古くから流通しています。近年出回るようになったブナシメジの白色品種は、かわいらしい愛称で呼ばれていますね。

また最近は、「大黒しめじ」の名前で商品化されたホンシメジもありますし、ハタケシメジも栽培されています。

「しめじ」の名で流通するこれらのきのこは、どれもみな、根元からたくさんの柄が分かれて株立ちしています。地面を占有するようにかたまって生える姿から「占地」という名がついたという説もあります。これら4種類のきのこは、株立ちする様子だけでなく、白い柄、黒みがかったグレーの傘、白いヒダと、外見には共通点があります。だからこそ種は違えど「しめじ」を名乗れたわけなのですが、でもやはり、じっくり眺めるとやはり違いがあります。

◆ ヒラタケはエリンギと近い仲間

まずはヒラタケ（図7）を見てみましょ

図7 ヒラタケ。未熟なものは株立ち状で丸い頭になり、かつては「しめじ」の名で売られていた

う。上述のようにしめじとして売られているのはまだ傘の発達していない未熟な幼菌ですが、最近は傘が大きく開いたものも目にするようになりました。よく育ったものを見られれば明らかですが、ヒラタケのヒダはエリンギと同様に、傘から柄に沿って伸びています。柄も、傘の中心ではなく、やや偏ってついている場合がしばしばです。傘の中心がややへこんでいるのも特徴です。そして柄の根元には白い産毛が生えています。実はヒラタケはエリンギと近い仲間なので、外見の特徴も似ているのです。でも柄の太さはエリンギと違って、下のほうに向かってだんだん細くなります。

◆ 傘の模様に特徴のあるブナシメジ

次にブナシメジを見てみましょう。株立ちする様子は一緒ですが、よく見ると傘に亀の甲羅のような白い筋模様があります（図8）。模様は縁のほうに行くほど細かくなっています。この模様は目立たなくても白色品種にもあるので、機会があったら生のうちに見てみましょう。

図8 ブナシメジ。傘表面に見られるひび割れたような白い模様が特徴

次にやや大きく傘が開いたものを選んで、ヒダの様子を見てみましょう。ヒラタケやエリンギと同じように白いヒダですが、ヒダは柄に突き当たったところできっぱり終わっていて、柄の下のほうに伸びることはありません。また、傘の縁は軽く内側に巻きこんでいます。しかし、マッシュルームのような膜の構造（ツバ）は見当たりません。

株立ちしている柄は、根元に向かうほどやや太くなっていますね。

◆ 柄の太さが商品名になったホンシメジ

近年、「大黒しめじ」の名前で見かけるようになってきたホンシメジはどうでしょう。ホンシメジはブナシメジなどと比べると、きのこ1つ1つが大ぶりです。白い柄、白いヒダ、グレーがかった傘は共通ですが、肉厚な太い柄がまず目を引きます。この下腹がやや太くなった姿が七福神の「大黒様」を思わせるので、「大黒しめじ」の名がついたのです。大きくて黒いからではなく、ぽっこりとしたお腹の「大黒」なわけです。図鑑には標準和名のホンシメジという名で載っていますが、地方によってはもともと「大黒しめじ」の名で呼んでいました。そして、なかでも柄の太い系統の栽培に成功したので、商品名に「大黒しめじ」の名を採用したと聞きます。ちなみにときどき根元に小さな幼菌がついていますが、幼菌のときから大黒しめじはメタボ体型です。

さらに傘の表面をよく見てみましょう。ブナシメジのようなひび割れ模様はありま

せん。代わりに中心から外へ放射状の白い筋のようなものがたくさん走っています。地の色はやや赤みを帯びています。

◆ よく成長したものは　胞子がわかるハタケシメジ

栽培している地域が限られているためか、ハタケシメジは、まだ流通に差があるようです。もし、入手できたら観察してみてください。

ヒラタケやブナシメジは幼菌が流通していますが、ハタケシメジは十分に成長し、傘が広がった状態で販売されていることが多いようです。傘の縁も内側の巻きこみが少なく、柄もスッキリと細長く伸びています。新鮮なものであれば、傘の表面を放射状に伸びる菌糸の模様が見られるかもしれません。

ハタケシメジの流通品は成熟したものが多いこともあり、傘が重なり合っていると、下の傘の上に、白い粉のようなものがふりかかっていることがあります。これがハタケシメジの胞子です。マッシュルームの胞子が黒かったのに対し、ハタケシメジの胞子は真っ白なのです。

ヒラタケやブナシメジの胞子も観察したいところですが、前述のように未熟な幼菌の状態で、かといってマッシュルームのように自宅で短時間で成熟もしないので、残念ですがキッチンマイコロジー的な観察は難しいでしょう。ヒラタケは晩秋に野生のものを観察するのをおすすめします。

1-5 マイタケの観察

◆ 傘の裏は管孔

マイタケはいくつもの薄い傘が折り重なるように片側へ伸びだし、扇のように広がります。片側へ傘が伸びる様子はエリンギやヒラタケに似ていますが、大きな違いは傘の裏側にあります。マイタケの傘の裏側はヒダではなく、浅い孔が一面に開いています（図9）。この孔を「管孔」と呼んでいます。

管孔の役割はヒダと同じで、仕切っている壁の側面に胞子を作り、風に飛ばします。黒い紙の上によく熟したマイタケを置いておくと、孔の形に、網の目模様のように白い粉（胞子）が落ちます。管孔は柄の根元近くまでずっと続いていることがわかります。傘と柄がはっきり分かれていないところも、ヒラタケと似ていると感じるところかもしれません。縦に切って断面を見てみ

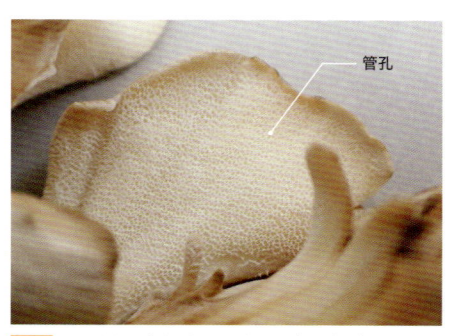

マイタケの傘裏。細かな浅い孔（管孔）がたくさん開いている

ると、孔の深さ、肉の厚さがわかります。

◆ 実は硬いきのこの仲間

管孔は、マイタケがよく枯れ木で見かける硬いきのこ、サルノコシカケの仲間に近いことを示す特徴です。マイタケは枯れ木や、枯れかけた大木の根元に生え、木を腐らせながら成長します。栽培時も幹のように固めたおがくず培地の塊の側面から生えてくるため、柄の根元を削ぎ落としたような形で販売されています。

白い色のマイタケは色素の抜けた突然変異株を選抜して栽培したもので、黒っぽいマイタケと種としての違いはありません。マイタケは煮汁が黒ずむという特徴がありますが、色の抜けたものではそれがなく、鍋などの汁物料理で使いやすいため、選ぶ人も多いようです。

1-6 観察に向かないこともあるスーパーのきのこ

シメジのところで書いたように、スーパーで売られているきのこのなかには幼菌の状態で売られているものもたくさんあります。つまり、成熟した状態の特徴が見られないのです。

◆ 幼菌が流通するエノキタケ、ナメコ

その代表格がエノキタケ（図10）です。エノキタケと聞くと、細長い柄が伸び、そ

の先に小さな丸いボールのような傘のついた真っ白なきのこを想像する人が多いかと思います。でも、野生の成熟したきのこは茶色い傘に黒い柄をもち、スーパーのものとは似ても似つきません（図11）。

実は売られているエノキタケは、傘の成長や色素の形成能力を失った、まったくの未成熟な幼菌なのです。味やにおいに癖がなく、色も白くて、ほかの食材の彩りも邪魔しないため、和洋中どんな料理にも広く対応できる、食べやすいオールラウンドプレイヤーな食材としての地位を獲得しました。しかし、野生のエノキタケがもっていた特徴は、おがくずで培養でき、株立ち状になる、という点以外は、ほとんど残っていません。

ナメコも多くの場合、未成熟な状態で流通しています（図12）。ナメコの表面全体を覆うプルプルのゼリーのような部分は、マッシュルームのささくれや傘裏の蓋（ツバ）と共通する組織です。成長すれば傘裏からは外れ、ヒダが露出するのですが、その前に製品として流通しています。すっか

り成長した成菌（図13）の傘の直径は3〜4cmはあるのですが、味噌汁の具やあえ物として食べやすい、わずか1cmほどの傘の幼菌段階で売られているのです。

1-7
キッチンマイコロジーからわかること

◆ きのこはヒダを守る

マッシュルームには、傘が開く前、ヒダを守るツバがついていました。ホンシメジなど多くのきのこでは、成長途中の傘の縁は内側に丸まっています。ナメコのゼリー状の被膜も、マッシュルームの蓋（ツバ）がゼリーのようなものに置き換わっていると考えればわかりやすいでしょう。

このようにきのこはヒダを重点的に守っています。ヒダには何があるかといえば、「胞子」です。マッシュルームのヒダが黒く色づいたり、マイタケから白い粉が落ち

図10 エノキタケ。傘はまったく成長していない

図11 野生のエノキタケ。傘が大きく広がり、色もしっかりとある

たりしたのは、それぞれのきのこが次世代として産み落とし、風に乗せて旅をさせるために放った胞子です。

きのこはみな、より多くの子孫を産み落とし、乾燥や外敵から守って安全に旅立たせ、少しでもうまく風に乗ったり、昆虫などにうまく運ばせたりするために、さまざまな工夫をしています。マイタケなどのように傘の裏が孔状になっているものがあるのは、もしかするとヒダよりも孔のほうが胞子をつける壁の面積が稼げるのかもしれません。柄まで長く伸びるヒダも胞子をたくさん作るには有利でしょう。しかし、乾燥には弱いかもしれません。

ともかくこのようにして、それぞれのきのこがそれぞれの環境に合ったギリギリのバランスで、そのきのこの形を作り上げているのです。

◆ 次世代につながる部分に着目して分類する

胞子が成熟するのは、きのこが十分育った最後の段階です。栽培しているきのこは人間の食べやすさを優先して未熟な状態に留められることもあります。そのため、なかなかきのこ本来の姿はわかりにくいのですが、成熟しないと胞子ができないということに限っては理解しやすいかもしれません。胞子で色づくと鍋などに使いにくいので、食材としては未熟な状態で商品にしているということを聞いたことがあります。野生の原種を知ってから、商品化されたきのこと比べると、どこをどんなふうに品種改良しているかがしのばれて、それも興味深いですよ。

きのこの形は胞子を守り、うまく飛ばすための形です。生きものを分類するときにはこうした次世代を残すために重要な特徴が重視されます。植物で言えば樹皮や葉より、花や実が重要です。昆虫などでも生殖器官が重要な分類の基準になります。こうしたことをきのこにあてはめて考えれば、より重要な特徴は表に見えている色より、傘の裏のヒダやツバということになります。ヒダやツバは野生のきのこを調べるときも、重要な手がかりとなります。

図12 スーパーなどで見かける栽培されたナメコ（幼菌）。傘裏を見ると粘液のツバが認められる

図13 野生のナメコ（成菌）。粘液に覆われているが、乾燥気味だと気づきにくいこともある

きのことは何者なのか

きのこは野菜

この質問にはいくつかの答え方があります。多くの人にとって、「きのこは野菜である」というのが常識的な答えかもしれません。スーパーの中できのこを探したければ、家電コーナーでも精肉コーナーでもなく、野菜コーナーを探すべきでしょう。現代人にとってもっとも目にする姿は、野山のきのこよりスーパーの野菜売り場に並ぶ姿だと思います。それでキッチンマイコロジーからこの本を始めたのですが、これらはきのこが計画的に生産されることで成り立っているのです。

きのこは分解者

実はシイタケやキクラゲ、エノキタケ、ヒラタケ、マイタケなどのきのこは、ほとんどがおがくずを用いて生産されています。「榾木（ほだぎ）」と呼ばれる小径の丸太を用いるケースもありますが、現状では高級品の生産にほぼ限られます。もともとが薪生産と兼ねて生産が始まった榾木も、そしておがくずも、林業の副産物であり、これらを利用して作られるきのこはまさに「木の子」なのです。これに対しマッシュルームはトウモロコシや麦などの残渣、つまりは枯れた植物体に畜産の廃棄物である牛糞や鶏糞を混ぜて作った堆肥から生産されています。

おがくずも枯れ草も堆肥も、要は農林業の「廃棄物」を使って生産されるのです。きのこはこうした植物の枯れた体からエネルギーを取り出し（これが「分解」です）、成長することができます。動物が噛み砕いてお腹の中で消化するのと同じように、きのこは、枯れ木やおがくずに入りこみ、「菌糸」を巡らせ、分解し、吸収し、成長します。農林業のリサイクル役ともいえるこのきのこの2つ目の正体、「分解者」としての能力がきのこ生産の根幹です。温度や湿度を適切に制御してやれば「一年中」、欲しいだけの量を「計画的」に、「安定した価格」で生産することができ、スーパーに常備できるのです。

本当はカビの仲間？

この菌糸を巡らして分解者として成長する生き方は、カビとよく似ています。胞子で増えること、細長く伸びて分裂する菌糸細胞で構成されること、食べ物の中に入りこんでまわりを溶かして吸収する生活のしかたはカビときのこで共通しています。実はカビときのこは非常に近く、カビ、きのこ、そして酵母は「菌類」としてまとめられます。これがきのこの第3の正体とも言えるでしょう。余談になりますが、菌糸を巡らせて栄養をとる相手は死んだ植物とは限りません。生きた相手から栄養をとることもあります。この話は改めてするとしましょう。

菌類って何者？

菌類だ、と言われてもなんだかよくわかりません。病気を起こしそう？　それは誤解です。菌類の生物としての位置づけについても

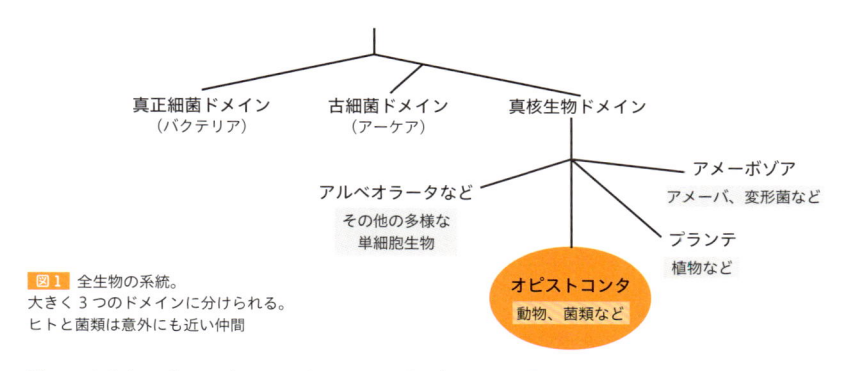

真正細菌ドメイン（バクテリア）　古細菌ドメイン（アーケア）　真核生物ドメイン

アルベオラータなど　その他の多様な単細胞生物

アメーボゾア　アメーバ、変形菌など

プランテ　植物など

オピストコンタ　動物、菌類など

図1 全生物の系統。
大きく3つのドメインに分けられる。
ヒトと菌類は意外にも近い仲間

書いてみましょう。でも、そのためには、動物と植物以外の広い生物の世界を眺める必要があります。生物にふくまれる DNA を手がかりに、仮想の共通の祖先から枝分かれして広がった全生物の系図（系統樹）が図1です。共通の祖先から真正細菌（バクテリア）が別れ、多様に分化します。他方の分岐からは古細菌（アーケア）と呼ばれるグループ、そして真核生物が分化して多様な単細胞生物が生まれます。細菌や古細菌は、「菌」とついていても、カビやきのこなどの菌類とは大きく異なる生物です。単細胞生物のなかには、緑藻、変形菌などもふくまれています。そして多細胞生物が現れます。植物のグループと、オピストコンタというクラゲから昆虫、脊椎動物までをふくむ動物のグループです。実はきのこをふくむ菌類はこのオピストコンタに所属しています。植物よりも動物に近い、けれど違う生きもの、それがきのこをふくむ菌類です。意外？でしょうか。

分類学的な区別ではない、きのことカビ

現代生物学では、菌類は「担子菌門」「子嚢菌門」「グロムス菌門」、そのほか「ツボカビ類」「ケカビ類」などなどの集まりです。なんだか聞き慣れない名前が並ぶとちょっと身構えてしまいますね。

ではどれがきのこで、どれがカビ？と聞かれるとこれがなかなかに難しい。「きのこ」と呼ばれるものは、担子菌門や子嚢菌門の一部で、残りのものがカビや酵母ということになるでしょう。「え？どういうこと？」という声が聞こえてきそうですが、カビときのこは、節足動物の昆虫綱とクモ綱のようにははっきりと分けられません。昆虫とクモとは同じ節足動物ではあっても、進化の途中で異なる道筋に別れた異なる分類群ですが、カビときのこは、そうではないということです。いろんな分類群の菌類のなかで、胞子を作るための器官が肉眼的なサイズにまで大きくなったものを「きのこ」と言っているにすぎません。遠回りな感じですが、きのこを概観するために菌類の全貌を理解しておくと、あとで顕微鏡観察をするときに理解しやすくなります。

分けられない、となると微生物のはずのカビの仲間が、なぜあんな巨大なきのこを作るのかが不思議です。端的に言えば、繁殖のためです。巨大なきのこは有性生殖のための器

官です。母細胞の中で減数分裂を経て胞子が作られます。そして、できあがった胞子をより遠くまで飛ばし、生き残らせるための工夫がきのこにはたくさん詰まっています。きのこは植物で言えば葉や茎ではなく、花や実のような繁殖のための器官である。これがきのこの第4の正体です。

担子菌門と子嚢菌門

担子菌門と子嚢菌門では、生物としてもっとも重要な次世代の残し方が大きく異なっています。担子菌（担子菌門）は、母細胞（担子器）の中で減数分裂が起こり、担子器から短い枝が伸びて、子どもを「担ぐ」ように母細胞の外側に胞子を作ります。成熟した胞子は枝から外れるように放出されます。

一方の子嚢菌（子嚢菌門）では同じく母細胞の中で減数分裂後、母細胞が成長した巨大な子どもを入れる嚢（ふくろ）（子嚢）の中に胞子を作り、飛ばすときには嚢の端に蓋が開いたり破れたりするというしくみです。

ちなみにケカビ類やグロムス菌は菌糸が向かい合う菌糸の間に胞子が形成されるという、これも独特なしくみです。肉眼的なサイズの

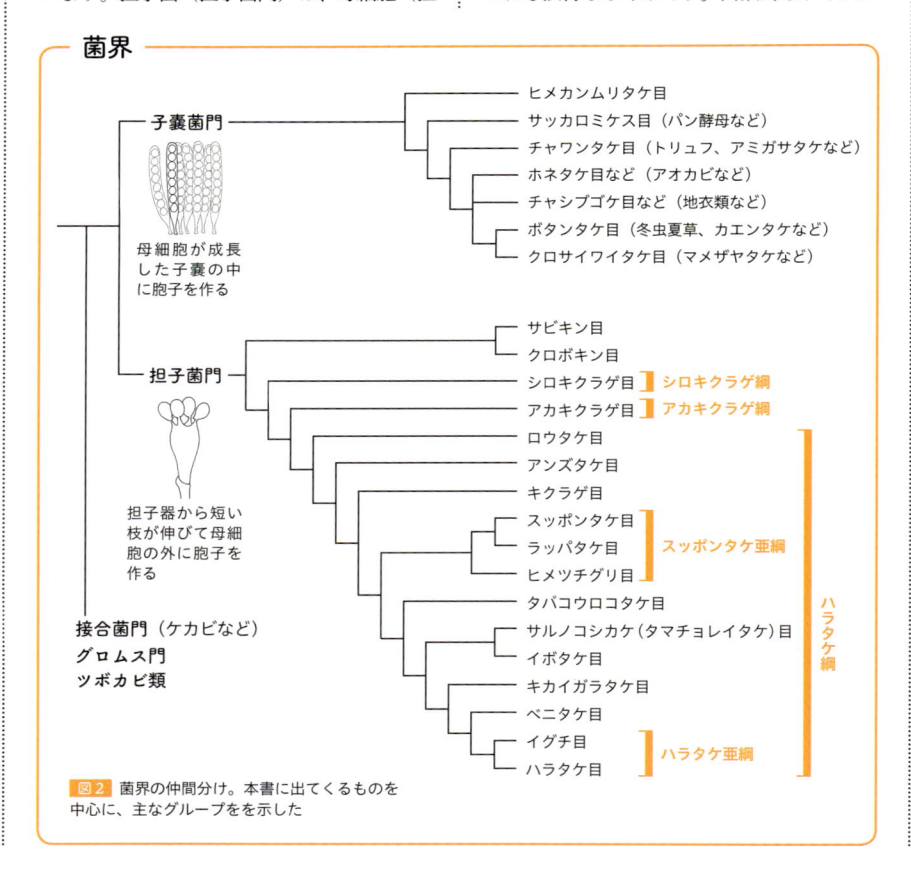

図2 菌界の仲間分け。本書に出てくるものを中心に、主なグループををを示した

きのこでも、見た目の形や色ではなく、胞子の作り方で大別されるのです。

担子菌門を概観する

　たくさんのきのこが所属する担子菌門を眺めておきましょう（図2）。マッシュルームやテングタケなど典型的なきのこ（ハラタケ目）を中心に見たとき、担子菌類のなかでもっともほかと縁遠いのが、ナシの葉などに見られる赤星病などのさび病菌のグループ、そして同じく植物に寄生するクロボ菌のグループです。きのこのなかではシロキクラゲの仲間、アカキクラゲの仲間がかなり遠いグループです。これら2つと食材として知られるキクラゲ（キクラゲ目）はまた別のグループになります。色の違いではなく、これら3グループは顕微鏡で胞子の作り方を見ても大きく異なっています。

　キクラゲ目、スッポンタケ目、アンズタケ目、ロウタケ目などがやや遠いグループ、もう少し近いところにタバコウロコタケ目、サルノコシカケ目など種々のサルノコシカケ型のきのこ、イボタケ目、そしてベニタケ目などが並びます。このベニタケ目にはレンガタケなどサルノコシカケ型のきのこやヤマブシタケなどもふくまれます。

　意外かもしれませんが、ベニタケ目よりもヒダの代わりに管孔をもつイグチ目のほうがマッシュルームなど通常のきのこ（ハラタケ目）に近い存在です。

子嚢菌門

　子嚢菌門は担子菌門に比べ肉眼的な同定が難しい種が多いため、図鑑でも十分に書かれていないなどとっつきにくい部分があります

が、トリュフやアミガサタケ、大小さまざまなチャワンタケ型のきのこ、マメザヤタケやカエンタケ、そして冬虫夏草など魅力的なきのこがたくさんふくまれています。ほかにも植物病原菌、アオカビなどのカビ、さらにはパン酵母や「地衣類」（きのこが体を作り、そこに藻類が共生する生きものの総称）も子嚢菌門に所属しています。本書では担子菌門を中心とした扱いになりますが、観察や研究の基本は同じですので、ほかの専門書と合わせて学んでみてください。

胞子からきのこまで

　担子胞子も子嚢胞子も、卵や精子のように親の半分の遺伝子セットしかもっていない状態です。それでも、胞子から伸びだした菌糸はちゃんと分解能力をもち、菌糸をネットワークのように広げていきます。胞子は水分がなければ発芽できません。発芽しても分解できる栄養源がない場合も多く、大半が枯れてしまいます。生き残った菌糸も、多くがほかの菌との熾烈な競争に消えるなかで、一部に広がっていくものがあります。そして同種の交配可能な菌糸と出会うと、菌糸同士が接合してきのこを作れる二核の菌糸となります。二核菌糸にならなくても、体の一部を小さな胞子（分生子）として分散させ増えるものもいます。この状態を無性世代と呼び、カビのほとんどがこの状態です。

　二核菌糸がさらに成長でき、季節や刺激などさまざまなきっかけがあれば、きのこを作り新たな胞子を飛ばしていきます。

きのこのすみ場所と暮らし方

生きものの暮らし方を研究する「生態学」という生物学の一分野があります。鳥を研究する生態学者はこの鳥はどんな場所に巣をかけ、何を餌としてどのくらい捕り、繁殖のためにどんな努力をし、同じような場所にすむ鳥たちとどのように競合し、環境の変化で次世代の数がどう変化するのかなどを調べています。「すみ場所」と「餌の捕り方」、そして「どのように子孫を残すのか」は、その生物の基本とも言える情報です。きのこの場合にもどんな場所から生えているのかを記録することは重要です（くわしくはパート2参照）。子孫を残すためのきのこが生える場所は「すみ場所」であり、同時にきのこの「餌の捕り方」にも深い関係があるからなのです。

すき間に入りこむ細い菌糸が生活のポイント

「きのことは何者か」に書いたように、きのこの体の基本は細い菌糸細胞です。単なる丸い細胞をやめ、小麦粉を丸めたまんじゅう型からうどん、そうめんへと細くなるように糸状の細長い細胞に進化した結果、菌糸は植物や動物など、ほかの多細胞生物の細胞のすき間にまで入っていけるようになっています。枯れ木の表面を利用するのではなく、枯れ木の中に入りこんでまわりを分解する菌糸は、まるでお菓子の家にすんでいるようなものです。菌糸を巡らし、この枯れ木という資源を独り占めできれば、菌糸は大きく成長したっぷりと養分をためこみます。こうして養分をためこんだ菌糸だけが、きのこ（子実体）を作ることができます。子実体に成長する子実体原基は、木材内部ではなく表面に作られます。子実体原基の形成やその後の傘の成長など、さまざまなタイミングで光による刺激が関係していることがわかっています。胞子を飛ばすためには見通しのいい場所＝光のあたる場所のほうが有利なのでしょう。このように、きのこの生える場所は、そのきのこがどういう栄養源を利用しているのかということと深く関係しています。

教科書的なきのこ？　腐生菌

理科の教科書に出てくる菌の役割というと「分解者」です。ヒトヨタケやハラタケの仲間など落ち葉を腐らせるきのこは落ち葉がたまった堆肥の山から、ツキヨタケやツリガネタケはブナの枯れた幹から、マツオウジやツガサルノコシカケはマツなどの針葉樹の枯れた幹から生えます。キクラゲは枯れたばかりの広葉樹の枝や幹を好みます。枯れた植物を分解するきのこはまとめて「腐生菌」あるいは「分解菌」「腐朽菌」などと呼ばれますが、腐生菌にもそれぞれ得意とするところがあり、「落葉分解菌」とか「木材腐朽菌」などと呼ばれます。実際には新鮮な枝じゃないとダメとか、この樹種にしか出ないなど、いろいろ選り好みがあります。

生きた大木の幹の洞から生えてくるヤナギマツタケなどは生きた木の幹の中心部分に菌糸を張り巡らし、生えてきます。生きた大木でも中心部分は何十年も前に死んだ細胞が

詰まっています。それを分解するのがヤナギマツタケやコフキサルノコシカケなどです。しかし、死んだ細胞の詰まった心材とはいえ、生きた樹への侵入はどんなきのこでもできるわけではなさそうです。こうした生活のしかたをする菌類は腐生菌のなかでも特に「心材腐朽菌」や「根株腐朽菌」と呼ばれます。

生きた植物組織に入りこむ
植物病原菌・内生菌

　生きた植物細胞の間にも菌糸は入りこみます。でも菌糸がそこでまわりを分解しはじめては、植物はたまったものではありません。当然抵抗をします。菌の側も細胞へ侵入するなど攻撃を強め、結果植物に部分的な壊死などを起こす、これが「植物病原菌」です（植物の病気は菌だけでなく細菌性のもの、ウイルス性のものもあります）。ところが、みんながそんな激烈な症状を起こすかというとそんなこともなく、入りこんでじっとしている弱い病原菌もいます。植物が弱ったときに「日和見感染」を起こす潜在的な病原菌もいれば、特に何もしていない「内生菌」と呼ばれる菌もいます。内生菌は、動物が嫌がる化学物質を作り植物に役立っている例も知られていますが、単にごく早い時期に感染している落葉分解菌であったりする場合もあるようです。内生菌も、植物病原菌も腐生菌も、菌の生活のしかたとしては紙一重の差でしかありません。

　内生菌や植物病原菌として活動できる菌はそれなりに特別な能力を必要とし、種類も限られています。庭や植木鉢にきのこが出ると植物への害を気にする人がいますが、ナラタケなど一部の例外をのぞいて、ほぼ気にする必要はありません。

植物の根と共生するきのこ

　もっと多いのは根の表皮から皮層細胞のすき間に入りこむきのこです。根に病気を起こさず、それでも植物の根から大量に漏れ出てくる有機酸や糖分を得ているこれらの菌糸は、土壌中から回収してきたリン酸などの養分を植物に供給して役に立つことで共生関係を成り立たせています。細胞の中までは入っていかないので外生菌根（外菌根）共生と呼ばれます。この共生をする菌が「菌根菌」です。

　枯れた植物の細胞のすき間に入りこみ「分解」をするのと、生きた植物の細胞のすき間に入りこみ、分解をしないで「共生」するのとでは、相当に生活のしかたが違うように思います。実際、菌根菌の多くは、複雑な有機物を分解する能力を失っているものも多く、そのために培養やおがくずなどを用いた栽培が難しいのです。菌根菌は同じ祖先から分かれた近縁な菌ばかりかというと、ちっともそんなことがありません（表1上段）。類縁が遠く離れたさまざまな菌の間に、植物との共生という生き方をしているものが散らばっています。興味深い現象です。

きのこと共生する植物

　植物の側も、どんな植物でもきのこと共生できるわけではありません。イネ科の雑草からサクラやスギまで、多くの植物は、グロムス菌門の菌類と「アーバスキュラ菌根」という別なタイプの菌根を作って共生します。グロムス菌はかろうじて肉眼で見えるサイズの胞子を菌糸の先に作ります。0.5mm程度のものもあり、胞子としては異例に巨大なものです

（例外的に、たくさんの胞子が詰まった泥の塊のようなきのこを作る種類があります）。

　きのこと共生する植物を表に示しました（表1下段）。点線より上の外生菌根を作る植物は森を作るような大きな樹木が中心です。共生するきのこも多く、またきのこを作らない担子菌門や子嚢菌門の菌とも共生します。特に温帯ではまとまった森を作る樹木の多くがここにふくまれています。

　点線より下には、もう少し小型の樹木や草などが作る、外生菌根ともアーバスキュラ菌根とも異なる菌根を作る植物たちです。なかにはギンリョウソウのように葉緑体をなくし、菌類に糖分も養分も依存してしまっている植物も少なくありません。

昆虫などに寄生するきのこ

　きのこのなかには植物の組織だけでなく、昆虫の体に侵入する菌、さらには菌類に侵入する菌もいます。細胞のすき間に入っていくという意味では植物も昆虫もあまり変わりないですよね。ただし、昆虫にも免疫のようなしくみはありますから、これをかいくぐれるぐらい特殊な能力をもっています。寄生相手ごとに特殊化し、さまざまな種が分化しています。子嚢菌門のボタンタケ目にはノムシタケ科（トウチュウカソウなどをふくむ）、オフィオコルジケプス科（地下にできるきのこツチダンゴに寄生するタンポタケモドキやセミに寄生するセミタケなどをふくむ）、バッカクキン科（植物に寄生するものを多くふくむ）など、生物に寄生するものが多くふくまれています。「冬虫夏草」と呼ばれる一群のきのこはこのグループのきのこです。昆虫に寄生する菌類はこれ以外にもさまざまなものがいますが、これらを総称して「昆虫寄生菌」と呼んでいます。同じように菌寄生菌にも多様な菌がいます。

○○菌とまとめても、必ずしも類縁が近いとは限らない

　ここではさまざまなきのこの暮らし方を概略として述べてみました。腐生菌、菌根菌、内生菌、植物病原菌、昆虫寄生菌など、さまざまな「○○菌」が出てきましたが、これらはそのきのこの生活のしかたを示しています。「腐生性」「菌根性」などと表現することもあります。一方で担子菌や子嚢菌など、大きな分類群を示す「○○菌」も存在します。ややこしいのでこの本ではなるべく「担子菌門」「子嚢菌門」と分類の単位なんだとわかるように表記していくことにしました。

表1 共生するきのこと植物　＊外生菌根共生以外の共生関係は専門書を参照してください

植物と共生するきのこ	外生菌根	担子菌門：キシメジ科の一部（キシメジ、マツタケなど）、シメジ科（ホンシメジ）、ヒドナンギウム科（キツネタケ）、テングタケ科、フウセンタケ科、イグチ科、ニセショウロ科、ベニタケ科、イボタケ科、ロウタケ科など　子嚢菌門：セイヨウショウロ科、チャワンタケ科の一部など
	その他	担子菌門：タマバリタケ科（ナラタケなど）、ベニタケ科、イボタケ科、ロウタケ科など　子嚢菌門：ビョウタケ科など
きのこと共生する植物（アーバスキュラ菌根をのぞく）	外生菌根	マツ科（マツ、カラマツ、モミ、ツガなど）、ブナ科（ブナ、ナラ、カシ、クリ、シイなど）、カバノキ科（カバノキ、シデ、ハンノキなど）、フトモモ科（ユーカリなど）、フタバガキ科、ナンキョクブナ科など
	その他	ツツジ科、エパクリス科、ギンリョウソウ科、シャクジョウソウ科、ラン科など

•••• Part 2

野生のきのこを見る

　台所でのウォーミングアップが終了したら、いよいよ野生のきのこを見に出かけてみましょう。野外のきのこの多様性は圧倒的です。ちょっとした公園でも年間で数十種類が記録されます。たとえば大阪の箕面公園規模の森林では 600 種を超えます。つまり、「その場ですぐに種類がわかることを期待してはいけない」ということです。このため、野生のきのこの観察には、その場で行うこと、帰ってからじっくり行うことの 2 段階が必要なのです。

　集中力を要する細かな観察は、できればエアコンの効いた室内で行いたいものです。腰を据えて観察するためには現場で取れる情報をしっかり取り、よい状態で持ち帰ることが大切です。なるべく新鮮な状態を維持して持ち帰りましょう。ここをおろそかにすると、持ち帰る途中で壊れたり腐ったりしてしまい、帰ってから図鑑を見ても重要な点がわからなかったりしてしまいます。気構えも道具も、しっかりとした準備と工夫が大切なのです。

　そこでパート 2 では、まず野外で行うことをご紹介します。やるべきことは 3 つあります。1 つは「現場の記録」、もう 1 つは「なるべく新鮮な状態で行う必要のある、現場での最低限の観察」、そして室内の観察のために「よい状態で証拠の品を持って帰る」です。やることは『科捜研の女』と一緒です。

2-1
野生のきのこを手に入れる

まずはきのこを採ってきましょう。身近にきのこが生えているような場所はないと思う人も多いかもしれませんが、ちょっとした公園でもきのこに出会えます（図1）。

秋になってからきのこを探す？　その発想は間違っています。タイミングと目のつけどころがよければ、都市公園でも季節を問わず十分にきのこを楽しめます。厳格に採集を禁じている場所は避けるとしても、児童公園の端や散歩道の植えこみで数個のきのこに出会えれば、今夜の勉強の材料としては十分すぎるくらいです。まずはよいスポットを探してみましょう。

◆ きのこ探しのコツ

身近な場所できのこを探すコツを5つ紹介します。山や森での観察にも共通する部分があるので参考にしてください。

図1 アラカシ樹下に発生したズキンタケの仲間。ズキンタケの仲間は、グループは容易に特定できても、種の特定は図鑑では簡単には解決がつかない。そんなきのこも街中の公園に発生する

1. 探すタイミングは雨降りのあと

きのこが発生するためには、しばらく雨が続いて十分に菌糸が成長する必要があります。保水力のある山と違って都市公園は乾燥しやすいので、雨の具合に大きく左右されます。都市公園であれば、雨の続いたあとの初夏と秋の長雨頃がもっともねらい目です。2、3日雨が続いた翌日や翌々日に、公園を訪れてみましょう。

反対に、前日にたとえ雨が降っていても、その日までに乾燥した日が1週間以上も続いていたら、あまり期待はできません。そんなにすぐに成長できるきのこは少ないからです。そんなときは落ち葉がたまっている場所や、切り株や倒木など、ふだんから湿り気の残る場所を探してみましょう。そこなら、じっくり成長して顔をのぞかせているきのこがいるかも知れません。

2. カシやマツのまわりを探す

カシなど、どんぐりをつけるブナ科の木や、マツやモミの木のまわりは、きのこが生えやすい場所です。テングタケやイグチ、ベニタケの仲間は、生きた植物の根と共生するきのこです（26ページ、表1）。パートナーになる樹木の根が張っているところからしか生えてこないのです。植物の種類がわからない、という人でも松葉や松ぼっくり、どんぐりを手がかりにすれば探しやすいでしょう（秋や冬に見かけた場所を覚えときましょう）。

あまり踏み固められていない斜面や、コケに覆われた地面も注目ポイントです。コケが生えているということは、あまり踏ま

れていない印でもありますし、ある程度は湿気が保たれていることが期待できます。また、草丈の高い雑草で覆われた場所よりも、きのこを見つけやすいというメリットもあります。

サクラやクスノキ、スギやヒノキのまわりには、あまり多くのきのこは期待できません。これらの樹木には共生のパートナーとなるきのこがないからです。サクラなどの花木では、花見でまわりの土が踏み固められたり、施肥や植え替えで地下がかき回されたりすることも影響するでしょう。

それでもサクラのまわりが絶対ダメということはありません。アミガサタケは共生をするきのこではありませんが、サクラのまわりにもよく生えます。ハルシメジもウメやヤマザクラのそばに生えます。アミガサタケは公園に多いイチョウのまわりにもよく見られます。スギエダタケなら杉の林にもたくさん見つかります。

とはいえ、まずはいろんなきのこを見てみたいのならば、サクラの広場よりは、公園の外周などに植えられているカシなどの仲間やマツのまわりに注目するのがよいでしょう。

3. 何か1つ見つけたら、探し続ける

きのこを探すときは、漫然と歩きまわってもだめです。腰を落として視線を低くしないと、なかなか見つからないものです。もっと言えば、「ここには、いる」と決めてかかって、草をよけたり、落ち葉の陰を探したりするくらいの構えが大切です。

何か1つ生えていたら、まだいると思っ

て探し続けましょう。1つ見つかると、なぜ今まで見落としていたんだろう、と不思議に思うくらい、ほかのきのこも見えてくるものです。落ち葉や小石、草の中で、きのこという異質なものを探すという行為は、脳にとって高度な画像処理をしているようなものです。認識のパターンができると見つかりやすい、ということなのでしょう。

4. 定番のチェックポイントを持つ

1. でも書いたように乾燥しているように見えても、日陰の切り株や倒木は湿り気を帯びているものです。地上が乾燥していて、何もきのこが出ていなくとも、切り株などではきのこが見つかることがあります。「ここには前にもきのこが出た」、という記憶で探すのも悪くありません。確率の高いポイントをいくつか持って、定番のコースをまわるというのもいいでしょう。

5. えり好みして採集しよう

よい場所でよい季節だと、一気に大量のきのこが発生する場合があります。そんなときに「大漁、大漁！」とたくさん採ってしまうと、ほかの利用者とトラブルになることもあります。また、きれいに持ち帰ることができなかったり、十分に観察できなかったりします。

観察をしたいのであれば、選りすぐりの少数のきのこに限定して持ち帰ったほうがいいでしょう。同じきのこをいくつも見比べることも大切なのですが、最初のうちはあれもこれもと欲張るのでなく、これと決めたきのこをしっかり観察するほうがよいように思います。

さあ、まずは謎解きの材料を採りに出かけてみましょう。話はそれからです。

2-2
謎解きは現場での情報収集から

「事件は現場」ではありませんが、「証拠品」であるきのこだけを持ち帰って自宅で調べようとしても、状況証拠が不十分になる場合があります。現場で集めておくべき手がかりがたくさんあるのです。

現場で記録すべき最優先の情報は、その場所にいなければわからないことです。きのこだけを見るのでなく、少しきのこのまわりに視野を広げてみましょう。

◆ きのこは何から生えていたか

土から生えるきのこと枯れ木から生えるきのこは、暮らしぶりが大きく違います。どこから生えているかを気にせず、「あ、きのこ」と持ち帰るだけでは、きのこの生

図2　シロハツモドキ。土の中から落ち葉ごと持ち上げて伸びてくるので、傘は落ち葉や土で汚れている

えていた状況はわからなくなってしまいがちです。採集する前に意識的にまわりを見回してみましょう。

同時に「樹木は何があったか」「どのような環境か」も、書き留めておきましょう。樹木の種類がわからない場合のやり方はあとで書きます。現場の情報は帰宅してから記憶をたぐっても、いろいろなことがあいまいになります。「写真を撮ったからOK」という人もいますが、あとから写真を見てもよくわからないことがたくさんあります。一度実際にその場の様子を目で確かめながら記録しましょう。そうしたことを現場でしておけば、写真は思い出す手がかりにもなるはずです。

◆ 発生環境で生活がわかる

なぜ発生環境を記録する必要があるのでしょうか。それは、きのこの生えてくる場所は、そのきのこの生活のしかたを知るヒントになるからです(24〜26ページ参照)。

よりくわしく記録できれば、手がかりはそれだけ増えるのです。枯れ木から生えたなら樹種は何か。まわりの木と比較しましょう。枯れてすぐなのか、古くやわらかくなっているかなど。どの植物の落ち葉かが重要になるときさえあります。

最初から全部調べて記録しようとすると無理があるでしょう。でも同じ場所に通い、だんだんにわかるようになると、より情報は増えていくのです。定番のチェックポイントを持つことの有利な点です。

きのこはそれぞれ、生活のしかたが異

なっていますから、どんな植物（樹種）の森で、どんなものから、どんなふうに生えているのかが、種を特定する手がかりになる重要なヒントなのです。

　きのこが発生する土の中の深さも大事な情報になります。樹木と共生するきのこは、樹木の根ときのこの菌糸がつながって栄養のやりとりをしています。しかし、ひとくちに樹木の根とつながっているといっても、落ち葉の中に走る根と菌糸がつながっているきのこもあれば、土の中の根とつながっているきのこもあります。ベニタケ科のツチカブリやシロハツモドキのように、落ち葉や土が傘上面にたくさんのっている場合（図2）、そのきのこは落ち葉の下の土の中の深いところから成長してきたことがわかります。実際、この2種は、土の中の樹木の根と共生するきのこです。

発生環境を「楽に」記録する

　持ち帰るときにメモを書く、あるいはスマホで写真を撮るという人も多いでしょう。写真でありがちな失敗は、撮った写真が、採集したどのきのこのものかわからないという事態です。メモでも同じことが起こります。現場で一所懸命とったメモが、どのきのこのことかわからなくなってしまうのです。

　一度わからなくなると、あとで思い出すのは困難です。朝から歩いた道順を思い出そうとしても、そう都合よく時系列で記憶はたぐれません。

　採集したきのこを容器や袋に入れるときは、簡単なメモを容器や袋に書きこみましょう。以下はそのための、ちょっとしたコツです。

【日付だけでなく、時刻も書く】

　メモや標本（採集したきのこ）を入れた袋には日付だけではなく、時刻も必ず書いておきましょう。デジカメ写真には時刻が記録されていますよね。時刻が書いてあれば標本とデジカメやスマホの写真を結びつけやすくなり、採集地の環境や現場記録の写真を標本やメモと一致させることができます。

　さらにGPSなどで行動経路を記録しておけば、位置情報もバッチリです。アナログ派の人は、フィールドノートに出発地点と出発時刻、主な分岐点の通過時刻などを記録しておけば、あとになっても自分の歩いた道を地図の上で追えます。

　現場での観察メモにも時刻を書いておくといいでしょう。

【きのこ以外のものも標本にする】

　きのこを採集した紙袋に、周辺の代表的な落ち葉やどんぐりなどを一緒に入れておきましょう。それだけでも、森の環境を示す具体的な証拠になります。あとで植物にくわしい人に聞けば、国内の樹木に限ればだいたい検討はつくでしょう（ただし南西諸島は除く）。切り株や倒木などの材から

生えていたきのこなら、柄の基部に材の
かけらをつけたまま、コケから生えてい
たきのこはコケごと採集するという方法
もおすすめです。ただし、周辺の環境を
傷めないように気をつけましょう。

【その場で連番をふってしまう】

　2019年5月29日に見つけた3番目の
きのこなら「20190529_003」というよう
に番号をつけ、きのこの袋にもメモにも
その番号をつけておき、きのこの写真に
もその袋の番号が写るように撮る、とい
う手法もあります。自分の個人番号とし
て、最初に採ったきのこを1番として連
続する番号をつける人もいます。研究
者のなかには、

この番号が数千番に達する人もいます。しっ
かりメモをつけ、標本もきっちり仕上げ
る、という人向きです。

【メモは定型文から入る】

　最終的に標本のラベルに書かなければ
いけない最小限の情報は、「いつ」「どこで」
「だれが」採ったか、という3点です。そ
うはいっても情報は多いほうが、きのこ
を調べる手がかりは増えていきます。自
分が忘れてしまっても、のちに写真やメ
モと結びつけることができ、地図で追え
ることができるように、現場で手がかり
を作っておくことがもっとも大切です。

　発生環境の状況をもらさず記録す
るためには、記録のとり方をパター
ン化しておく、という手があります。
時間を書いたら次は地形、その次
は植生、発生基質は枯れ木なのか
生木なのか地上なのか、明るさや
湿り気の具合など、決まった手順
で書き、そのあとで自由記述を
するというやり方です。これに
は図鑑の文章が参考になるで
しょう。

　いくつかの選択肢を先にプリ
ントしておいて、丸で囲むだけ
にしておくという方法もあり
ます（図3）。

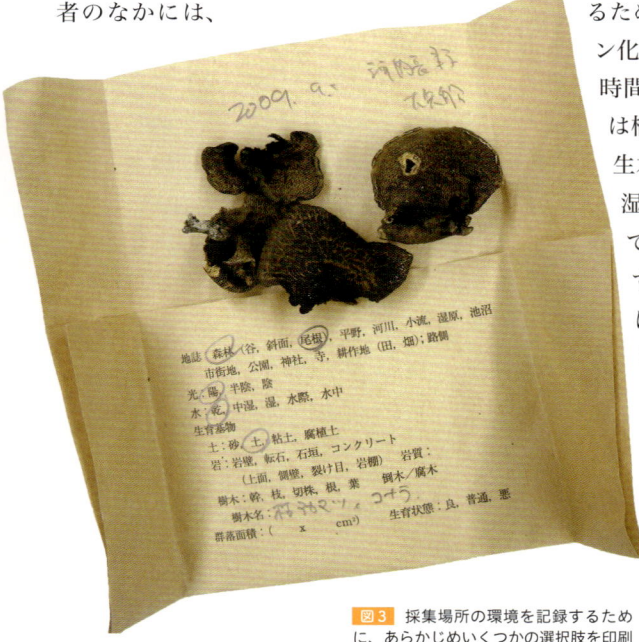

図3　採集場所の環境を記録するため
に、あらかじめいくつかの選択肢を印刷
した用紙や標本袋を用意しておくと便利

図4 コオニイグチ。シイ・カシ林やコナラ林に生えるオニイグチの仲間で、傷つくと赤変ののち黒変する

表1 きのこ採集から標本にするまでの観察ポイント

		記載例（コオニイグチ）	気をつけるべきポイント
基本情報	いつ	2016年9月15日	年まで書く。日付と月を明確に区別
	どこで	京都市伏見区稲荷山山頂付近	標高などもあると、もっとよい
	だれが	佐久間大輔	
採集時	どんな場所？	ゆるい斜面	山であれば、尾根上、谷筋、フモト近くのゆるい斜面など、地形的な特徴も記入しましょう
	何から生えている？	倒木脇の地上	根元を探って確かめましょう。地上なのか、枯れ木なのか、生木なのかなど
	周囲の植物	コナラ、アラカシ、ヒサカキ	目につく範囲で。樹木と共生するきのこなどには手がかりになる
	生え方	4個体が散らばって生えている	同じ種類のものが束になっているなど。列や円を作っている場合も
新鮮なうちに （しっかり持ち帰れるなら現場で最小限、そうでなければ現場で）	傘や柄の色や模様	白い地に表面を黒い菌糸が鱗片状の模様を作る。柄は下部で網目模様	標本にすると変色してしまうので生のうちに。同じ白でも、クリーム色、透明感のある白、などのように細かな表現があればよりよい。色見本帳などで調べることもある
	割ったときの傘や柄の肉の色	白	傘の表皮の下、傘の肉と柄の肉、柄でも基部と上部で肉の色が違っている場合があります。変色する場合は変色前とあとの両方を記録する
	ヒダや管孔の色	白	フチの部分にだけ異なる色がついている場合もあります
	におい	特になし	においを言葉で表現するのは難しいが、スルメのようなにおい、強いきのこ臭などの簡単な表現でも特徴的なにおいがあることはわかる
	表面の状態	綿くず状の皮膜が傘の表面や縁、柄の下部を覆う	ビロード状の手触り、粘る、などの特徴
	触ったときの変色	速やかに赤変	採集するとき、柄などを手でつかんだ部分が茶色になるのも変色
	味		辛味、苦味などが手がかりになる。必要なときは、ごく少量を舌にのせて確かめる。毒きのこの可能性もあるので、決して飲みこんではいけない
	乳液の色、変色、味	乳液なし	
帰ってからじっくり	大きさ		乾燥すると縮むので、持ち帰ったらすぐに行う
	スケッチ		ヒダの疎密や、つき方などもスケッチする
	胞子の色		可能なら胞子紋を取る
	顕微鏡的特徴		

2-4
現場での観察手引き

◆ 写真を撮っても、じっくり観察

　写真を撮れば観察はいらない、なんてことは決してありません。現場で大切なのは「生のときにしかわからない特徴」の記録です。たとえば触ったときの色の変化、味、におい……。いずれも古くなったり、乾かしたりしたあとでは、まして写真では決して調べようのない特徴です。

　きのこがあった、写真を撮った、袋に入れた、よし次、という流れではなく、テンポをひとつ遅らせて、現場で気づいたこと、感じたことを書いておくことも大事です。

1. きのこがあった（場所と時間のメモ）
2. どんな生え方をしているか？
　　（メモと写真）
3. 傘の特徴は？（メモと写真）
4. ヒダ、柄、根元の特徴は？
　　（メモと写真）
5. 触ったら変化はあったか？
　　（メモと写真）
6. 手触り、におい、肉の味は？
　　（これは写真に撮れない！ほんの少量を
　　舌に載せて確認。67ページ参照）
　　……と、これくらいは現場できのこを眺める時間を作りましょう。

　現場でおおよそのグループの見当がつけば気をつけるポイントも決まってきます。具体的には、たとえばイグチ類という傘の

裏が管孔で、肉は変色するものが多いグループを採集したのであれば、変色性の有無や変色する前の管孔の色、肉の味（必要ならば）などを記録しておきましょう。

　グループごとの記録のポイントは、図鑑で調べる経験を何度か積むとわかってくるでしょう。

　記録には専用のノートを作ることをすすめますが、採集した袋に書いても構いません。

　現場で行うべきこと、持ち帰ってから記録すべきことは、表1にまとめました。細かな形態などは、持ち帰ってからのほうがよく観察できるかもしれません。しかし、現場での気づきは、あとでじっくり観察するときの手がかりになります。傷む前に断面の肉の色なども確認しておくとよいでしょう。スライスすることで、きのこは乾燥させやすくなりますから一挙両得です。

◆ 写真はいろいろな角度から

　写真は目を向けた（レンズを向けた）ところしか写りません。きのこのクローズアップ写真1枚で終わらせるのではなく、傘の上、横、裏側、柄、根元と、さまざまなアングルから撮影しておきましょう。デジタルカメラの時代ですから、たくさん撮って、要らなければあとで消せばいいんです。

　また写真は、きのこだけを撮るのではなく、周辺の環境をふくめたものも、何枚か撮っておくことが大事です。

よい観察は
うまく持ち帰ることから

現場での観察には、新鮮な状態を観察できるという利点があります。採集会などに参加すれば、おおぜいで観察することで、自分では気づかなかった視点などを教えてもらえます。いろいろな人のきのこの観察のしかたは勉強になります。

しかし、採集現場で十分な資料や顕微鏡などがあることはまれなので、記憶に頼ったあいまいな検証、確認になりがちです。そこで現場での観察はそこそこに、あとは持ち帰ってしっかり調べようということになります。

◆ きのこ採集のポイント

きのこを見つけた、まわりの様子を記録した、さて採集と思ったとき、子供が花を摘むときのように、きのこをつまんで採ってしまうと、しばしば失敗を犯します。一番多いのは根元を地中に残したまま、柄の途中から採ってしまうことです。テングタケの仲間などいくつかのグループでは、基部の特徴がきのこの種類を見分ける大事な特徴をになっている場合があります。また、つまんで採ることによって、柄の模様や細かな毛、ツバなどの特徴的な部分を傷めてしまいがちです。こうしたことを避けるためには、ミニスコップや山菜掘り（根掘りと呼ばれることもあります）などを使って、きのこの根元を探るようにしてそっと起こします（図5）。きのこをつかむのも最小限にしておきましょう。

根元を慎重に起こしても、傘がポロッと柄から外れてしまうこともあります。実は傘が柄から外れやすい、というのが特徴のきのこも少なくありません。それはそれでしかたのないことなので、外れた状態でそっと持ち帰ればよいでしょう。

◆ 基本は蒸らさない、つぶさない

このように慎重に採集しても雑に持ち帰ると、きのこの包みを開けたら、壊れてば

図5 ミニスコップなどできのこの根元を起こし、柄がちぎれないように採集する

図6 持ち帰るときは、シダなどの植物を敷いてクッションを作る

らばら、しかも蒸れて変な汁や、うじ虫が出ていてそのままゴミ箱行き……なんてことにもなりがちです。自宅での観察をしっかりと行うためには、標本の持ち帰り方も工夫する必要があります。

採集したきのこをどのように取り扱うべきか。お手本は、お店で売られている高級マツタケです。お店ではたいてい、かごにシダの葉を敷き、並べられています。お店に運ばれるまでは木箱の中に入れられ、シダにくるまれています。

これは重要なヒントになります。シダは箱の中できのこが転がるのを防ぐクッションになっているのです。さらにシダは、きのこから出る水分を適度に逃してくれますし、反対に適度に保湿する効果もあるので乾燥を防ぐこともできます（図6）。シダに限らず、クズなどのやわらかい葉でも構いませんし、紙の小袋を使う方法もあります。新聞紙でキャンディ包みにする方法もあります。

くわしくは後述しますが、こうしたもので軽くくるんだ状態で、マチとしっかりした底のついた手提げ袋（布でも紙でもOK）や、かごに入れて運ぶのがもっともよいでしょう（図7）。なぜ底がしっかりしてないとダメか。重さで形が変わってしまう袋はきのこを入れると狭まってしまい、袋自体がきのこを押しつぶして傷めてしまうからです。

きのこは「なまもの」なので、後述のように冷やして持ち帰るという発想も間違いではありません。でもその場合も、きのこを蒸らさないようにすること、つぶさないようにすることが大切です。硬い保冷剤で壊してしまったり、結露して腐ったりしてしまうケースも少なくありません（後述）。

◆ ビニール袋は蒸れの大敵

なぜそこまで蒸れを気にしなければいけないのでしょうか？　それは、きのこの重さの9割以上が水分だからです。しかも採集したばかりのきのこはまだ生きていて、呼吸をしています。といっても口や肺があるわけではなく、全身の細胞が直接外気から酸素を取りこみ、二酸化炭素や余分

図7　ある程度の幅があり、底もあって水平を保つことができ、通気性のある手提げやかごで持ち帰る

図8　ビニール袋は底がないのできのこがつぶれる。通気性もないので蒸れてしまう

な水分を放出しているのですが……。そんなわけで通気性が悪いビニール袋などに入れると窒息し、さらに蒸れてしまうのです（図8）。

ジメジメしたところに生えるイメージがあるからか、あるいは切り花に水を与えるイメージからか、きのこを新鮮な状態に保とうとして、水でぬらして持ち運ぶ人もいますが、逆効果です。余分な水分があると、そこから細菌による腐敗が始まったり、カビが発生したりしてしまうからです。

きのこをビニール袋に入れるのは（たとえ冷やして運ぶ場合でも）最悪です。密着した部分は蒸れて細菌やカビが生えます。持ち帰りに使うのは余分な水分は吸い取り、通気性を保ってくれる紙や布の袋やかご、あるいはアルミホイルにしましょう。

◆ ビニール袋で昆虫も活発に

ビニール袋には、もう1つ困った点があります。湿度と温度が高くなってしまうと、きのこについていた虫の活動が活発になってしまうのです。きのこにはハネカクシなどの甲虫、キノコバエやガの仲間、さらにトビムシやナメクジなど、たくさんの小動物が集まります。すでに虫の集まっていることが明らかなきのこであれば、よい状態で持ち帰るのは、とうてい無理とあきらめてください。なるべくきれいなものを選んで持ち帰るようにしましょう。

しかし、一見、虫が何もついていないように見えるきのこでも油断してはいけません。たとえばキノコバエという小さなハエ

の幼虫は、きのこを生活の場としていて親は卵を産みつけます。昆虫の活動によい条件を作ってしまっては、半日もあれば産みつけられた卵から幼虫が育ちます。これらの昆虫たちに食い荒らされては、きのこはひとたまりもありません。

きのこを持ち帰り、観察し、標本にすることは、これらの生きものとの競争でもあるのです。

◆ 紙袋や新聞紙、 アルミホイルなどを使う

シダなどの植物の利用は、通気性を保つという点ではきのこの持ち運びに適しています。しかし、現場でのメモを書き留めるという点では不利です。個別の小袋にして混ざり合わないようにして運びたいところです。そこで、おすすめしたいのが紙袋や新聞紙、アルミホイルなどの利用です。

【紙袋】

紙封筒は採集用の袋として最適です。自宅やオフィスに届く自分宛の封筒をためておきましょう。

同じ場所で採った同じ種類ごとに封筒に入れて、ラベルの下書きとなるメモを書きつけて手提げ袋に入れていきます。

きのこを入れるときは、生えていたときの向きのまま、柄の根元を下にして、そっと入れましょう。傘を下にしてしまうと、泥やごみがヒダを汚してしまいます。横倒しで運ぶと曲がって伸びることがあります。

ねばつく傘のきのこの場合は、傘をシダ

類やクズなどの大きくてやわらかい葉でそっとくるんでから入れると紙が貼りつかず、クッションにもなります。

　そんなにたくさん採らないのであれば、封筒を通常とは向きを90度変えて封じてみましょう（図9）。こうすると封筒が立体的になるので、中身がつぶれにくくなります。取り出すときは、メモを書いたところを避けて破いて開けましょう。新しい封筒に移し替えるときは、メモの部分だけ切り取って一緒に入れましょう。

図9　封筒を用いたきのこの持ち帰り方。底と口が互い違いになるように封じると、テトラポット型になり、きのこをつぶさない

図10　アルミホイルを使ったきのこの持ち帰り方。アルミホイルをいったんくちゃくちゃにして、凹凸をつけるのがポイント。周囲の代表的な落ち葉を入れるとクッションや湿度調整にも役立ち、環境の証拠にもなる

【アルミホイル】

　形を壊さないで持ち帰るにはアルミホイルでくるむ方法もおすすめです（図10）。紙よりしっかりしているので型崩れを防ぎ、すき間もそこそこ開くのでビニール袋よりは蒸れにくく、またアルミの特性か、カビにも強いようです。一度、わざとくしゃくしゃさせてから使うと、表面に凹凸があるので、粘性のあるきのこでもくっつきにくくなります。

【新聞紙】

　新聞紙を持っていき、キャンディ包みにしたり、畳（たとう）にして包んだりする方法もあります。適度な吸水性もあり、よいのですが、粘性の強いきのこだと剥がせなくなることがあります。またメモできる余白が少ない点も不利かもしれません。ただ、旅行先でも手に入りやすい点、行きがけの電車内で読んだ当日の朝の新聞を使えば、日付データを書きこまないでもよいというズボラな人には便利な点もあります。

【茶こしパック、水切り】

　小さなきのこをたくさん採集する場合は、お茶用の茶こしパックが便利です。形の壊れにくいサルノコシカケ類などの大きなきのこを入れるなら、三角コーナー用の不織布がおすすめです。

　茶こしパックも不織布も、粘性のあるきのこでもくっつきにくいという利点もあります。野菜保存袋を好んで使う人もいます。これらは直接メモできないのが難点です

が、メモ書きをした小さな紙片を一緒に入れておくことで解決できるでしょう。

◆ つぶさないための間仕切り容器

小さなきのこをたくさん入れて持ち帰るにはネジ釘や文房具などを入れる間仕切りケースも案外便利です（図11）。極小のチャワンタケなどの採集には、間仕切りのある薬用のケースなどもいいでしょう。100円ショップやホームセンター、釣具屋には小さなプラスチック製の密閉容器やさまざまな間仕切りケースがあり、工夫次第で採集に使えます。

中できのこが転がったり、蒸れて傷んでしまったりしないように、クッションとして木の葉やコケなども一緒に入れて、さらにクーラーバッグと併用するのがおすすめです。

◆ 冷やして運ぶ

腐敗を避ける手段としては、ちょっと大変ですが冷やして運ぶことも有効です。低温にすることで、傷みの原因となるカビや細菌の増殖、虫の活動を多少なりとも抑えることができるからです。

ただし、保冷剤を入れたクーラーバッグの内側はひどく結露します。きのこを新聞紙で包んで入れておくとびしょ濡れになり、夏場だと一晩おいておくだけで、冷えていてもカビが発生するのでご注意ください。

クーラーバッグに入れるなら冷凍保存などに使う小分けの密閉容器がやはり便利で

す。きのこをつぶすことなく運ぶためには、この場合もプラスチック製の密閉容器の中にクッション兼調湿材としてシダや葉を入れると有効です。きのこが生えていたまわりの木の葉を使えば、状況証拠にもなります。

プラスチック製の密閉容器の代わりに前述のアルミホイルで包んでもよいでしょう。アルミホイルは熱の伝導性が高いので、冷やす場合にも有効なのです。

◆ 宅配便は「冷凍不可」

あとで調べるために自宅に持ち帰るのであれば、宅配便の利用も便利です。冷やして運ぶ宅配便には「冷凍」と「冷蔵」がありますが、必ず「冷蔵」を選んでください。「冷凍」は厳禁です。

ほとんどの野菜が冷凍できないのと同じで、一度凍らしてしまうと、解凍するときにきのこの細胞が壊れ、ぐちゃぐちゃになってしまうからです。特別な場合を除いて冷凍は避けたほうがいいでしょう。

図11 ネジ釘用ケースは小さなきのこを持ち帰るときに便利

◆ 遠くへ出かけるときの注意

　自然保護区などの法令や地域のルール、マナーには十分配慮してください。特別なところへ行かなくても、十分いろいろなきのこに出会えます。外来者の山菜類の採集に厳しい地域も多いので、コミュニケーションは重要です。

　採集したきのこを車内に放置するのは厳禁です。夏場の車内は高温になり、せっかくの標本が煮えてダメになります。近くの日陰にでも置いたほうが無難です。

◆ いろいろな採集方法と 持ち帰りの工夫

　ひとくちに「きのこ」と言っても、形や大きさ、硬さ、生えている場所などはさまざまです。それぞれのきのこに適した方法で採集し、調べるつもりの分だけをよい状態を保って持ち帰りましょう。

【枝や枯れ木から生える硬いきのこ】

　サルノコシカケなどのように、枝や枯れ木に着いている硬いきのこをプロが本格的に採集する場合は、のこぎりやナタが重宝です。でも、普通は、そこまでの大道具を用意するのは難しいでしょう。

　しかし、大きめのカッターナイフがあるだけでも、ある程度の太さの枝を切ったり、枯れ木からはぎとったりすることができ、採集はだいぶ楽になります。

　現場でのメモは、大きめのサルノコシカケの場合は、マジックで直接、採集時の情報（標本番号だけでも）を書いたり、荷札にメモを書いてくくりつけたりします。

【地下生菌類】

　落ち葉の下や地面の下に生えるきのこのことを「地下生菌類」と呼びます。地下生菌類は熊手で落ち葉ややわらかい土をかいて探します（図12）。熊手でどけた落ち葉や土の中にころんと見つかる場合も多いので、慎重に探してみてください。持ち帰る方法は、通常のきのこ同様です。

【冬虫夏草】

　サナギタケやセミタケなどの地面の下にすんでいる昆虫から発生する冬虫夏草は、マッチ棒のような子実体だけが地表に現れます。採集するときは、ピンセットやスプーンがあると便利です。わずかに地表に覗いた子実体を見つけたら、その下の昆虫にまでつながった菌糸をていねいに追います。細い菌糸を切らないように掘り取るためには、数時間、じっくりと取り組むことも必要です。冬虫夏草のなかには、葉の裏にしがみついていて、きのこを発生させる種類

図12　地下生菌を探すときは熊手が便利。落ち葉などをかいた地面は、必ず元にもどしておくこと

もいます。クモタケやハナサナギタケあたりから冬虫夏草の生態図鑑などをもとに、じっくり探してみましょう。

採集した標本は、細長いチューブ（図13）や、あらかじめ緩衝材を詰めたプラスチック製の密閉容器などにおさめて持ち帰ります。

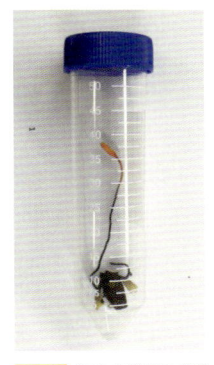

図13 遠心分離用の容器の利用

【変形菌】

変形菌は菌類ではありませんが、きのこ採集の折に一緒に持ち帰ることも多い生きものです。変形菌が生えていそうな場所にうずくまり、「サルが地面で餌を探しているかのように」（某氏談）、落ち葉や枯れ木に腰を据えて探します。

採集した変形菌は、紙製の菓子箱などに木工用ボンドで貼りつけていきます。野外採集では小箱をたくさん使うより、大きめの菓子箱に端から貼っていき、あとで標本として整理するときに箱の台紙ごと切り離し、箱に入れると便利です。

以上、さまざまなきのこの採集方法と持ち帰り方を紹介しましたが、目の前の状況に合わせて最適な方法を考えたり、いろいろな人の採集方法を真似たり、自分で工夫したりしてください。

野外での撮影のコツ

今、ほとんどの人が「スマホ」で写真を撮っているのではないかと思います。きのこの撮影にも、スマホはなかなか便利なツールです。スマホ撮影のメリットを挙げてみました。

1. 薄暗いところでもしっかり写る

iPhone をはじめとするスマートフォンは比較的暗い環境でも、フラッシュに頼らずにしっかり撮影できるものが増えてきました。森の中などでの撮影が多いきのこには、もってこいです。

2. 容量もそれなり

機種によっては動画撮影は心もとないこともありますが、写真には比較的十分な容量があります。クラウド上にバックアップできるなど、あまり枚数を気にせずに撮影できます。あとで画面を見ながら取捨選択をするという場合、画面の小さなコンパクトデジカメよりよほど楽です。

3. いろいろな記録をつけやすい

スマホの写真は、インスタグラムやツイッター、あるいはフリッカーなどの写真共有サイトですぐに共有できます。

自分だけに公開する形でもいいので、撮影時に教えてもらったきのこの名前や、気がついたメモを投稿時につけておくと、あとで便利です。

4. いつ、どこで撮影したのか記録できる

日付や時刻の情報はもちろん、位置情報

をオンにしておけば、どこで撮影したかを地図の上に記録してくれます。

これらの利点をうまく生かし、欠点は使い方の工夫で補いつつ、スマホでのきのこ撮影を充実させてみましょう。

◆ 斜め下からきのこを撮る
——スマホの上下をさかさまに

スマホのカメラレンズは、だいたい上の端についています。このため、きのこに向かって普通に撮ると、どうしても傘の上から見下ろす感じになってしまいます（図14）。図鑑の写真のように、ヒダの色や柄の特徴を写しこむためにはどうしたらいいでしょう。

その解決方法のひとつは、スマホの上下

図14 傘の上からだけの撮影で終わらせてしまいがちだが、きのこの謎解きの手がかりはヒダに多い

図15 スマホをさかさまにしてレンズを地面につけるようにすると、下から見上げる写真が撮れる

をさかさまにしてレンズを地面すれすれにすることです（図15）。画面は見づらくなりますが、こうして撮影すると、柄やヒダを写しこんだ、そのきのこの特徴を押さえた写真を撮ることができます。そこが山の斜面なら、斜面の下側からねらうのも有効です。

もうひとつ、フロントカメラを使う方法もあります。スマホをフロントカメラモードにして傘の下に差し入れれば、画面で確認しながらヒダの様子を撮ることができます（図16）。ただし、自撮り用のフロントカメラは、多くの場合、あまり近くまで寄って撮影ができません。そんなときは接写に強い「マクロレンズ」を利用してみましょう。スマホ用にクリップ状のマクロレンズが市販されています（図17、18）。価格はさまざまですが、100円均一や300円均一店でも販売されています。

◆ きのこの細部を記録するために
——たくさん撮る

「きのこが生えていた」→「上から写真を撮って終了」ではなくて、31ページやパート3の50ページ以降を参考に、細部を確認するように細かく写真を撮ってみましょう。

細かい部分を撮影するときは、上述のマクロレンズが便利です。安価なレンズは中央付近の映りはいいのですが周辺部は強くゆがみます。しかし、そのへんは割り切って使いましょう。

傘の上、横倒し、ヒダ、柄、根元、あるいは断面、生えていたまわりの様子など、たくさんの記録写真を撮ることで、自分の

意識も自然と細部に向かいます。同じきのこがたくさん生えていたときはいくつかのきのこを、向きを変えて置きましょう（図19）。それを撮影することで、さまざまな特徴が一度に写った写真が撮れます。若いつぼみの状態から、腐りかけたきのこまで並べて撮ってもよいでしょう。写真の中には大きさの比較になるものをおいておくのも有効です。小さな定規や1円玉などがよい目安になります。

　写真を撮れば撮るだけ、きのこの観察視点が増えていくはずです。意識が向かった

ときに気づいたことは、なるべくメモしておくようにしましょう。先述のように、インスタグラムやツイッターなどに写真をアップし、ある程度のまとまりごとに、気づいたことをつぶやいてみて、第一印象を記録しておくという方法もあります。

◆ 白いきのこは気をつけろ　——HDRモードを使う

　スマホのカメラに限らず、白いものの撮影は難しいものです。明るさをうまく判断できず、「白飛び」という明るすぎる写真

図16　スマホをフロントモードにして、さかさまにして撮影するとヒダが撮りやすい

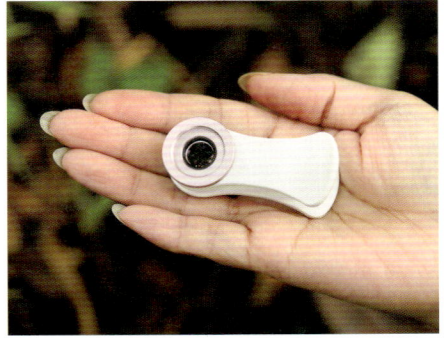

図18　スマホに装着するマクロレンズは、さまざまなものが発売されている。写真はクリップタイプ

図17　スマホにマクロレンズを装着したところ。いろいろなものが市販されている

図19　同じ種がいくつか採れたら、アングルを変えて並べて写すと、1枚の写真でいろいろなことがわかる

になったり、対象以外が真っ暗になってしまったりします。

このようなとき、スマホのカメラの多くに標準で搭載されている HDR（ハイダイナミックレンジ）モードが有効です。くわしいことは専門の本を読んでいただきたいのですが、これはカメラの中で何枚かの写真を合成して明るいところから暗いところまでをバランスよくカバーするための技術です。

ただ、自動で行われることなので、ときどきは失敗もあります。HDR だけを過信せず、通常モードと HDR モードの両方で撮影しておきましょう（iPhone では HDR 撮影と通常撮影の両方を記録することができる設定があります）。

図20 ピントが合わせにくいときは、指を使ってみる

◆ 手ブレに注意
——セルフタイマーを使う

暗いところでの撮影は、通常のカメラでもスマホでも、撮影時のわずかなゆれで「手ブレ」してしまいがちです。

手ブレはほとんどの場合、シャッターを押すときに揺れてしまうことが原因で、特にスマホはカメラよりも手ブレしやすい構造です。手ブレを避けるためには、カメラアプリに標準でついているセルフタイマーが便利です。

また、撮影するときは中腰ではなく、地面にしっかり座ったり、立木に肘を押しつけたりするなどしてアングルをかためます。その上でセルフタイマーで撮影すれば、ブレることはありません。

セルフタイマーはシャッターが切れるまでの秒数を変えられる機種も多いので確認してみましょう。私は2秒のセルフタイマーを多用しています。

◆ ピントが合わないとき
——きのこの隣に指をかざす

カメラの性能が高くても、暗い森の中で小さなきのこを撮ろうとすると、ピントがなかなか合わないことがあります。そのようなときは、きのこの脇に指や手をかざしてピントを合わせましょう（図20）。ピントを合わせやすい別の何かでも構いません。まず、大きなものでピントを合わせ、フォーカスロックして撮影します。

◆ やわらかい光を使う
——フラッシュはなるべく使わない

近距離でのフラッシュ撮影は意外と難しいものです。対象に艶があったり粘ったり、また色が白かったりすると、ねらい通りの写真はまず撮れないでしょう。これは真夏の直射日光での撮影でも一緒です。

よい写真を撮るためには、光をコントロールすることが大切です。日のあたるところに生えているきのこを撮るときは、わざと体で日光をさえぎって、日陰を作ったほうがきれいに撮影できます。

森の中で撮影するときは白いハンカチやアルミホイルをきのこの下に置いてみましょう（図21）。これらはヒダにやわらかな光を当てる反射板となります。

どうしても暗いときは、フラッシュを使うよりは、だれかにライトを当ててもらいましょう。スマホの LED は光が鋭いので、スマホにティッシュやハンカチをかぶせ

図21　写真では手製のレフ板を置いたが、白いハンカチやアルミホイルでも、傘の下側を照らせる

て、少し散らしたやわらかい光にして当てたほうがコントラストの落ち着いた写真が撮れるでしょう。

このあたりのノウハウはフィルムカメラの時代と変わりません。『検索入門きのこ図鑑』（保育社）や『きのこ博士入門』（全国農村教育協会）は、フィルムでの解説をしていますが、写真の撮り方の基本として参考になるでしょう。

2-7
デジタルカメラでの撮影

スマホの躍進の影でコンパクトデジタルカメラ（コンデジ）は目立たない存在となっていますが、コンデジならではの機能もたくさんあります。防水や落下衝撃耐性など、スマホに比べると野外での使用に圧倒的に有利なタフな側面もあります。交換用のバッテリーを持っていけば、一日中撮影できることも利点でしょう。

◆ 接写に強いコンデジ

多くのコンデジの強みは、なんといってもすぐれたマクロ撮影モード（顕微鏡モード）です。ごく近くに寄ってシャッターを切っても、はっきりとピントを合わせることができます。つまり小さなきのこの接写が、手軽にできるのです。どこまで寄れるかはカメラによって異なりますが、レンズの先 1cm でもピントがしっかり合うものもめずらしくありませんし、こうした撮影

時のオートフォーカス機能の優秀さはコンデジならではです。オートフォーカスが効かないとき、マニュアルでのピント合わせも可能な機種もたくさんあります。

マクロ撮影モードの際に、深い被写界深度を得られる「深度合成」機能があるカメラもあります。こうした機能を使いこなせると、撮影がもっと楽しくなるでしょう。くわしくはカメラのマニュアルや撮影ガイドになる本を参照してください。

◆ コンデジの撮影ポイント

撮影時の注意点は、スマホとほぼ共通です。

白いきのこの撮影はコンデジといえども苦手ですが、コンデジには HDR 撮影以外に露出を変えて自動で3枚ずつ撮ってくれる「オートブラケット」という機能があります。また、マニュアルでの露出補正機能も充実しています。ここぞ、というときは、条件を変えてたくさん撮っておきましょう。メモリに余裕があればいくらでも撮って、あとで消せばよいのです。その日、その時にしか出会えないきのこの撮影を失敗することに比べたら、メモリを消す手間なんて何でもありません。

光の足りないところでは手ブレを起こしてしまいがちですが、セルフタイマーに加えて、三脚が使えるのもコンデジの利点です。三脚を使えば手ブレのリスクはぐっと減ります。ローアングルが可能な三脚、斜面でも構図を決めやすい自由雲台（図22）があると便利でしょう。

◆ 一眼レフも使ってみよう

コンデジの野外での機動性のよさは捨てがたいものがありますが、映像表現のツールとしては「一眼レフ」も使ってみたいものです。撮影素子のセンサーの性能もさることながら、距離センサーや測光などの性能、焦点深度や背景のぼかし方など、レンズの選択やモード選択などで細かな画作りが可能です。

使いこなすには自分が何に重きを置いて撮りたいのか、より自覚的になる必要がありますが、芸術表現の幅も、記録写真としての工夫の余地も広大です。写真専門書などで基本をおさえた上で、追求していただければと思います。

自由雲台

図22 三脚に自由雲台を取りつけると、かなりのローアングルにも対応できる

•••• Part 3

きのこの謎解き

　スーパーで売っているきのこは商品ラベルが貼られている、いわば「正解」のついたきのこの観察でした。

　でも、野生のきのこ観察は、正解などどこにも書いてありません。正解のわからない謎解きになります。手がかりは現場の様子と、きのこ自体にしかありません。そこから何を読み取り、どうやって調べていくのか。

　この章では持ち帰ったきのこを観察し、図鑑を調べていく手前までを扱います。図鑑に照らし合わせるために、今、手元にあるきのこの特徴はどんなところか、必要な観察をしてみましょう。

　観察とはそのきのこと向き合い、素直にその形状を読み取ることです。人から聞いて「あ、このきのこね」と教えてもらってしまうと気にも留めないような特徴も、手探りの状態に置かれると、しっかり読み取ります。そうした手探りでの観察はきっとこの先、きのこを調べるときの財産になるはずです。さぁ、まずはきのこを観察し、図鑑を眺めるところまでを紹介していきましょう。

きのこは形を変える生きもの

このきのこは何という名前なんだろう、そう思ったものの何も手がかりのないとき、図鑑の写真をパラパラと見て、似ているきのこがないか探してみること（だれが呼んだか「パラパラ攻撃」）を、だれでも一度はやったことがあるでしょう。日頃から図鑑をよく見ている人は特に、「このきのこ、どこかで見たことがある」とページをめくることは多いと思います。今、流行りの AI と同様、画像をパターンで認識し、なんとなく正解にたどり着けるときも少なくありません。

◆ 図鑑の写真と実物は まったく違うことが多い

でも、これは図鑑もきのこも見慣れている人の話。見慣れている人は頭の中で、うまく特徴を捉えているのでしょう。しかし、これを初心者がやると、そのきのこを調べるのに本当に必要な特徴ではなく、わかりやすい外見にばかりに目が行きます。たとえば「薄赤い色の傘」「平らに開いた傘」といったような素朴な特徴で探すのですが、なかなか正解にはたどり着きません。なぜなら正直な話、傘の色は古くなったり、雨にあたると色があせたりすることがありますし（！）、傘の開き方は、多くのきのこで成熟とともに変わるものだからです。

図鑑を調べるときは「きのこは形を変え

るもの」と思って探すことが大切です。それは同窓会で再会した同級生の顔を、小学校の卒業アルバムで探すようなものだと思ってください。髪型やメガネを手がかりにしてもだめで、眉毛や眼、顎の形、（それらを総合的にふくめた）面影のほうが手がかりになりやすいものです。これはなかなかやっかいです。

きのこは成長による変化だけではなく、発生時の水分条件などの気象条件によっても、大きさがかなり変わります。昆虫などによる食害やきのこに寄生するカビ、ウイルスなどの影響でも驚くほどその姿を変えます。画像を見比べて似たきのこを探すときは、そういう形の変化を前提に探してみないといけません。

では、きのこがどのように変化していくのか、その変化のしかたを、成長の様子とともに見ていきましょう。

きのこを特徴づける 2 つの膜と、 きのこの成長過程

◆ きのこの外側を守る「外被膜」

きのこは最初からきのこ型をしているわけではありません。卵のような菌糸の塊（「原基」と呼びます）から成長が始まります。原基の最外層に皮のように形成される層は「外被膜」と呼ばれ、内部を保護する役を担います。その内側にきのこが成長し

ていくと外被膜は破れていくのですが、そのタイミングやちぎれ方、残り方は種によって異なり、それぞれの特徴となります。

図1と図2は、卵のような幼菌から成菌になるまで、組織のどの部分がどのように変化して、きのこの形が発達するかを示したものです。もっとも理解しやすい例として、テングタケの仲間を取り上げました。テングタケ類は卵の形がはっきりしているので、一番外側の外被膜が、成長過程でどのように破れ、溶け、また残っているのかが、よくわかるからです。

さて、テングタケの仲間のドクツルタケやタマゴタケなどの場合、卵の外被膜はきのこが伸びるときに破れ、基部のまわりにまとまって残り、ツボとなります。シロテングタケなどを見ると、この外被膜は一部がちぎれて、きのこの傘の上に大きな塊で残っています。さらにテングタケやベニテングタケの場合、傘の上で細かい破片にちぎれて白いイボのようになります。テングタケやイボテングタケでは、傘の上の破片だけではなくて、ツボとして根元の下半分を被い、柄の最下部にもリング状に残ります。リングはテングタケで1〜2段、イボテングタケであれば4〜5段できます。テングツルタケやヘビキノコモドキなどになると、外被膜は灰色や黒色の粉状になり、膜状には残りません。基部ではリング状の黒い縞模様に、傘の上では粉状の模様になっています。

このように幼菌のときにもっとも外側を覆う外被膜が、きのこによってはツボや柄の根元部分の模様となり、傘の模様になります。

◆ ヒダを守る「内被膜」

パート1で観察したマッシュルームのヒダを保護していた膜も、きのこの特徴に深く関わっています。きのこが若い頃、傘の縁から柄にかけてヒダを覆っているこの被膜のことを「内被膜」といいます。

内被膜も成長にともなって溶けてなく

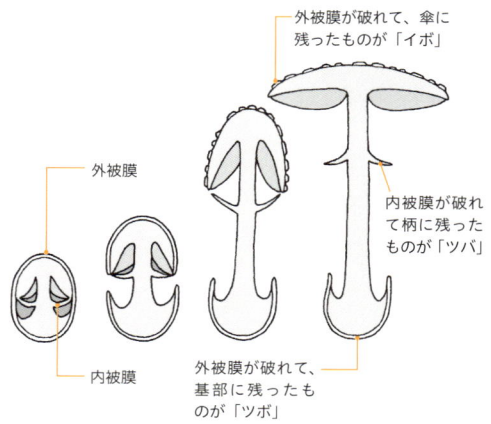

外被膜が破れて、傘に残ったものが「イボ」

外被膜

内被膜が破れて柄に残ったものが「ツバ」

内被膜

外被膜が破れて、基部に残ったものが「ツボ」

図1,2 幼菌から成菌に成長する様子（写真はテングタケ）。原基が発達すると、きのこ全体を保護する外被膜、胞子ができるヒダを保護する内被膜が破れる。外被膜や内被膜は原形を留めてツボや模様になる場合もあれば、跡形もなく消えてしまう場合もある

なってしまうものもありますが、膜状に残る種類では、テングタケやマッシュルームなどの柄についているツバとなります。さらにテングタケなどで柄の下のほうに見られる模様や、フウセンタケなどの柄に見られる繊維状のささくれも、この内被膜に由来している場合があります。内被膜なのか外被膜なのかはっきり区別のつかない模様も多いのですが、幼菌段階を観察したくなる興味深いポイントです。

◆ 模様の由来を考えてきのこを眺める

外被膜や内被膜は、さまざまな形できのこに痕跡を残しています。きのこができあがる途中で完全に消失してしまうものもありますが、模様になって残ったり、「ぬめり（粘液）」に姿を変えたりもします。それぞれのきのこの成長のしかたは種ごとに特徴的なものなので、こうした外被膜の名残である傘の上のイボや繊維、内被膜の名残である柄の模様などが、そのきのこの特徴となり、図鑑で調べる際の手がかりになるのです。この模様はどうやってできたのだろうと意識して眺めると、きのこはよりよく理解できます。

3-3
神は細部に宿る

採ってきたきのこを図鑑に書かれている特徴と比較していくためには「細かな部分」をしっかり見極めることと、その細かな部分が「全体のなかで」どういう部分にあたるのか、の両方を意識する必要があります。

では、きのこを調べるときのチェックポイントになる、細かな特徴を解説していきましょう。模式図は 52 ページの図4を参照してください。例に示したきのこすべての写真を載せられてはいません。図鑑やネットなどを参照しながら読み進めることをおすすめします。

【傘の表】
● 模様や付着物

傘の表面の模様を作る「外被膜由来の模様」があることはすでに述べました。ここでは傘表面に放射状に広がる線状の模様にもっと細かく注目していきましょう。ルーペがあったほうがいいかもしれません。線状の模様をよく見ていくと、いろいろなタイプのものがあります。線がある範囲も中心部から縁までずっと伸びるものと、縁にだけ短くつくものがあります。

傘表面はよく見ると、しわが走っているもの、傘の上に放射状の繊維が貼りついているもの（アセタケ属など）、綿くず上の繊維が付着するもの（ワタカラカサタケやマッシュルームなど）もあります。「糸くず状」の付着物のなかには、傘表皮がそもそも繊維状のものもありますが、外被膜由来の付着物が模様に見えるものもあります。幅があり鱗のように付着している「鱗片」、粉状の付着物などがそうで、これらは破れた外被膜の名残です。テングタケ

属のようにイボや、膜として残るもの、細かな顆粒となるもの（ダイダイガサなど）など多種多様です。

● 粘性

外被の破片はさらに、粘液になって傘に残るもの（ナメコやエノキタケなど）もあります。粘性とは、ナメコで見られるような「ぬめり」のことで、粘性のあるきのこは、ナメコ以外にもかなりたくさんあります。図鑑には「粘性をもつ」などと書かれています。

粘性は乾いてしまうとわかりにくいのですが、傘の表面にくっついた落ち葉のかけらや土などがヒントになります。表面にそれらが付着しているということは、表面がべとべとしているという特徴の暗示です。乾いているときは指を水で濡らして、傘の表面を少しこすってみましょう。粘性のあ

るきのこなら、粘りが感じられることがあります。

ナメコ同様、粘性は傘だけでなく柄にも見られる場合もあります。注意して見てみましょう。

● 条線

放射状に中心から外縁部に向かって線状の模様が広がるきのこもよく見かけます。はっきりした線状の模様は、総称して条線と呼ばれます。出っ張っていても凹んでいても条線なのですが、溝があるものは「溝線」とも呼ばれ、アカヤマタケ属、テングタケ属のツルタケの仲間などに見られます。突起が点線状に並んで線状の模様を作っているものは「粒条線」と呼ばれ、ベニタケ属によく見られます（さらにその組み合わせで粒溝線という表現もあります）。このように条線にはいろいろなものがあり

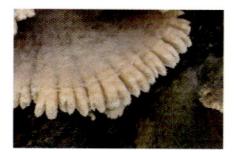
扇面状（スエヒロタケ）

粒溝線（クサハツモドキ）

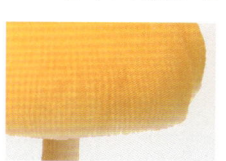
条線（ベニヒダタケ）

溝線（タマゴタケ）

粉状（ヒメコナカブリツルタケ）

繊維状鱗片（マツタケ）

繊維状（クロタマゴテングタケ）

イボ状の外被のかけら（イボテングタケ）

ひび割れ（フタイロベニタケ）

環紋（アカモミタケ）

しわ（カサヒダタケ）

粘性（ナメコ）

図3 傘の表の特徴

きのこの特徴

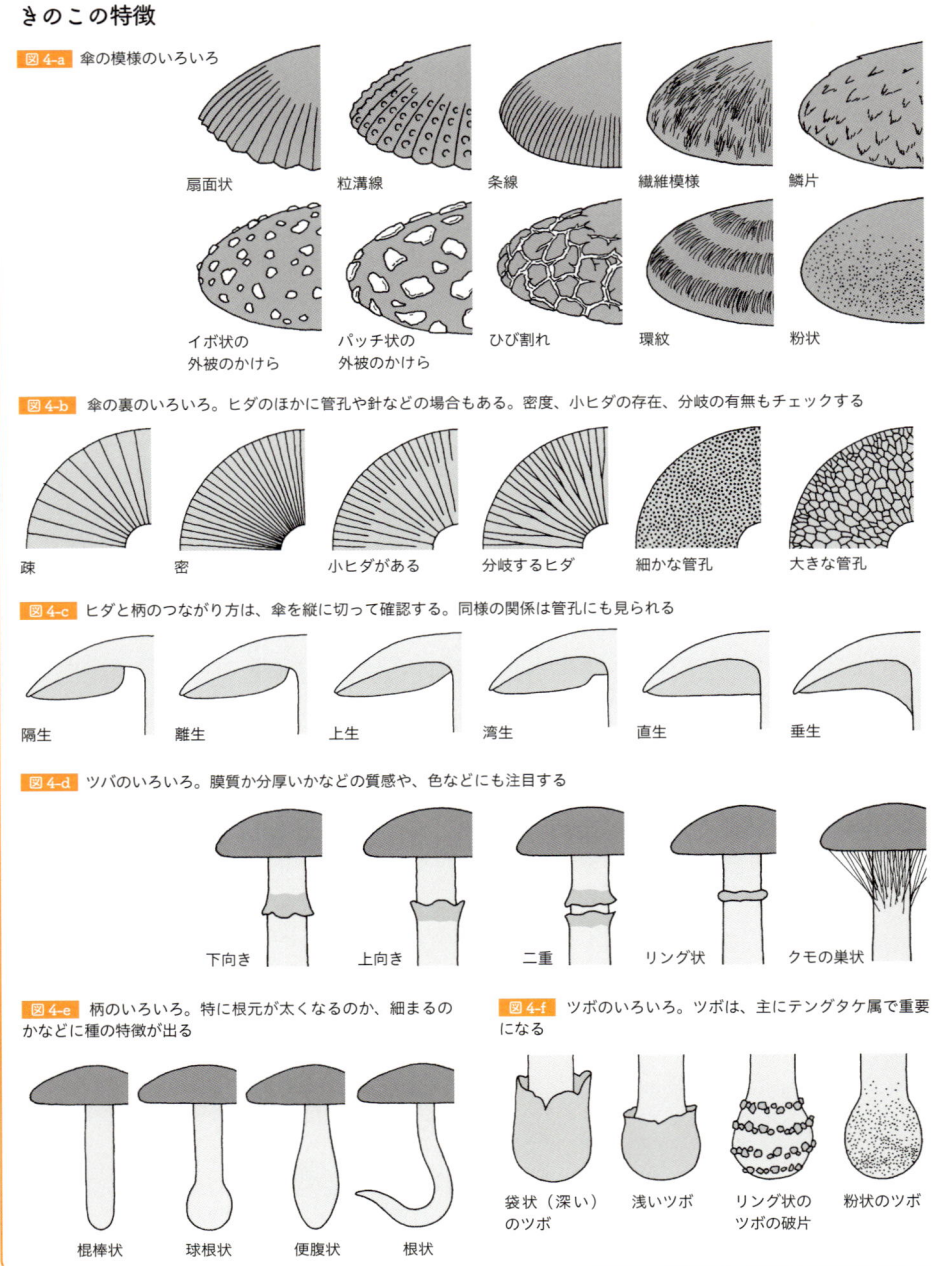

図4-a 傘の模様のいろいろ

扇面状　粒溝線　条線　繊維模様　鱗片

イボ状の外被のかけら　パッチ状の外被のかけら　ひび割れ　環紋　粉状

図4-b 傘の裏のいろいろ。ヒダのほかに管孔や針などの場合もある。密度、小ヒダの存在、分岐の有無もチェックする

疎　密　小ヒダがある　分岐するヒダ　細かな管孔　大きな管孔

図4-c ヒダと柄のつながり方は、傘を縦に切って確認する。同様の関係は管孔にも見られる

隔生　離生　上生　湾生　直生　垂生

図4-d ツバのいろいろ。膜質か分厚いかなどの質感や、色などにも注目する

下向き　上向き　二重　リング状　クモの巣状

図4-e 柄のいろいろ。特に根元が太くなるのか、細まるのかなどに種の特徴が出る

棍棒状　球根状　便腹状　根状

図4-f ツボのいろいろ。ツボは、主にテングタケ属で重要になる

袋状（深い）のツボ　浅いツボ　リング状のツボの破片　粉状のツボ

ます。これらのなかには中心部から傘の端まで線が伸びるものも、傘の周辺部（縁部）だけにあるものなどさまざまです。

溝のなかにはスエヒロタケなど、機能と結びついたものもあります。折りたたみできる扇子のように、湿度の高いときに広がり、乾いたときに閉じるすぐれものです。また広がったきのこのなかには、溝の部分が薄くなり半透明に透けて見えるものもあります。

出っ張るタイプの模様にはカサヒダタケのように、傘表面にシワ状の出っ張りができるものもあります。

● 表皮の手触りや模様

傘の表面もつるつるとした表面のものもあれば、マット状のもの、微毛の生えたものもあります。乾いて見える表面も、ヌメリガサ科のように水をふくんだぷるんとした表面のものもあります。

表皮も全面均質ではありません。傘の中心部と周辺部で色が違うこともしばしばです。成長にともなって広がった周辺部で付着物、あるいは表皮そのものが引き伸ばされて薄くなっていることもしばしばです。また成長とともに表皮が破れて表皮の一層下の地色が見え、アイタケやキッコウアワタケなどのように模様になっている場合もあります。種類によってはひび割れがもっと深く、アカヤマドリなどのように肉が裂けてしまうものもあります。

また、チチタケ属などでは表皮に傘の中心から同心円状に環状の模様が見られるものがあります。「環紋」と呼ばれ、色の濃

い部分、薄い部分が繰り返されます。こうした模様はサルノコシカケなどの硬いきのこにも見られます。

観察は傘の表の様子だけのチェックで終わりではなく、溝線や粒条線を真横から見たときに、線はヒダのある位置の真上にあるのか、それともヒダとヒダの間にあるのかなども、その模様がどうやってできているのか気にしてみましょう。

● 傘の形

きのこが開くにつれて形が変わることは冒頭に書いた通りですが、成熟したときに上面がほぼ平らになるまで開くのか、それとも中央が丸くふくらんだ形（まんじゅう型）になるのか、あるいは反り返るのかなど、典型的な姿のイメージは持っておくといいでしょう。たとえばアセタケ属やイッポンシメジ属に見られるような傘の中央の突出は成長しても失われない特徴で、きのこを調べる十分な手がかりとなります。アカイボカサタケなどのように中央にさらにちょこんと突起がつくものもあります。

また、未熟なときに傘の縁がどうなっているのかも注目ポイントです。内側に強く巻きこむものもあれば、柄にピッタリ密着するものもあります。

● 傘の色

ひとくちに「赤いきのこ」と言っても、ものすごくたくさんのきのこが該当します。また、傘の色は、雨にあたるとあせてしまうこともあります。それでも種類ごとにさまざまな色合いをもつ傘の色は、図鑑を調べるときの手がかりになる特徴です。

ただし、色の表現や、その色に対してのイメージには個人差があります。たとえば「ワインレッド」と言ったときに、あなたと、あなたの友達が同じ色を想像できるとは限りません。

また、傘の色は、赤や緑といった単純な表現ですむものはあまりありません。ボキャブラリーが豊富でも、なかなか的確には言い表せないこともあります。そんなとき色の見本帳があると、その場できのこの現物と比べることができます。仲間と色についての共通認識を得ることもできるでしょう。スマホならカラーチャートアプリもあります（機種によるズレはあるのですが）。

ただし、色で厄介なのは、まわりの状態で見え方がかなり違うということです。同じきのこでも、明るい昼間の光で見るのと、夕方の光では印象はかなり異なります。また、直射日光のあたる日なたと、暗い森の中でも見え方が大分違います。

これは人間の目だけの問題ではなく、写真の写り具合もかなり変わります。ですから、写真を撮ったから色は記録しなくてもいいというのは大間違いなのです。カメラが苦手な色というのもいろいろあります。特に薄紫色のきのこは、写真で撮るとぜんぜん違う色に写っていることがあります。

前述のように1つのきのこの傘でも、中心と周辺などで色合いが違う場合もあります。

色は標本で残らないことから、記録はとても大切なことです。条件に左右されずに記録できるように、「色の観察は明るい日陰で行う」など、自分なりに一定のルールを決めておくといいでしょう。

【傘の裏】

パート1でマイタケを観察したように、きのこの傘の裏はヒダとは限りません。イグチの仲間やサルノコシカケの仲間などでは管孔といって、たくさんの孔が空いた状態になっています。管孔は一見、スポンジのように見えますが、実はごく細いパイプがたくさん集まってできています。

ケロウジやモミジタケのように、針やイボが並んでいるものもありますし、子嚢菌と呼ばれているグループに見られるように傘の裏に特に何もなく、つるんとしたきのこもあります。

まずはヒダのあるきのこを見ていきましょう。ヒダではなく管孔のあるイグチの仲間については、63ページにポイントを示しています。

●ヒダの色、胞子の色

ヒダの色や形は、柄と傘があるきのこの種類を見分ける上でもっとも重要と言っても過言ではありません。マッシュルームで見たように、胞子が成熟してくるにつれて、きのこのヒダに胞子の色がついてくる場合があります。

胞子の色は白、錆色、ピンク、緑などさまざまです（図5）。この色は胞子表面の細胞壁の性質を表しています。そこに色素が作られていたり、膜の厚みが光を屈折させたりすることで、さまざまな色の胞子が

見られるのです。

　束になって折り重なるように生えている
きのこであれば、下にあるきのこの傘に、
上にあるきのこの傘の胞子が降り積もって
いる様子をしばしば観察できます。単独で
生えているきのこも注意して見てみれば、
そのきのこ自身のツバや柄に胞子が降り積
もって変色していることも少なくありませ
ん。ヤナギマツタケなどは胞子の量が多く、
きのこのまわりの落ち葉や木の根元まで、
胞子でココア色に汚してしまいます。

● ヒダの密度

　ヒダは、色だけではなく、密度、幅、形
にも特徴があります。

　まず、密度（図6）を見ていきましょう。
軸を中心に放射方向に並ぶヒダがたくさん
並べば並ぶほど、ヒダの間隔は狭くなりま
す。反対に枚数が少なければ間隔が空きま
す。こうした間隔をヒダが「密」「やや密」
「やや疎」「疎」などと表現します。標準と
いったものもなく、感覚的な表現でありど
こからが密なのか、と言いにくいのですが、

市販のブラウンマッシュルームのヒダは
密、というのが国際的な標準感覚でしょう
か。極端に密なものはシロハツモドキやツ
チカブリなど、疎なものはスジオチバタケ
やクロチチダマシなどが例に挙げられるで
しょうか。

　放射状に並ぶヒダをよく見ると、最外周
に達しているヒダのすべてが柄の近くから
始まっているわけではないことに気がつく
はずです（図7、9）。傘の途中から始まる
ヒダもあれば、さらにその外側にだけ短く
走るヒダなどもあり、これらが組み合わ
さって、柄に近いほうも縁に近いほうもほ
ぼ一定の間隔でヒダが走るよう工夫されて
います。途中から始まるヒダを「小ヒダ」
と呼びますが、小ヒダがどのようなパター
ンで現れるか、どのような形をしているか、
という点にも特徴があります。

　また、やや例外的ですがウグイスハツの
ように、ヒダが途中から枝分かれするきの
こもあります。こうしたものもじっくり観
察しないとなかなか気づかないものです。

白（アイタケ）

緑（オオシロカラカサタケ）

ピンク（クサウラベニタケ）

錆色（ナメコ）

図5　胞子の色

密（ウラムラサキシメジ）

疎（スジオチバタケ）

図6　ヒダの密度

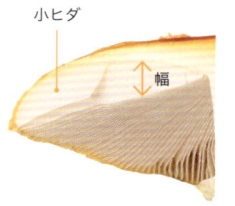

小ヒダ

幅

小ヒダは、傘の縁付近にだけ
ある長さの短いヒダのこと。
ヒダの天地の長さのことを
「幅」という（ベニテングタケ）

図7　小ヒダとヒダの幅

● 縦割りのすすめ

　ヒダをはじめ、傘の肉や柄の内部など、上面から見えにくい部分を観察するためには、きのこを縦に切って断面を作り、観察することをおすすめします（図8）。図鑑にもしばしば断面の図や写真が掲載されます。断面を観察するために、せっかくきれいに持ち帰ったきのこを断ち割るのは抵抗があるかもしれません。しかし、きれいな断面を作って観察することで、ヒダのつき方や肉の色や肉の詰まり方などが格段に観察しやすくなります。

● 幅や厚み、形、柄とのつながり方

　ヒダの幅（図7）や形は、きのこを切り、その縦断面を見てみると、よりよくわかります。切らずに横から見ていると、同じように丸いこんもりした傘をしたきのこでも、傘の肉が意外に薄く、ヒダの幅が広いものがあれば、その反対のものもあります。下から見てもわかりにくいヒダの幅は、断面で最大値を測っておきましょう。一方でヒダの厚みは薄すぎて計測するのは難しいですが、ヌメリガサ科のきのこやベニタケ科のニセクロハツなど、分厚いヒダをもつものもあります（図9）。感覚的でも気がついたことは記録しておきましょう。

　ヒダの形もさまざまです。傘の周辺部に向けて徐々に幅が狭くなるヒダもあれば、周辺部までほぼ同じ幅で維持されるヒダもあります。柄からずいぶん離れたところから始まる小ヒダも、少しずつ幅広くなって立ち上がるものがある一方、テングタケのヒダは、突如、幅広く始まります。

　ヒダと柄のつながり方（図4-c）も謎解きの手がかりになります。これもきのこを縦に割るとよくわかります。

　キシメジ科では、ヒダが柄に直角につながっているもの（直生）や、やや柄に流れるもの（やや垂生）が多いのに対し、最初のほうで見たエリンギなど、ヒラタケ科のものははっきり垂生します。

　きのこのなかにはヒダと柄がつながっていないものもあります。同じくパート1で調べたマッシュルームも離生といって、ヒダと柄がつながらないきのこです。未熟なものではわかりにくいので言及しません

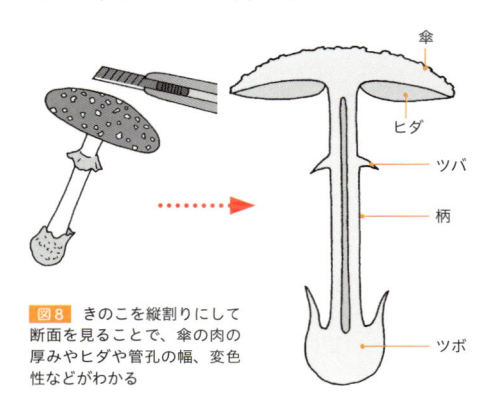

図8　きのこを縦割りにして断面を見ることで、傘の肉の厚みやヒダや管孔の幅、変色性などがわかる

傘
ヒダ
ツバ
柄
ツボ

図9　ヒダ1枚の厚みにも違いは現れる。写真は厚みのあるヒダ（クロハツ）

でしたが、大きなブラウンマッシュルームなどを購入すると、柄とヒダがつながっていないことに気づくでしょう。柄を動かして切れてしまったわけではなく、最初からつながっていないのです。

もっと極端なものでは柄とヒダの間にすき間が空いている隔生となるものもあります。ウラベニガサ科やテングタケ科は、柄に達する前にヒダが終わる隔生です。隔生は、傘を裏側から見たとき、柄のまわりにヒダのない部分が円状にある(図10)ので、すぐにわかるでしょう。

ほかにも直生に近いのだけれども、ヒダが柄のまわりで少し凹んでから垂直に近い角度で柄につながる湾生、ヒダの幅が柄に接する直前で急激に狭くなり、結果急な角度で柄に接する上生もあります。傾向としては、大型のきのこに隔生や離生のものが多いように思います。傘が成長するときや、その後、傘がゆれた場合などにヒダと柄の干渉を避けるためのしくみなのかもしれません。

● ヒダの、そのほかの着目ポイント

ヒダの縁にも着目してください。テングタケ属やベニタケ属などでは、ヒダの下縁の部分にだけ傘表面と同じ色が、ついていることがあります(たとえばヤブレベニタケなど)。スエヒロタケ属のきのこは、ヒダの縁が2枚

にはがれています。マツオウジ属などでは、ヒダの縁がノコギリ状にギザギザしています。ヒメヒトヨタケ属では、胞子が成熟するとヒダが溶けます(図11)。

傷をつけたときに変色したり、乳液が出たり、さらには出た乳液が変色するものもあります。また、傘や柄は変色しないのに、ヒダや管孔部だけ変色するきのこもたくさんあります。つめで傘や柄、ヒダを傷つけて確認してみましょう。

【ツバ】

ツバは、傘と柄の間のすき間をふさぎ、胞子が未熟な間、ヒダを保護している膜(内被膜)が、きのこの成長にともなって傘からはがれ落ちたものです。

テングタケ科のようなわかりやすい膜質のツバをもつもの、カラカサタケのように分厚くしかも上下に動くツバをもつもの、モミタケのように二重のものまで、いろいろなタイプがあります。ツバがすぐに消えてしまうグループもありますが、柄を丹念に見るとわずかにツバの痕跡が残っている

隔生は柄のまわりに溝がぐるりと見える

図10 隔生するテングタケのヒダ
(写真はオオツルタケ)

縁がギザギザ
(マツオウジ)

二重
(スエヒロタケ)

溶ける
(ヒトヨタケ)

図11
ヒダのいろいろ

ものもあります。フウセンタケ科はクモの巣状の内被膜を形成します。この内被膜は半ば溶けて柄に貼りつき、柄の模様になっていることもあります（図12）。

ツバは厚さや質感だけではなく、色も見ておきましょう。白ばかりではなく、コタマゴタケなどは黄色みを帯びています。

また、意外に思うかも知れませんが、ツバは柄だけについているとは限りません。たとえばコテングタケモドキやイタチタケの仲間などのように、傘の縁にツバのかけらが残るものもあります。オオシロカラカサタケなどは、ツバの裏にこげ茶色の外被膜のかけらが残っています。こうした細かな特徴も、きのこを調べる際の手がかりになります。ベニタケ科の幼菌は丸まった傘が柄にしっかりと接し、そのまま伸び始めます。傘そのものが被膜の代わりになっています。

【柄、ツボ】

● 柄の表面

きのこの柄の表面には、編目模様やだら模様、縦方向の平行な筋模様、赤や黄色の「米ぬか状の模様」など、さまざまな模様があります。模様は柄の上部と下部で同じとは限らず（図13）、傘のすぐ下だけに見られる模様もあれば、基部だけに見られるものなどさまざまです。この模様は、柄の表皮の構造や、伸びていくときにちぎれていく外被膜（ツボ）や内被膜（ツバ）などと関係してできている場合があります。幼菌からの成長を観察すると、この模様ができる過程がわかる場合もあります。

● 柄の形

柄の形にも注目しましょう。上部と下部では太さが違うことがあり、特に根元付近が太くなることがよくあります。下部に向かってじわじわと太くなるもの、「蕪状」といって基部が急にタマネギのように丸くなるものなどさまざまです。

太い部分だけ色が違っていることや、綿くず状の菌糸を被っていることもあります。きのこができる前、卵状の菌糸の塊だったころの表面の様子が比較的よく残っている部分なのかもしれません。

膜質（ベニテングタケ）

リング状（カラカサタケ）

図12 ツバのいろいろ

クモの巣状（ムレオオフウセンタケ）

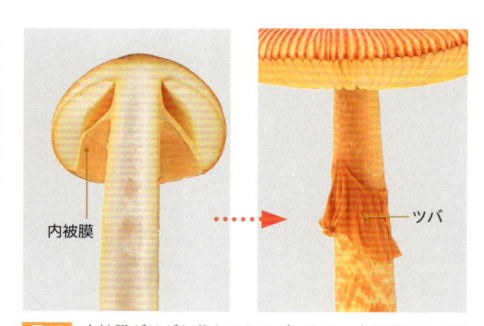

内被膜 → ツバ

図13 内被膜がはがれ落ちるとツバになる。内被膜の上と下では柄の模様も異なる。写真はタマゴタケで、ツバより上には柄の模様が見られない

● ツボ

　基部に外被膜がはっきり残っている場合、これを「ツボ」と呼びます。テングタケ科で目立つ特徴ですが、特にツルタケでは膜質のはっきりとしたものが残り、まさにツボ状になります。ところが同じテングタケ科でもヒメコナカブリツルタケでは、傘の上に見られる外被膜の名残と同じように灰色の粉状です。こうなると「ツボ」とはほど遠い形状ですが、外被膜の名残なのでツボと呼んでいます（図14）。

● 柄の基部のさらに下にあるもの

　柄の基部にはツボだけではなく、地下の菌糸につながるような菌糸が見られるものもあります（図15）。たとえばオオキツネタケでは剛毛状の紫色の菌糸の束が見られますし、ホウライタケの仲間では根のような太く白い菌糸の束が伸びています。

　キンカクイチメガサやタマムクエタケなどでは、柄の基部のさらに下に小石のような菌糸の塊がついています。タマチョレイタケやモミタケでは、さらに地下深くの菌核につながっていますし、ツエタケは地下で木材に、ナガエノスギタケはモグラの便所跡につながっています。根元やツボは、文字通り「深い」のです。

● 柄の変色、におい、断面

　柄の変色性も観察ポイントです。傷をつけたときだけではなく、手でつまんで持った部分に茶色い跡が残る場合もよくあります。ナカグロモリノカサのように柄の根元だけが黄色く変色するものもあります。

　柄の根元やツボから、においがするものもあります。ナカグロモリノカサ、ニオイドクツルタケ、ハマクサギテングタケなどは、それぞれ独特のにおいがあります。

　柄は、外側だけでなく断面にも特徴があります。内部がパイプのように中空になっているものは、クヌギタケのような小型のものからカラカサタケのような大型のものまで、さまざまなきのこに見られます。虫が入ったわけでもないのに、虫に食い荒らされたようにところどころが中空の種類もありますし、竹の節のようになっているきのこもあります。

袋状
（タマゴタケ）

綿くず状
（キリンタケ）

リング状の
ツボの破片
（ベニテングタケ）

浅いツボ
（シロタマゴテングタケ）

図14 ツボのいろいろ

基部が蕪状にふくらむ
（カブラテングタケ）

菌糸塊

根元を掘ると地中に菌糸の
塊がある（タマムクエタケ）

図15 柄の基部には、ツボ以外の特徴が見られることも多い

【肉】

　肉の色もチェックポイントです。断面で確認しましょう。きのこによっては傘の肉と柄の肉の色合いが異なるものもあります。

　同じきのこの柄でも基部の肉だけ色が違うこともしばしばです。組織が分化しているのでしょう。柄と傘が離れやすい種類もありますが、それはこのような組織の特徴と関係しています。変色性もヒダと傘の肉、柄で異なる場合があります。

　きのこには有毒種もあるので、おもしろ半分に味を試すべきではありませんが、きのこの肉には酸味や苦味があることがあります。実はこうした味もヒダや肉で多少違います。そうしたことを反映してでしょうか、虫が食べるときも、このきのこの傘の肉は食べるけれど、ヒダは食べないという場合もあるようです。味の確認については、67ページの囲みを参照してください。

3-4
ベニタケ類の観察

　傘の裏にヒダがあるハラタケ型のきのこのなかで、ベニタケ科のきのこ（図16）はかなり異質なきのこです。幼菌を観察してもしっかり傘が閉じた小さなきのこ型をしており、外被膜は見られません。ヒダを覆う内皮膜も最初からないようです。きのこの断面を観察しようと縦に裂くときは、カッターナイフが必須です。なぜなら肉が非常にもろく、手で裂こうとしても、もろもろと砕けてしまって裂けないからです。きのこの表皮は、細長い菌糸でできているのですが、実はベニタケの柄や傘の肉は動物のような丸い細胞でできていて崩れやすいのです。裂きやすさは細胞の形に起因します。繊維でできた木材はくさびを打ちこんで裂くことができるのに対して、発泡スチロールにくさびを立てると砕けてしまうのと同じです。

　ベニタケの仲間はDNAで調べてもやわらかいヒダをもつほかのハラタケ目のきのこと大きく異なっており、ベニタケ目として別に扱われていることはすでに述べたとおりです。外見からベニタケ科は、ベニタケやチチタケの仲間ということまではわかりやすいのですが、その先、種まで同定するとなるとなかなか難しいグループです。詳細に観察するための追加のチェックポイントを挙げておきます。

【色】

　ベニタケ科の傘の赤や紫色には水溶性の色素があります。成長によって薄くなったり、雨が降ると色があせたりします。ですので赤や紫の色については、こだわりすぎないようにしましょう。

　白い柄のきのこが多いベニタケ属では、特に柄の色について留意しておきましょう。特に、白い色を細かく区別しましょう。これは傘やヒダでも同様です。種ごとに、ベージュがかった白色、粉っぽい白色、光沢のある白色、透明感のある青みがかった白色などさまざまです。写真を趣味にして

いる人はよくわかると思いますが、これらの白色の差を写真で記録するのは実はかなり難しいことです。ちょっとした光の状態で、写り方がまったく変わってしまいます。直射日光のあたらない明るい日陰で、たとえばノートの白色と比べるなどして、よく見て記録しましょう。言葉で記録するにも表現力が問われます。ふだんから図鑑の表現などを気にしておくのもよいでしょう。

【ヒダ】

小ヒダや疎密などの確認は、ほかと同様として、ベニタケ科では隣り合うヒダとヒダをつなぐ横方向の低いヒダ「脈」についても気をつけてみましょう。

直生や離生については、通常のきのこ以上に断面での観察が重要です。ベニタケ科のきのこは傘が、日本酒を飲むときのおちょこのように反り返るものが多く、ヒダが垂生のように見えてしまいます。しかし、多くのものは断面で見てみると柄が始まるところでヒダの幅がゼロになります。つまり、柄とヒダが接していないので、この場合は離生ということになります。もちろんそのまま柄までヒダが伸びている垂生のきのこもありますが、断面での観察が重要です。ヒダの縁の色、分岐などもチェックポイントです。

【胞子紋】

ベニタケ科の胞子は白いものから黄色のものまであります。可能なら黒い紙の上に胞子紋を取ってみるとよいでしょう。ヒダがクリーム色に見える場合、胞子の色を反

図16 ベニタケの特徴

乳液がしみになるものもある（ハツタケ）

チチタケ属は、傷つくと乳液を出すものが多い（ツチカブリ）

白い柄のものが多い。写真はドクベニタケ

乳液による変色

ヒダとヒダを横につなぐ「脈」があるものもある

成菌
幼菌

傘の色は退職しやすい（ヤブレベニタケ）

肉はもろく、つかむとぐちゃぐちゃになる（ニオイコベニタケ）

ベニタケ属は粒溝線が多い

映している可能性があります。

【乳液】

チチタケ属、カラハツタケ属、マルチフルカ属は、ヒダや肉が傷つくと乳液を分泌します。乳液の色、量、変色性もしっかり記録してください。乳液がにじむ程度しか分泌されず、そのときはよくわからないものの、持ち帰ったあとに茶色く変色した乳液の跡で気づく場合もあります。乳液はしばしば辛味や渋味がある場合も少なくありません。こうしたことも重要な記録です。

【傘】

傘表皮に見られる粒溝線はベニタケ属の特徴のひとつです。ぬめりの有無も確認しましょう。表皮がビロード状になっているもの、表皮が裂けやすく、その下の白い肉が露出するもの、突起物が傘の縁につくなど特徴的な表皮の種も少なくありません。

さらに、傘の縦断面も見てください。色素があるのは表皮のどの部分なのか、傘の縁は内側に強く巻くのかなど、細かく調べましょう。

【柄】

傘のつけ根がもっとも太く、根元に向かって細くなっていく種類が多いのですが、ほぼ太さの変わらないもの、根元だけ太くなるものなどもあります。柄は虫が食ったようなすき間のある中空の種類も多いのですが、竹の節のようになっているものや、パイプ状のもの、大きな空洞がある

ようなものもあります。こうした空洞の影響か、外見からも柄がでこぼこしているものもあります。前述の通り非常にもろいので、断面を調べるために縦に裂くときはカッターを使うとよいでしょう。

【におい】

においも記録しておきましょう。カレー粉、苦扁桃（アーモンドの一種）、クローブ、酸化した油のにおい、カブトムシなど、独特なにおいを記録する語彙に図鑑の著者たちも苦労しています。みなさんも「いいにおい」「くさい」だけではなく、語彙力を発揮して、どんなにおいなのかをくわしく表現しましょう。

3-5
イグチ類のきのこの観察

DNAを用いた分子系統学的な研究が導入されたことにより、イグチ目の分類は、ハラタケ目、ベニタケ目以上に混乱しています。管孔の形や孔口の色、胞子の模様などを手がかりに形の似た仲間をまとめていた分類体系は、他人の空似がたくさんふくまれていることがわかりました。代わって重要視されるようになったのは傘表皮などの組織構造です。顕微鏡で腰をすえて見ないといけない難しい観察です。

これらは、新種を記載するときにはどうしてもこだわらなければいけない重要な要素ですが、見た目でグループの「あたり」

をつけるときには、過去の図鑑で属の見分けに使っていた外見的な特徴も手がかりになります。

イグチ目にはショウロやツチグリ、ニセショウロなど、かつて腹菌類と言われたお団子状のきのこもたくさんふくまれています。それら旧腹菌類の観察ポイントは別に示すとして、ここではイグチ科、ヌメリイグチ科、ハンノキイグチ科など類縁グループ（以下イグチ類）を観察するときに手がかりになる特徴をおさえておきましょう（図17）。

【管孔】

イグチ類では、ヒダではなくパイプのような孔（管孔）がたくさん並んでいますが、孔はヒダと同じくきのこを見る上で重要なポイントです。孔はどのような大きさでしょう。孔は小さく、1つだけの大きさを測るのは困難です。そこで定規を当てて、1cmの長さにいくつの孔があるかを数えます。このようにして1つの孔（孔口）の平均的な大きさ（直径）がわかります。

孔口の並んだ管孔面と柄の接し方もヒダと同様に、直生、垂生、上生などがあります。管孔面が柄に到達する場所で上側にへこんでいたら上生、あるいは湾生、柄に沿って下に向かって伸びていたら垂生、突き当たっているなら直生です。

色も見ておきましょう。管孔面（孔口）だけが異なる色をしている場合も少なくありません。傘を縦に切って、断面の観察をしましょう。また、未成熟なきのこは孔口を菌糸が覆っている場合があります（たとえばヤマイグチ属など）。逆に雨のあとのイグチ類には寄生菌の菌糸がついていることも少なくありません。そうでなくても古くなると孔口の色が変化する場合があります。孔口は虫がかじるなど傷つくと変色することもしばしばあります。色の変化も注意深く観察しましょう。

【胞子紋】

イグチ類の胞子は黄色、緑、ピンク、黒などさまざまです。孔口の色だけでは胞子の色の観察は難しいので、胞子紋を取って記録してください。

【柄】

柄の表面の模様は特にイグチ類では種類を見分ける重要なポイントになります。まずは柄全体を見て、上下方向に走る繊維状の菌糸、網目模様、隆起した模様などを記録しましょう。模様は柄の上部と基部で異なる場合や、傘に近い上部にだけあるものもあります。

ツバの跡や根元のふくらみなども注意して記録してください。根元につく紐状の菌糸なども重要な特徴です。

管孔に変色性があっても、柄にもあるとは限りません。傷をつけて変色の有無を確認しましょう。

【傘】

傘表皮の特徴の観察は、ハラタケ目の場合とほぼ同様に考えてください。表面に鱗

片をもつもの、粉状の外被の名残をもつものなどいろいろです。イグチ類では、ひび割れをもつ薄い表皮、毛状の表皮、さらにゼラチン状や、粘性のぬめりを帯びるといった表皮の特徴は、ハラタケ目以上に重要な事項となります。今後の分類体系では表皮が属を見分ける手がかりになるかもしれないからです。採集時にも必要以上に傷めないように気をつけるほうがよさそうです。粘性はハラタケ目の場合同様、少し乾くとわかりにくくなります。湿らして確認しましょう。

【断面の観察】

肉の色は部分ごとに違う可能性もあります。断面を見て、傘、柄、根元の各部位の肉の色を確認します。色の変化も確認しましょう。素早く変色する種も、ゆっくりした変色を見せる種もあります。

イグチ類の傘は一般に、まんじゅう型にふくらんでいますが、肉と管孔の占める割合は種によってさまざまです。肉の厚み、管孔の長さも確認しましょう。

3-6

お団子状のきのこの観察

ホコリタケ、コツブタケ、ニセショウロ、そしてツチグリやスッポンタケ。これらはかつて腹菌類としてまとめられていましたが、ホコリタケやチャダイゴケはハラタケ目ハラタケ科に、ウスベニタマタケやアオゾメタケはイグチ科に、コツブタケ、ショウロ、ニセショウロ、ツチグリなどはイグチ科に近いイグチ目の菌となり、スッポン

図17 イグチの特徴

ヒダではなく、管孔で胞子を作る

変色性があるものも多い（イロガワリ）

柄の表面の模様は、特にイグチ類では種類を見分ける重要なポイント（ムラサキヤマドリタケ）

孔口は胞子が未熟なうちは菌糸で覆われていることもある（キイロイグチ）

タケはスッポンタケ目として独立しました（図18）。このように分類的にはバラバラでも、お団子状のきのこならではの観察ポイントがあります。ここでは、いわゆる「きのこ型」ではない、お団子状のきのこについて、外見だけでは見分けにくい観察すべきポイントを追加しておきます。

【生えている場所】

地上なのか、材上なのか、地中なのか、気をつけて記録しましょう。「半地中」といって、地表に一部だけ顔を出していることも多いシラタマタケなどもあります。

また、同じ地上であっても、砂地なのか腐植の上なのか、むき出しの土の上なのかも大事なポイントです。材上というだけでもかなり絞りこまれますし、落ち葉の下などを熊手でかいて見つける場合もありま

す。落ち葉の下にあったのか、土の中なのか、そしてそれはどんな木のまわりだったのかなど、忘れずに記録して少しでも手がかりを増やしておきましょう。旧腹菌類のなかにも、樹木と菌根共生をする種も多いので、発生場所の植生の記録も大事です。

【表面のトゲや鱗片、ひび割れ】

表面のトゲや鱗片は複雑な構造をしています。これらはテングタケのようなきのこ型のきのこと同様で、外被膜の名残です。持ち帰る途中で落ちてしまうものも多いのですが、ホコリタケなどでは種の見分けの大切なポイントになります。大事に持ち帰り、ルーペなどでよく観察しましょう。

表皮にひび割れがあるものは、そのパターンや、ひび割れで見える表皮の厚みを観察しておきましょう。

図18 お団子状のきのこ

スッポンタケの幼菌はゼリー状のものにこれから成長する部分が包まれている。成長するとどろどろとした胞子（グレバ）をつけた柄が伸びる

グレバ

断面

ショウロは成長しても球形のまま。中に詰まっている胞子は成熟するにつれて白〜黄褐色に変わる

断面

根状菌糸束

ツチグリやエリマキツチグリなど開口部があるものは、特にその周辺の構造も観察ポイントです。

基部の下には糸のような菌糸の束（菌糸束）がついていることもしばしばです、何色のどんな太さの菌糸束がついているのかも数少ない外見上の手がかりになります。

【断面】

お団子状のきのこだからこそ、断面を観察しましょう。お団子状のきのこは内部にたっぷりと胞子が詰まっています。ホコリタケ類などで熟したものは大量の胞子が舞うので、吸いこまないように気をつけてください。毒性があるわけではありませんが、あまり吸いこむと喘息症状を刺激したり、アレルギーの原因になったりします。

断面では、皮の厚さ（ホコリタケ類では1mmもないほどですが、ニセショウロの仲間は比較的厚い）、基部近くの胞子ができていない部分（無性基部）の厚みなどがわかります。さらに、切ったときに肉の部分が赤や青、あるいは黄色や褐色に変色するものもあります。さらに中心に軸があるものもあれば、腹菌類だと思って切ってみたら、きのこの断面が見えてテングタケ類の幼菌だったということもあります。

胞子ができる部分も、綿状に菌糸が走っているもの、ショウロなどのように小さな部屋に分かれているもの、ゼリー状の肉の中に粘液状の胞子（グレバ）があるものなどいろいろです。こうした特徴は外からではわかりません。断面の観察が重要です。

この他、基部に糸のような菌糸が広がっている場合もあります。根状菌糸束と呼ばれるこの器官は、やはり種の大事な特徴です。

3-7
記録を作る

パート2で書いたような現場での記録に加え、この章で見てきたような細部についての詳細な記録も是非、まとめておきましょう。きのこは時間がたてばどんどんしおれ、虫が食い、腐っていきます。観察したことをあとで見直せるようにまとめておくのが「観察記録」であり、見たものをあとで再検証できるように残す証拠が「標本」です。

記録用にはノートを1冊定め、採った日付や場所、環境などラベルにも書くことを記し、観察した記録、簡単な絵をつけておきましょう（図19）。写真を撮ったら、その写真と関連づけられるようにファイル名や撮影年月日、時間などを記録したり、プリントを貼りこんだりします。標本にするのなら、標本につけた番号を書きこむことも大切です。パート5で紹介するような顕微鏡観察の記録もあわせて書きこめるように、1ページに記録するのはせいぜい1種とするなど、比較的ゆったりとスペースをとっておきましょう。

◆ 絵を描く目的

　記録のための絵は、芸術作品にする必要はありません。立体感を出すような陰影や、奇抜な構図や背景がいらないのはもちろん、うまい下手も（とりあえずは）関係ありません。傘の形、表面の特徴、縁のスジ模様、柄の模様、ツバの様子、柄はどこで太くなっているのか、根元はどうなっているかなどを確認しながら描いてみてください。絵は正直です。自分で見つめて理解したことしか描けません。柄が何となく赤いなぁと淡く赤を塗るだけでなく、傘のすぐ下では網目模様になっているというようなことは、観察して気づかない限り描くことはできません。絵を描くのはきれいな絵を残すことが目的なのではなく、細かな特徴を確認することが目的で、絵を描くことはそのための手段なのです。

◆ 注釈で補う

　絵がうまく描けないときは、観察した内容を言葉で補ったり、視点を変えた部分図を別に描き添えたりして記録をしていきましょう。断面図を描けば、肉の様子やヒダの形を描きこむことができます。

　すでに書いてきたように、きのこの種を絞りこむには、植物や昆虫以上に「生の状態でしかわからない特徴」が重要になってきます。たとえば、触ったときの色の変化、味、においなどは、乾かしたあとでは決して調べようのない特徴です。そのきのこを記録できるのは、今だけ、あなただけです。何も記録がない干しきのこを大量に作るより、しっかりとした観察記録がある数点の標本のほうが学術的にはよほど価値があります。記録は重要なプロセスです。1つ1つに時間をかけるためにも、特に最初のうちはよい状態のものを3つだけ記録する、標本にするのは記録できたものだけにするなどと決めたほうが、よい標本を選び記録をとることに集中できるでしょう。

　文字での記録は現場のメモや観察メモを少し整理するくらいでかまいません。記録

味の確認のしかた

　きのこ図鑑にはしばしば肉の味が種の特徴として書かれています。味を確かめるには、もちろん口の中に入れなければなりません。ただし、噛んでみるだけで中毒する場合もありえることも事実です。

　リスクを少しでも減らすには、必要なときだけ味を確認する、数mm角程度の最小限で確認し、確認後は吐き出して口をゆすぐ、などが必要です。

　実際、何でもかんでも味を見る必要はありません。たとえば毒きのこの多いテングタケ属をはじめ、イッポンシメジ属、アセタケ属など主要な毒きのこでは、味は同定に必要ないのです。味の情報が必要になるのは赤いベニタケ属、チチタケ属、ニガイグチ属など一部です。味を見るのは、怖い毒きのこにどのようなものがあるか理解した上級者になってからでよいでしょう。

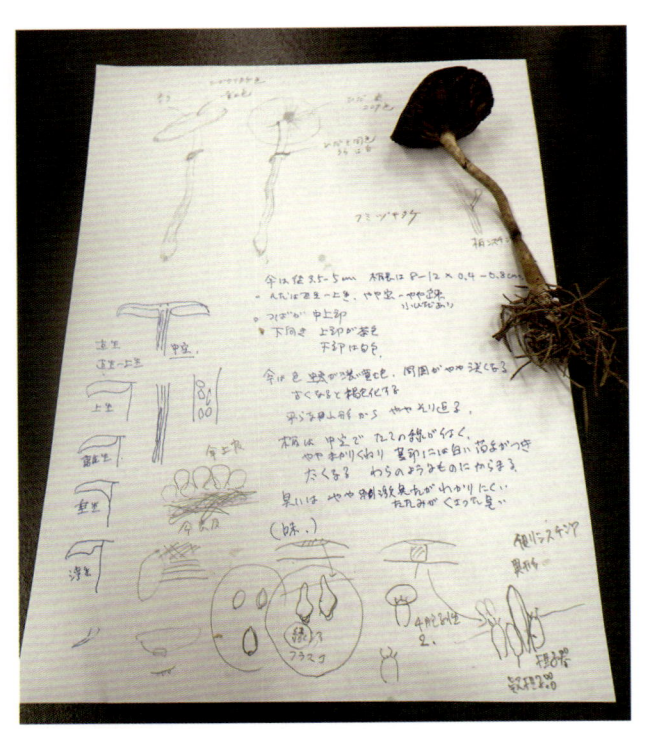

図19 持ち帰ったきのこの観察記録の例。新鮮な状態での観察記録は大切

この章で紹介したきのこの特徴の見方などをよりくわしく知りたい方は、巻末の参考図書にも示しましたが、『図解きのこ鑑別法―マクロとミクロによる属の見分け方』（西村書店）や『新菌学用語集』（日本菌学会）がよい手引きになるでしょう。

少しきのこを調べ出すと、きのこを調べていって図鑑の特徴と一致したときの雲が晴れたような喜びはつかの間のことで、たくさんのよくわからないきのこが山積みになっていることに気づくでしょう。しかし、そのときにこそ、記録は宝の山になります。

の順番は特にありませんが、パート2で紹介したように、記録する項目の順番を決めておくと、漏れがありません。図鑑やインターネットでくわしく解説しているサイトの記載の順番を真似してもよいでしょう。

もし、図鑑などを見て種名が特定できた場合、ノートにその内容を書き写しても構いません。ただし、その場合には「○○図鑑に『……』と書いてあった」など、自分が観察して書いた内容なのか、図鑑で見て知ったことなのか、きちんと区別がつくようにしておきましょう。

3-8
室内の生標本撮影のコツ

きのこの野外撮影の方法はいろいろな本に図解がありますが、持ち帰ったのちに、記録用に撮影することについてはあまり触れられていません。以下にごく簡単にポイントを挙げてみました。

スマホで撮る場合にも照明やバックを工夫するだけで出来映えがだいぶ変わりますので、是非、試してみてください。

◆ 照明・背景を工夫しよう

　室内では野外での撮影と異なり、光を自由にコントロールできます。ライトをうまく使いましょう。光の当て方ひとつで立体感が強調されたり、柄やヒダまできれいに写せたりします。ホワイトバランスを調整すれば色味は補正できるので、カメラ内蔵のフラッシュだけに頼るのではなく、電気スタンドでもよいのでむしろしっかりと光を当てて、手ぶれをしないように三脚などを使って撮影をすることをおすすめします。

　背景にも工夫が必要です。背景にどんな色を使うかで、きのこの印象は変わるからです。グレーなど、常に一定の落ち着いた色で撮影することをおすすめします。海外のきのこ図鑑には写真でも、野外で生えている状態（生態写真）ではなく、採集してきたきのこを撮影して図鑑にしているものもあります。一定の条件をかためて撮りためることは比較のためにも大切です。特徴をきれいに見せることなどを目的に「白バ

図20 カッティングマットに載せて写真を撮るとサイズの記録になる

ック写真」や「黒バック写真」などの撮影を好む人もいます。どういう写真を撮りたいか、たくさん撮っていくうちに方向も決まっていくでしょう。詳細はカメラ専門誌などを参照してみてください。

◆ 情報を写しこむ

　芸術写真ではなく、記録のための写真ですから、壊れていないきれいな状態のきのこ写真が必ずしも必要なのではありません。傘と柄が取れてしまったなら、プラモデルのパーツのように並べて写すことで部分の特徴がよく写る写真になります。断面を見せた写真もよいでしょう。変色したところを撮影するのも重要です。

　もっとも基本的なこととして実践していただきたいのは、少なくとも1枚はラベルを一緒に写しておくことです。ただし白い紙のラベルは撮影時の露出を難しくしてしまいます。白とびをしても写るよう、しっかりとした字でラベルを書きましょう。

　ものさしなど、大きさの目安を一緒に写すことも一般的です。しかし透明なものさしや、金属製の光ってしまうものさしは要注意です。それならばより簡単には方眼に目盛りの入ったカッティングマットなどを背景にして写真を撮る方法もあります（図20）。

◆ 一定の条件で撮る

　撮影のスタイルが決まったら、たとえばこのグレーバックの背景で光はこちらから当てて、きのこはこの向きでラベルとス

ケールと一緒に1枚、次はこのカット、その次はこれ、最低限これだけはチェックしてその次のきのこというように、撮影の道具、手順、メモのとり方などをルーチン化してしまうのがいいでしょう。

　色を記録するためにはカラーバーを一緒に写すことも有効でしょう（図21）。色補正のためのカラーバーは大手のカメラ店などで、2000円程度で売っています。あとで写真を加工する必要のある人は持っておくとよいでしょう。いくつかの色とグレースケールの組み合わせが印刷されており、照明条件などで発色のバランスが崩れていても、このチャートを写しこんだ画像をチャートの色を基準に正しい色に補正すれ

ば、標本の色調も補正できる、というわけです。

　露出やホワイトバランスなどカメラ側の条件と、照明など撮影条件が一定なら、撮影の開始時と終了時に写しこめばそれでいいでしょう。

◆ 技術動向を見ながら工夫を

　撮影後、いろいろな用途で写真を使う場合は、補正しても情報をロスしないRAW形式が適しているといわれます。ただしjpegでの撮影に比べファイルサイズが大きくなり、パソコンでの処理にも高い性能を要求するなどやっかいな面もあります。

　写真の技術や方式は日進月歩です。ホワイトバランスなどに気を払う、カラーバーを写しこむ、この条件だとどういう色に写るのかの基準を持っておくなど、基本を知った上で利用法に応じた自分なりの妥協点を作りましょう。

図21 カラーチャートを入れて写真を撮ると、あとから色味の調整をしやすい

Part 4

基本になる図鑑を持とう

　調べ物の道具が百科事典からスマホになった今日、「今どき図鑑？」と思うかもしれません。でも、ネットの健康情報に信頼できるものとできないものが混ざっているのと同じように、質のそろったきのこの情報をまとめて見られる無料サイトは多くはありません。最近は有料の電子図鑑アプリも出て来ているので、この本ができて数年したら、当たり前のようにスマホやパソコンできのこを調べているかもしれません。

　そうした電子「図鑑」もふくめ、自分が信頼する情報源を持っておくことは大切です。それは１つではなくても、何冊かの図鑑、いくつかのアプリと、複数の情報源を持つほうが、より多角的理解につながります。

　その中でも、自分がきのこを眺める上での軸となる、信頼できるものを持つことが、体系的な学びに役立つと思います。子どものころに「大好きな図鑑」を持っていたときのように、いつでもそこにもどってきて確かめることのできる図鑑は、あなたのきのこ知識をきっと底上げしてくれると思います。

4-1
図鑑で調べる

◆ 図鑑を手に入れよう

　採集地の情報を集め、よい状態で実物を持ち帰ったら、あとは図鑑で特徴を確かめながら調べていくことになります。

　残念ながらまだまだ、インターネットやスマホの検索だけでは図鑑の代わりにはなりません。だんだんと電子版の有料図鑑やアプリも充実してきているので、本でもアプリでも是非、何か1冊、信頼のおける図鑑を手に入れることをおすすめします。それは古本でも構いません。

　インターネットでもたくさんの写真が見られます。それなのになぜわざわざ「図鑑」なのでしょうか。それには以下のような理由があります。

1. 図鑑の写真や絵はきのこをよく理解している人が、そのきのこの特徴を意図的に写真に写し、また絵を描いている。標準的なものを選んで、しっかりと特徴がわかるようなものを選んで載せている。
2. 多くの図鑑は近い仲間を集めて配列して載せていることから、見ていくだけでもその仲間の特徴を捉えることができる。
3. 解説の内容も多く、正確性という点でも信頼できる。
4. インターネットは「名前」がわからな

いときに検索する方法が極めて限られてしまうが、図鑑は仲間を見つければ絞りこんでいくことができる。

　最後の4.は、特に初心者には重要な点です。図鑑の利点は、ほかにもたくさんありますが、博物館に相談しに来た大抵の人が「ネットで調べようとしたのですが……」と言いつつ挫折する理由が最後の4.です。2019年現在、インターネットは、まだまだ文字中心です。名前がわかれば特徴などを調べるのは簡単ですが、逆はなかなか困難です。よほどうまくキーワードを選ばない限り難しいでしょう。

　写真を送って、画像によるAI認識をするソフトも園芸植物などでは有用なものが出始めましたが、きのこで実用レベルにするためには相当「教師データ」で学習させる必要があるでしょう。技術の進展は目まぐるしいので、もう少し進めば写真からだけでも調べられるようになるのかもしれませんが、現状ではまだまだ困難です。

　では、最初に手に入れるにはどんな図鑑がよいのでしょうか。最初にお伝えしておかなければいけないのは、「この1冊ですべて事足りる」という決定版のきのこ図鑑は、残念ながら日本にはまだないということです。しかも当分できることはないでしょう。今できるのは複数の図鑑で補い合いながら対応することです。

図鑑は時代とともに変わる

　図鑑に載っているのは間違いない知識、だからそう簡単には変わらない、と思うかもしれません。たとえば 1961 年に初版が発行された『牧野新日本植物図鑑』(北隆館)を見てみましょう。この図鑑の巻末には、コケや海藻などとともに、きのこも少数ながら載っています。ただ、その科名は傘と柄のあるきのこはほぼみんな「まつたけ科」とされていて、現在とは大きく異なっています。この図鑑の基礎となった菌類研究は、主に戦前に活躍した川村清一（千葉大学名誉教授)(136ページ)の手によるものでした。

◆ 胞子や組織を重視した今関・本郷図鑑

　戦後の菌類研究は、今関六也、本郷次雄という 2 人の研究者の出した『原色日本菌類図鑑』(保育社) とその続巻、改定新版である『原色日本新菌類図鑑 I・II』(保育社)がリードしました。これらの図鑑は、多くの点でそれまでの図鑑と変わっています。今関と本郷の図鑑はこれまでの図鑑に比べ、かなり解剖学的にきのこを検討したものになっていました。傘が発達する際の外側を覆う膜の変化や、ツバや膜などの構造、ヒダと柄の繋がり方、ヒダの組織の中の菌糸の絡まり方というようにきのこを詳細に調べ、さらには顕微鏡で調べた特徴も重視しています。胞子についても色を確認

し、膜の厚さ、さらには薬品を使ってまで、胞子の膜がどのような特性をもっているかを調べ、科に分けようとしています。

　これは図鑑を書いた 2 人の研究者の独断ではなく、ロルフ・シンガーというドイツ出身のアメリカの研究者の成果を基礎としたものでした。世界の菌類研究の進展を踏まえた図鑑だったのです。

◆ 分類体系は近年さらに大きく変化した

　ところが、近年さらに大きな変化が訪れています。たとえばそれまで「腹菌類」とされていたお団子状のホコリタケ科の各種は、見た目のまったく異なるハラタケ科に再編されました。チャダイゴケ科もハラタケ科に包含されました。シイタケのような身近なきのこも、時代とともにマツタケ科からヒラタケ科へ、さらに今はホウライタケ科（ツキヨタケ科をふくむ）に再編されています。分類学の考え方は時代とともに大きく変化します。

◆ 形態が似ていることで分類するのか、DNAか

　分類学は種類を分けるだけでなく系統にまとめる方向に進みました。「進化の道筋をたどれば、すべての生きものが家系図のように祖先的な種類から種分化の枝分かれを繰り返した『樹形図』の形で表現できる」という考えに基づき、「形態」で区別された種を属や科に再編していくわけですが、前述のように、この道筋をたど

るものさしとしてDNAが20世紀末以降本格的に導入されました。

それまでは形態の違いのうち、「より重要なものは何か」と考え、その結果、生殖器官や頭骨を重視する考え方が取られてきました。菌類であれば菌糸よりきのこであり、そのなかでもヒダや胞子などを重視する考え方です。今関・本郷の図鑑はまさにそうした思想で作られています。

しかし近年の分類学はDNA配列の類似度を基準として重視し、いわば「他人の空似」を排除して、外見には現れていないかもしれないDNAで示された血統を重んじる考え方とも言えるでしょう。

先ほどのホコリタケ科がハラタケ科に入れられたのも、こうしたDNA配列が似ていたという理由によります。実際、ぱっと見ただけではわかりにくくとも、ホコリタケ科だったきのこは黒い胞子をもっているなど、細かな点を見ていくと、それなりにハラタケ科とも似た部分があります。

このような形態で科を決める手法から、DNA利用への変化は、まだ研究の途上でもあり、まだもう少し科名などは揺らぎそうです。科よりも下の「属」という小さなまとまりも、所属する科が変わったり、まとまったり、分割したりと、激しくゆらいでいる部分があります。それでも見た目にわかりやすいグループは、今のところそれ程変わっていません。非常に近縁な（遺伝的にも近い）仲間は見た目にもやはりよく似ているのです。兄弟は見た目でわかるけど、ちょっと遠い親戚をあてるのは難しく

てDNAを使ったほうがはっきりする、というようなことです。

4-3
「古い図鑑だから使えない」というのは間違い

分類体系が変わってしまったことにより「古い図鑑が間違っている」「古い図鑑が使えない」、という人がときどきいます。でも、そうではありません。形に基づいた分類体系に従っているか、現時点でわかっているDNA情報に基づいた分類体系に従っているのかが違うだけです。最新のものだって、分類体系はまだまだこれからも変わるでしょう。

学術論文等を除けば、常に最新のものを追いかける必要はなく、通常は「○○という図鑑の分類体系に従った」と書き添えれば、少々古いものでも問題ありません。

さらに言うと、牧野の時代では「まつたけ科」であったキツネタケが本郷時代に「キシメジ科」に変わり、さらに現在は「ヒドナンギウム科」という少々聞き慣れない科に移されても、キツネタケがキツネタケであることに変わりはありませんし、その特徴は古い図鑑でもしっかりと書きこまれています。「キツネタケ」「オオキツネタケ」といった種を調べ、見分ける、ということにおいては古い図鑑も十分使えるのだということを覚えておいてください。もちろん最近わかった新種は古い図鑑には載っている

わけもない、というのはご承知おきください（きのこにはそういう種類も多いのです）。

最新の図鑑でなくてもよいとなれば、図鑑の選択肢は広がります。どんな図鑑を手に入れるのがよいでしょう。野外に持ち出す図鑑なのか、自宅でゆっくり眺めるのか、顕微鏡とつきあわせてみるための図鑑なのか、それによって適した図鑑は変わります。

写真の図鑑か、絵（彩色図）の図鑑なのかも大きなポイントです。写真は見たまま比べやすい、というのが利点にもなりますが、最初に書いたようにきのこは形が変わるということを前提にすると、「理解しやすいが想像力で補うのが難しい」という欠点もあります。彩色図は、書き手が意図的に特徴を描きこんでいるので、「伝えたいところが伝わる」絵になっており、理解しやすい部分もあります。写真には写りづらいところが見やすく強調されているところもあります。

◆ 写真図鑑のいろいろ

写真図鑑同士を比べてみても、野外に生えているそのままの姿を撮影した写真が掲載されているものもあれば、標本のように採集後に並べて撮ったものが掲載されているものもあります。前者は、どんな環境に生えるのか理解しやすい一方で、きのこの細かな特徴を強調して示すことは難しい。逆に後者はきのこ自体の形態は理解しやすいのですが、環境はわかりません。このように写真図鑑といっても一長一短があります。

たくさんの種がのっていて解説もくわしい図鑑は大きく重たくなりがちですが、コンパクトな図鑑は写真も小さく、簡潔な解説になりがちです。

その点、スマホやタブレットで見られる図鑑はよいようにも思えますが、野外の日光の下ではまだまだ見づらさを感じますし、パラパラと一覧する手軽さはまだ本に軍配が上がるでしょうか。また、森の中はネット接続も難しいかもしれません。しかし、家の中で使うなら問題にはならないでしょう。

顕微鏡観察をするのであれば、顕微鏡で観察できる特徴が文章や図で書かれた図鑑でないと役に立ちません。また、サルノコシカケや冬虫夏草、腹菌類を理解するためには、それぞれにくわしい図鑑が必要になるときもあるでしょう。

◆ 最初の一冊は分類図鑑を

少し難しく感じるかもしれませんが最初の一冊には、種数が多く載った、分類群別に並んだ（科の順番で並んでいる）図鑑をおすすめします。先にも書いたように、こうした図鑑であれば、眺めているだけでも、「属」などの近い仲間の特徴が直感的に把握できます。（古い分類体系の図鑑でも、属レベルのイメージ作りはできるでしょう）。

子供用の図鑑や初心者向けとされる図鑑のなかには、環境別、季節別、あるいは色別に書かれた図鑑もあります。正直なところ、個人的にはおすすめしていません。色や季節で並べてしまうと、属など近い仲間の把握になかなかつながりません。また、30年前には通用した環境や季節の区分がちょっと近年は怪しくなってしまっているから、ということもあります。

たとえば、大阪の箕面公園では、現在はコジイをはじめとした常緑樹林（照葉樹林）に覆われていますが、数十年前にはアカマツの森が広がっていました。これは里山・柴山で木材が燃料として利用されていた頃の名残です。燃料採取や草刈りに利用されていた場所はマツの疎林に、マツ材を生産していた場所は立派なマツ林に、薪を販売目的で生産する場所はナラやクヌギの林、植樹されたスギやヒノキの林、と利用目的ごとにしっかりと植生管理され、本来の植生である常緑樹のシイ・カシの森は社寺林だけ、といった具合でした。こうした頃なら環境別の図鑑も有効だったでしょう。しかし、1960〜70年代に松枯れ病の流行があり、大量のアカマツが枯死しました。同時に生活スタイルも大きく変わり、薪を取る必要がなくなったので木が大きく育つようになりました。その結果、木陰でも成長する照葉樹の森が息を吹き返したのです。こうした変化を背景にして、箕面公園のようなシイの森には、まだアカマツ林に生えるきのこも残っており、シイ・カシ林に生えるのきのこも見られる、少々ややこしい状況になっているというわけです。こうした変化は箕面だけでなく、全国に当てはまります。

そんなわけで環境別の図鑑は、迷いがちで使いづらいのです。

季節別に分けた図鑑も、近年の異常気象が当たり前の状況では、あまり頼りになりません。従って、こうした図鑑は参考にはなりますが、メインの一冊にはできないように思います。

図1 図鑑は眺めているだけでも役に立つ。グループを把握できるし、記録のしかたの参考にもなる。写真はロジャー・フィリップスの『イギリスとヨーロッパのきのこ』

◆ 図鑑利用のリアル

さて、実際にはプロもアマチュアもふくめて多くのきのこ研究者は、複数の図鑑を

引き比べ、補い合いながら使っています。たとえば野外では『山溪フィールドガイドきのこ』（山と溪谷社、電子版のみ）を、自宅では『原色日本新菌類図鑑』（保育社）と『新版北陸のきのこ図鑑』（橋本確文堂）を使う、といった形です。これら3冊はどれも同じ人（本郷次雄氏）が監修している図鑑なのですが、同じ種類のきのこでも複数の図鑑を見ると、載っているイメージが異なってびっくりすることがあります。その幅の中で、実際のきのこが理解できることもよくあります。

インターネット上にあふれるきのこの写真のイメージは、実はもっと幅があります。同定根拠のない場合もしばしばで、参考にできないサイトもあります。少なくとも最初は自分の判断基準を持つためにも、自分の図鑑を持つほうがよいでしょう。インターネットの契約型の有料図鑑（図鑑.jpなど）も随分充実してきました。検索のしやすさなど、電子版ならではの利点もあります。買い切りの本がよいか、月々契約の電子版がよいか、自分の使い方を考えて、電子版なら、できれば試用版なども試してみて選ぶといいでしょう。

◆ 海外の図鑑も使ってみよう

きのこ観察の中級者にもなると、しばしば海外の図鑑も参照します。特に北方系の種はヨーロッパやアメリカなどとの共通種とされているものも多いからです。

特におすすめしたいのはロジャー・フィリップス（Roger Phillips）による図鑑『イギリスとヨーロッパのきのこ（Mushrooms And Other Fungi of Great Britain and Europe）』と『北米のきのこ図鑑（Mushrooms And Other Fungi of North America）』です。この2冊は価格も安く、情報量が豊富で写真も見事です（図1）。

また、チャワンタケやアミガサタケなど「子嚢菌」と呼ばれるグループに関しては国内によい図鑑がなく、スイスやアメリカなど海外の図鑑を参照する人も少なくありません。図鑑で使われている語彙はそれほど多くないので、日本菌学会編『新菌学用語集』などを片手に読めば英語が得意でなくても単語を追え、それ程苦労しません。

困ったことに学校や図書館では、きのこ図鑑は1冊あるからいらない、とほかを買わないところもあるようです。でも、きのこを理解するには、複数の図鑑を見て、多角的にきのこのイメージを組み立てていくことが、是非とも必要です。

図鑑の紹介と特徴は巻末の参考文献にまとめてあります。

4-5
近い仲間の見当をつける

いよいよ図鑑を見るための手ほどきです。足元に小さなきのこを見つけたとき、よほどのことがなければ最初は、私たちはきのこを傘の上から眺めおろしています。でも、きのこの謎解きの入り口は、傘の表面

だけではなく、その裏のヒダがより重要であることは、ここまでに繰り返し示してきた通りです。

名前はわからなくても、観察しているきのこの特徴はパート3の手引きにより、かなり書き出せるようになったと思います。次のステップとして効率的に図鑑を探すには、まずは「テングタケの仲間だ」とか「フウセンタケ属かな」といった、大雑把にでも所属グループの見当をつけられるようになるといいでしょう。この見当がつくようになると、だいぶ見通しが利く、というわけなのです。そのためには傘の裏のヒダの様子と、そこに見える胞子の色が重要になってきます。

ではまず、「やわらかいきのこ」のうち、「ハラタケ型」とも呼ばれる「傘と柄がある」「ヒダのある」ものに限定して話を進めます。

4-6
「ハラタケ型」の目のつけどころ
―ヒダの色と傘の取れやすさに着目

◆ 肉の色に惑わされず 胞子の色を確認しよう

まずヒダの色を見ます。ヒダの肉自体に色がついている場合と、ヒダで作られる胞子が発色している場合とがあります。より大事なのは胞子の色です。胞子の色は正式には、白や黒の紙の上に傘を伏せ、じっくり

と時間をかけて胞子を降り積もらせて採った胞子紋で確認します（図2、3）。しかし、ルーペなどで注意深くヒダを観察すれば、特に有色の胞子をもつものはそこそこわかります。肉眼でも粉が表面に浮いているように見える場合もあります。重なり合った下側のきのこの傘に降り積もった粉（つまり胞子）の色や、そのきのこ自身の柄やツバが色づいて気づかされることなどもあります。ただし胞子の色は胞子が成熟しないと浮かび上がってこないので注意が必要です（図4）。

ヒダの上の胞子の色を知るためにはヒダの地色を知っておく必要もあります。それには断面で見た肉の色が手がかりになるでしょう。ただし、傷がついたり古くなったりすると変色している場合もあるので気をつけましょう。

◆ 傘と柄の取れやすさ

もう1つのポイントとして傘と柄が離れやすいかどうかも手がかりとして記してあります。テングタケの仲間をそっと持って帰ったのに、傘がぽろりと取れてしまったという経験はありませんか。このようなものが「傘が取れやすいきのこ」です（図5）。逆に傘の一部が壊れてしまっていても、傘と柄の接合部がつながっているようなものは「取れにくい」といってよいでしょう。

これは傘と柄の菌糸組織が異なる組織構造をしているか、一連の組織なのかを反映しています。これらの見分け方は、戦前に

活躍した菌学者である川村清一さんの時代のフリース - サッカルド（Fries - Saccardo）式分類の体系を参考にしています。肉眼による観察を基本にした場合には、こうした古い方式も参考になります。

80 〜 83 ページは肉眼による観察での目のつけどころと、大まかな仲間分けの候補をざっくりとまとめたものです。調べる手がかりとしてお使いください。一度迷うとうまくいかないこともしばしばですが、ヒントぐらいに捉えて活用していただければと思います。

ただし、これはあくまでも図鑑を引くための手がかりです。食べる、食べないの判断には用いないでください。

食べることも目的としてきのこを採る人は、万が一にも死なないために、食べられるきのこを覚えるより、まず重大な毒きのこと、その属の特徴を把握することが先決です。『日本の毒きのこ』(学習研究社) という図鑑が参考になります。

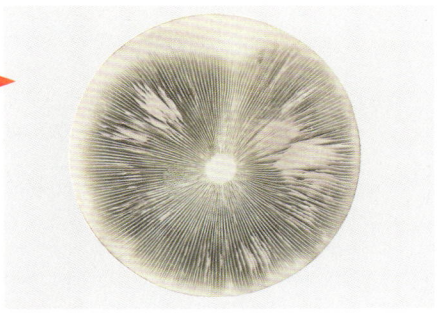

図2 胞子紋の取り方。白い紙に柄を切ったきのこの傘をヒダを下にして置き、湿らせた脱脂綿の塊を載せたら、空気が動かないように深めの皿などを伏せる。ひと晩程度放置すると胞子が紙に落ち、色を確認できる

図3 オオシロカラカサタケの胞子紋。緑色の胞子が確認できる

図4 成熟するとヒダに色が出るものは多い。ヒダが緑色のオオシロカラカサタケも若い個体（左）はヒダが白色

図5 傘が柄の接合部で取れてしまったシロオニタケ。不注意なのではなく、取れやすい性質

ハラタケ型のきのこの
大まかな目のつけどころ

❶ ヒダが緑色を帯びるきのこ = 胞子が緑色

　傘の直径が 5cm を超えるような比較的大きなきのこで、ヒダが緑色がかり、熟したものではカーキグリーンになるきのこは、ただ１つ、オオシロカラカサタケです。ただし、未熟な状態ではヒダは真っ白なので注意してください。オオシロカラカサタケは有毒です。未成熟なヒダだけを見て、ほかのカラカサタケの仲間と誤認しないように気をつけて欲しいものです。

　なお、傷つくことにより緑になるものにはハツタケ、アカモミタケなどのチチタケ属のきのこがあります。出てくる乳液が白色から緑色へと変色するためです。

❶ オオシロカラカサタケの緑色を帯びたヒダ

❷ ヒダがピンク色を帯びるきのこ = 胞子がピンク色

❷–A　枯れ木の上から生えている：ウラベニガサ属、フクロタケ属

❷–B　地上から生えている：イッポンシメジ属とその近縁属またはテングタケ属の一部の種（タマゴテングタケモドキなど）

　倒木などの枯れ木から生えるやわらかいきのこのなかでは、ウラベニガサ属はヒダの色だけでなく、きのこの姿からも覚えやすいグループです。

❷ クサウラベニタケのピンク色を帯びたヒダ

　イッポンシメジ属はヒダの地の色がオレンジ、黄色、青、白などさまざまですが、成熟するとその上にピンクの顔料のように胞子がのります。イッポンシメジ属の範囲をどう考えるかは図鑑によって変わるのですが、ムツノウラベニタケ属など近縁属もピンク色の胞子をしています。また傘と柄は離れにくいです。このグループは中毒を起こすきのこが多いので要注意、きのこの姿もよく覚えておきましょう。

❷-A ウラベニガサ属（カサヒダタケ）

　タマゴテングタケモドキ（別名アカハテングタケ *）の仲間は、テングタケ属では例外的にピンク色の胞子をもちます。ツバやツボがあるので、テングタケ属とわかりやすいでしょう。

　なお、胞子は白色なのにヒダの肉の色が肌色に近く、結果としてピンクに見えるものとしては、キツネタケ属、ムラサキシメジ属（特に古いムラサキシメジ、ハタシメジ）などがあります。さらに成熟した胞子がより黒いきのこも、熟しかけのときにピンク色に見えることがあります（たとえばハラタケ属やナヨタケ属）。

❷-B イッポンシメジ属（ウラベニホテイシメジ）

　これらのうち、ウラベニガサ属、テングタケ属は傘と柄は離れやすく、イッポンシメジ属、キツネタケ属、ムラサキシメジ属は傘と柄が分離しにくくなっています。

＊「ハ」はヒダのことで、ヒダが赤っぽくなることからこう呼ばれます）

❸–A–1　傘の肉は薄く、自分で液状になり溶けてしまう：ササクレヒトヨタケ属、ヒメヒトヨタケ属
　–A–2　傘の肉は薄く、液化はしないけどもろくなる。柄は軟骨質：ナヨタケ属
❸–B–1　傘の肉は厚く、ヒダは黒紫色になる。傘と柄が離れやすい：ハラタケ属
　–B–2　傘の肉は厚く、ヒダは黒紫色になる。傘と柄が離れにくい：モエギタケ属、ヒカゲタケ属
❸–C　　傘の肉は厚く、ヒダは赤みがかる黒色：クギタケ属

❸-A-1 ヒメヒトヨタケ属
（マルミノヒトヨタケ）

❸-A-2 ナヨタケ属（イタチタケ）

❸-B-1 ハラタケ属（ハラタケ）

❸-B-2 モエギタケ属（サケツバタケ）

❸-C クギタケ属（クギタケ）

　胞子が黒紫色のため、成熟につれて白かったヒダが黒みがかるものも少なくありません。たとえば市販のマッシュルームもそうです（白いヒダしか見たことがない？　それは新鮮なつぼみ［幼菌］を食べているからです。おうちの人に感謝しましょう）。このうちササクレヒトヨタケ属（傘は取れやすい）やヒメヒトヨタケ属、ヒトヨタケ属は、かつてヒトヨタケ科としてまとめられ、自らの酵素でどんどん解けてしまう特徴をもっていることでわかりやすいグループでした。ナヨタケ属は完全には溶けませんが、成熟したきのこはもろく壊れやすくなります。比較的柄が細く軟骨質でしっかりしていることもナヨタケ属の特徴です。種の見分けには表面のささくれや幼菌のときの形状などが重要になります。
　アカヤマタケ属のアカヤマタケやベニタケ属のクロハツ、クロハツモドキ、シロクロハツ、イロガワリベニタケなどは傷がついた部分が変色（最初赤くなるなど、種によって変化はいろいろ）し、古くなると全体が真っ黒になります。でも胞子は白色です。ベニタケ属の太く白くむくんだような短い柄は特徴的です、シルエットでも判断はつきやすいでしょう。
　クギタケ属のきのこも古くなると黒くなります。胞子も黒っぽいので二重に黒っぽくなるのでしょうか。

❹ヒダが焦げ茶色を帯びるきのこ＝胞子が茶褐色系

❹-A　傘と柄が離れやすいもの：オキナタケ属
❹-B-1　傘と柄が離れにくく、傘も柄も肉質：フミヅキ
　　　タケ属、モエギタケ属、スギタケ属、フウセン
　　　タケ属、ワカフサタケ属、アセタケ属、イチョ
　　　ウタケ属（ニワタケ属）、キヒダタケ属（ヒダ
　　　の地色の黄色が目立つ）
　-B-2　傘と柄が離れにくく、柄は軟骨質またはほとん
　　　どない：コガサタケ属、ムクエタケ属、センボ
　　　ンイチメガサ属、ケコガサタケ属、チャヒラタ
　　　ケ属（柄が傘の端に着く偏心性）

❹-B-1 スギタケ属（ナメコ）

焦げ茶色、茶褐色と一言で片づけてしまいましたが、赤
錆色を帯びたものから明るい色調のものまでいろいろで
す。赤みの強いワカフサタケ属、明るい茶色のコガサタケ
など特徴的な色の胞子のものもありますので細かく色を認
識するとよいでしょう。

❹-B-1 アセタケ属
（オオキヌハダトマヤタケ）

❹-B-1 フウセンタケ
属（ミヤマムラサキ
フウセンタケ）

　古い図鑑を見る上では胞子が茶色いと、まずは旧フウセ
ンタケ科や旧オキナタケ科を検討したのですが、フウセ
ンタケ科もオキナタケ科も属のレベルで再編成されてい
ます。
　旧フウセンタケ科の各属は属ごとに特徴があります。旧
ササタケ属や旧ショウゲンジ属は現在フウセンタケ属にまとめられていますが、外見で分類した古い属の
分け方も認識しておくと、調べるときの手がかりになります。各属の特徴を簡単に示すと、胞子が赤みの
強い茶褐色のワカフサタケ属や旧ササタケ属、枯れ木から生えるものの多いチャツムタケ属、コケ上に見
られることの多いケコガサタケ属、傘の中央部が尖ることが多く、また傘表面に繊維の多いアセタケ属、
そして肉の菌糸に紫色を帯びることの多いフウセンタケ属などです。ツバがクモの巣膜状になるフウセン
タケ属に対し、旧ショウゲンジ属は二重のしっかりした膜状になる特徴を重視して分けられたものです。
　ムクエタケ属やセンボンイチメガサ属の仲間は、根元に白い糸状の菌糸の束がつながっていることや、
ボール状の菌糸のかたまり（菌核）をつけている場合があります。注意して見てみましょう。
　一見してヒダが茶色く見えるきのこの中には、胞子の色の影響を受けた訳ではなく、ヒダの肉の色が茶
色を帯びているものがあります。こうしたものにはホウライタケ属やクヌギタケ属、キツネタケ属などい
ろいろあります。これらは本来胞子が無色（白色）のグループであり、胞子で茶色いのか、慎重な区別が
必要です。ヒダが傷つくと茶色く変色するきのこもいろいろありますが、ヒダ全部が茶色になることはあ
まりないので、これは区別がつくでしょう。チチタケ類の乳液跡も茶色のシミになって残る場合があります。
　小型の茶色いきのこ（Little Brown Mushroom）は鬼門です。肉眼での識別が難しく、きのこにくわし
い人からもしばしば敬遠されます。顕微鏡を用いて調べないと、グループ分けすら大はずれ、となるこ
とが多いのです。顕微鏡でのぞいてみたら茶色いのはヒダだけで胞子は無色だったとか、茶色の胞子でも、
胞子の形や表面の模様、発芽孔やシスチジアの形など顕微鏡的特徴が思っていたグループとまったく異
なった（パート5参照）ということもしばしばです。無理に肉眼同定をがんばりすぎないほうがよいグルー
プです。

❺ 胞子が白色のきのこ

❺−A 傘と柄が離れにくいもの

−A-1 ヒダが波打ったり、しわ状で隣のヒダとつながったりしている：アンズタケ属、クロラッパタケ属

−A-2 ヒダに厚みがあり、蝋細工のよう：アカヤマタケ属、ヌメリガサ属、オトメノカサ属など

−A-3 柄は太く、傘の中心ではなく偏ってついていて、枯れ木に生える：ヒラタケ属、カワキタケ属、マツオウジ属。

−A-4 上記以外でヒダが柄にしっかりと達しているもの（直生または上生しているもの）：地上生で中・大型ならシメジ属、キシメジ属、ムラサキシメジ属、旧カヤタケ属、オオイチョウタケ属などが候補に挙げられます。断面を観察して、柄が中空でパイプのようであればモリノカレバタケ属、ホウライタケ属、クヌギタケ属、ツエタケ属、ヒメカバイロタケ属など。その他、枯れ木に生えるナラタケ属、ヌメリツバタケ属など。属の見分けには形と生態情報の両方が有効。

❺−B 傘と柄が離れやすいもの

−B-1 全体にもろい。柄は縦にうまく裂けず、しばしば中空で太短い：ベニタケ属、乳液が出てくるものにはチチタケ属、カラハツタケ属、マツチフルカ属などがある

−B-2 ヒダが柄まで達せず、下から見ると柄のつけ根のまわりに丸く円を描くようにヒダがとぎれ傘の肉が見えるもの（隔生）

−a そのうちツバは膜質、ツボを欠くもの：カラカサタケ属、キツネノカラカサ属、キヌカラカサタケ属など

−b 上記以外：テングタケ属（テングタケ属にもツボのはっきりしないものなどもあります。a、bのどちらなのかは、ツボの形状や、ヒダの形、傘の縁にある条線などをよく見て総合的に判断しましょう）

❺-A-1 アンズタケ属（アンズタケ）

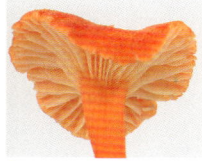
❺-A-2 アカヤマタケ属（ベニヒガサ）

❺-A-3 マツオウジ属（マツオウジ）

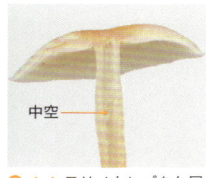
中空
❺-A-4 モリノカレバタケ属（モリノカレバタケ）

❺-B-1 ベニタケ属（ドクベニタケ）

❺-B-2-a カラカサタケ属（カラカサタケ）

　ヒダが白く、胞子も白色のもの、またヒダに色があり、胞子が無色または白色のものがあります。傘や柄とヒダの色があまり変わって見えないものにはその可能性があります。ただし、胞子に色があるものも未熟なときは無色なため、誤認しないように気をつけましょう。

　胞子が白いきのこもまた分類が難しく、やっかいなグループになります。まずは先ほど同様に傘とヒダが離れやすいかどうかを確認し、ヒダ自身の形状もよく見てみましょう。

4-7
よく見るものから特徴をつかもう
──主要な中・大型きのこの代表的属（グループ）

　初心者向けの方法として、小さなもの、難しいもの、めったに出ないものは外してかかる、というやり方があります。まずは、よく見るものから覚えてかかる。関西菌類談話会では以前、英単語を覚えるように基本200種を覚えようという講座を開催していましたが、おもしろく、効果の高いやり方だと思います。小さな図鑑などで200〜300種が載っている図鑑はよくありますので、種ごとの解説はそちらに任せるとして、ここではもう少し大雑把なアプローチを紹介します。基本となる種として傘の径が5cmを超える、よく見るやわらかいきのこ24属（グループ）を独断で選び、そのグループの典型的な種の姿と特徴を示しておきます。

　ここでも、胞子の白色のグループ、胞子の色の濃いグループ、そしてベニタケ類とイグチ類を分けて紹介しています。これくらいの特徴を覚えて見分けられるようになると、見つけたきのこの半分くらいは、似たものを探せるようになるのではないかと思います。特に中毒事故がよく起こる猛毒のきのこをふくむグループはその旨も書き添えています。大型でも比較的迷うことの少ないと思われるきのこ（ツエタケ属やマツオウジ属、オオシロカラカサタケ属など）は割愛しています。また、ほかのグループに関連して示したものもあります。パート3の観察ポイントをよく読んでお使いください。

◆ 胞子の色と系統樹

　DNAを用いて再編されたハラタケ目の系統樹を見ると、チャダイゴケ属、ハラタケ属、ナヨタケ属、フウセンタケ属、モエギタケ属、オキナタケ属、アセタケ属、スギタケ属など、茶色や黒い胞子をしたきのこはほぼひとつのグループにまとまっていました。なかにはキツネタケ属やカラカサタケ属、キツネノカラカサ属など、白い胞子のグループも少しは混ざっていますが、これらはハラタケ科にまとまっており、おそらくこれは二次的に白くなったと考えたほうがよいでしょう。

　逆にピンク色の胞子のグループはそのほかの有色の胞子とはまとまらず、胞子の白いグループと同じまとまりになっていました。ウラベニガサ属はテングタケ属と同じグループとなり、イッポンシメジ属などはシメジ属やキシメジ属と同じグループに入っていました。

　イグチ目でもヤマドリタケとニガイグチなど、大きなグループ間で胞子の色は大きく異なっています。

　胞子の色は、きのこの大まかな分類を反映した重要な形質です。ヒダを見て胞子の色を確認するというのは、やはりきちんときのこを調べる基本となりそうです。

よく見るやわらかい
中型から大型のきのこ 24 属

86 ページから、よく見かけると思われる傘の径が 5cm 以上の 24 属を紹介します。
右ページの標本画は、近年の日本の菌類研究を牽引した本郷次雄氏のものです。

1. 胞子が白色のきのこ （86 ～ 105 ページ）

ツエタケ属、マツオウジ属、ザラミノシメジ属は省略した。ベニタケ類も胞子は白いが別項
に示した。
胞子の白い小型のきのこにはアカヤマタケ属、ホウライタケ属、クヌギタケ属、ニセホウ
ライタケ属などがあり、属まではたどり着けても種の見極めが難しいものがたくさんある。

01 ヒラタケ属
02 キツネタケ属
03 シメジ属
04 ムラサキシメジ属

05 旧カヤタケ属
06 オオイチョウタケ属
07 ナラタケ属
08 モリノカレバタケ属（広義）

09 テングタケ属
10 カラカサタケ属

2. 胞子に色がつくきのこ （106 ～ 117 ページ）

スギタケ属、ヒダハタケ属、ニワタケ属などは省略した。
褐色の胞子をもつ小型のきのこにはケコガサタケ属、チャツムタケ属、ワカフサタケ属、ア
セタケ属など多様。外見だけで判断するのではなく、地上生か材上生かなどの生態や顕微鏡
で胞子の形や模様などを確認した上で総合的に判断したほうがよい。

11 ハラタケ属
12 ウラベニガサ属

13 イッポンシメジ属
14 フミヅキタケ属

15 クリタケ属 （広義）
16 フウセンタケ属

3. ベニタケの仲間 （118 ～ 121 ページ）

ベニタケの仲間はさまざまな部分で、ほかのきのことは異質なため分けて示した。ベニタケ
属とチチタケ属が代表的なグループで、胞子およびヒダは白が基本。肉はもろく、縦に裂け
ない。60 ページのベニタケの観察ポイントも参照のこと。

17 ベニタケ属
18 チチタケ属 （広義）

4. イグチの仲間 （122 ～ 133 ページ）

身近に目にすることの多いイグチ類について書くが、先にも書いたようにイグチ類はかなり
分類に変更があり、まだしばらくは揺れ動くと思われる。そのため無理に最新の属の区分と
せず、特徴を用いて調べる手がかりとして旧来の分類を基準にした。62 ページのイグチ類
の観察ポイントも参照のこと。

19 ヌメリイグチ属
20 旧アワタケ属

21 ニガイグチ属
22 ヤマドリタケ属 （広義）

23 ヤマイグチ属
24 キクバナイグチ属 （広義）

01 ヒラタケ属
Pleurotus

ヒラタケ目ヒラタケ科

ヒダが柄にそって下方へ長く伸びる（垂生）のがポイント。柄は傘の中心ではなく、偏ってつく。根元に微毛のように菌糸がある場合もある。株立ちする。広葉樹の新鮮な枯れ木、切り株（ときに生きた木の根株からも）から発生する。パート1のエリンギの観察も参照。

主な種 ヒラタケ、ウスヒラタケなど

おびただしく傘を重ねることもある（ヒラタケ）

ヒラタケ

ウスヒラタケ

低山帯ではほとんど心配いらないが、ブナ林ではツキヨタケ（猛毒）との誤認に注意。ヒラタケやよく似た形のムキタケなどと間違える中毒事故が起きている。

ツキヨタケ
柄にツバの跡の隆起があり、断面に黒いシミがある。

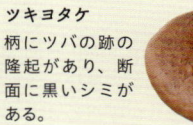

黒いシミ

断面

柄にツバの跡

 発生時期も重要な情報。
ヒラタケは秋〜春、ウスヒラタケは春〜秋

× 2000

Pleurotus ostreatus (Fr.) Kummer
On dead wood of Cinnamomum, Hiratsu, Ôtsu,
Dec. 2, 1968 (no. 3854, coll. T. Taniguchi).
(spores x1500)

ヒラタケ
楕円形のものは顕微鏡で観察した胞子。右側は 1500 倍、左は 2000 倍で
再度描き直している。標本は 1968 年 12 月 2 日に勤務していた滋賀大学
のある大津市平津のクスノキで谷口氏により採集されたもの。本郷氏の標
本は新鮮な状態で観察できる大学や自宅近くのものが多い

本郷次雄

胞子が白色のきのこ

⟦02⟧ キツネタケ属

Laccaria

ハラタケ目ヒドナンギウム科

ヒダや傘、柄は肉色〜黄土色だが、少し紫を帯びることが多い。ヒダはややまばら。基本、
単独で発生する。マツやどんぐり類の木のまわりのむき出しの土に生える。

主な種 キツネタケ、オオキツネタケ、カレバキツネタケ、ウラムラサキなど

大きいものと小さいものでは柄の太さや傘の縁の
波打ちまで変わってしまう（オオキツネタケ）

オオキツネタケ

キツネタケ

カレバキツネタケ

ウラムラサキ

👆 見た目のまとまりは比較的よいグループ。
しかし南半球の腹菌型の近縁種もふくめると複雑

6351

6410

Laccaria bicolor (Maire) P. D. Orton
In Pinus-Quercus forest, Ikenoo, Uji-city, July
21, 1982 (no. 6351); In Pinus-Chamaecyparis
forest, near Sakura-tôge, Ôtsu-city, Sept. 24,
1982 (no. 6410).
   (spores x2000; cheilocystidia x1000)

オオキツネタケ
1982 年 7 月に宇治市で採集されたものと同年 9 月に大津市で採集された
ものを描いた。時期から見て、『原色日本新菌類図鑑』のために改めて描
いたのだろう。トゲトゲの胞子は 2000 倍、その上の細長いものは縁シス
チジア（cheilocystidia）と呼ばれるヒダの縁にある巨大細胞（1,000 倍）

本郷次雄

［03］シメジ属

Lyophyllum

ハラタケ目シメジ科

ヒダの肉は白く、柄に達したヒダは基本直生。下へ伸びたり（垂生）、わずかにへこんだり（湾生）もする。柄は、ささくれなどなく、ほぼ平滑。複数のきのこが束になって生える（束生）。

主な種 ハタケシメジ、ホンシメジ、シャカシメジなど

人里のような身近な場所に生えるものもある（ハタケシメジ）

ハタケシメジ　　断面

ホンシメジ

シャカシメジ

👍 マツタケ（キシメジ属）よりはイッポンシメジ属に近く、独立の科になった

食用を思わせる○○シメジ、という名のきのこは多いが、シメジ属、ブナシメジ属（ブナの倒木から発生）はシメジ科。ムラサキシメジ属、キシメジ属はキシメジ科、イッポンシメジ属はイッポンシメジ科となる。ザラミノシメジ属（シメジ属に比べヒダが密、柄は緻密で表面にささくれや粒状の隆起が特徴）もキシメジ科とされてきたが、今後再編される見込み。

Lyophyllum *decastes* (Fr.) Sing.
In forest of Abies, Fagus, etc., Tanzawa-
Fudakake, Kanagawa-pref., Oct. 1, 1970 (no. 4264).
(spores x1500)

ハタケシメジ
属名はタイプしてあるのに種小名は手書き。つまり、シメジ属とわかって
も何という種になるかを、後日慎重に検討した、ということ。胞子はほぼ
球体。嘴状突起は胞子が担子器につながっていた部分。神奈川県丹沢札掛
での採集品

本郷次雄

[04] ムラサキシメジ属
Lepista
ハラタケ目キシメジ科

その名の通り傘もヒダも肉（菌糸）が紫色を帯びる。柄は短く、傘は縁が内に巻き、最初は丸いがやがて平らに広がる。集まって生えることが多いが、束になって生えることは少ない。フルーツのような独特の香りをもつことが多い。

主な種 ムラサキシメジ、コムラサキシメジ、ハタシメジなど

集まって生える（ムラサキシメジ）

コムラサキシメジ

ムラサキシメジ

断面

日本で見ているとまとまりのよいムラサキシメジ属だが、世界的に見ると次のカヤタケ属と連続的になってしまう

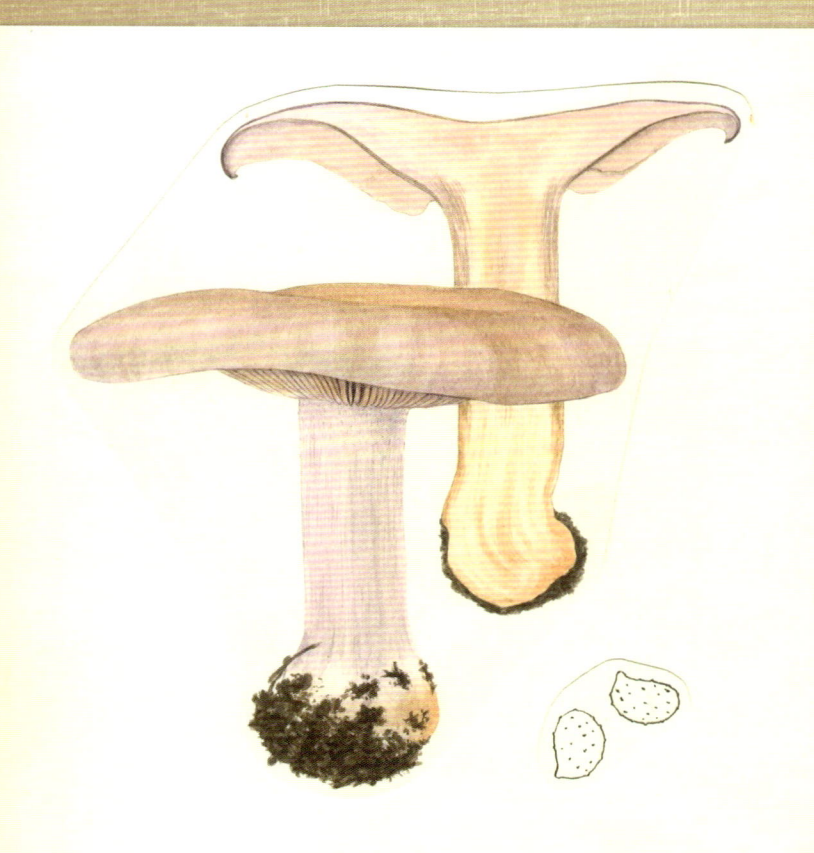

Lepista nuda (Fr.) W. G. Smith

Gregarious on the ground under broad-

leaved trees, Bot. Gard. of Kyoto Univ.,

Kyoto, Nov. 20, 1962 (no. 2638).

(spores x1500)

ムラサキシメジ
京都大学の農学部キャンパスの古い門をくぐってすぐに小さな研究用の植
物園がある。本郷氏は京都大学の植物分類学教室で1961年に博士号をとっ
た。この標本はその翌年の11月20日に植物園で採集されたもの。胞子
のイボは低く、1000倍の顕微鏡でも観察しにくい（図は1500倍に描画）

本郷次雄

胞子が白色のきのこ

⑤ 旧カヤタケ属

Clitocybe

ハラタケ目キシメジ科

胞子は白いが、カヤタケ属には赤茶や青などの多様な傘肉の色の種があり、ヒダも白くは見えないことが多い。傘肉は比較的薄いものが多く、幼菌の傘の縁は巻いているが、やがて平らに開き、反り返ってろうと型になることも多い。ドクササコなどの毒きのこをふくむ。

主な種 ドクササコ、ハイイロシメジ、アオイヌシメジ、カヤタケなど

スギ林などの地上に生える（ドクササコ）

ドクササコ
再編時には別の
グループになる
だろう

断面

カヤタケ

アオイヌシメジ

シロノハイイロ
シメジ

👆 「カヤタケ型」という語があるほど、この形のきのこは
旧カヤタケ属に集まっている。だが他人の空似も多く、
ムラサキシメジ属をふくめた再編成が進みつつある

```
Clitocybe acromelalga Ichimura
    In bamboo forest (Phyllostachys hetero-
cycla var. pubescens) mixed with Cryptomeria
japonica, Ôshima-mura, Higashi-Kubiki-gun,
Niigata-pref., Oct. 23, 1977 (no. 5708, coll.
Mr. K. Yokoyama).      (spores  x2000)
```

ドクササコ
1977 年新潟のモウソウチクが侵入したスギ林で、同僚の横山和正氏（ヒカゲシビレタケやササナバの研究で知られる）が採集したもの。雑木林以上に笹の葉が厚く積もる竹やぶはドクササコの好適な発生地だ。根元に土や笹葉がたっぷりついているのは、菌糸が広がることを示す

本郷次雄

⑥ オオイチョウタケ属

Leucopaxillus

ハラタケ目キシメジ科

傘の径での最大サイズはこのグループになるだろう。直径 30cm を超えるものも見られる。光沢のある傘と柄、古くなるとやや茶色くなる。傘の縁部が内側に強く巻くこと、緻密なしっかりした柄とともに、独特の香りがある種が多い。

主な種 オオイチョウタケ、ムレオオイチョウタケ

地上に群生する（オオイチョウタケ）

ムレオオ
イチョウタケ

オオイチョウタケ

大きく、柄が長く、肉質の存在感のあるきのこだが、系統的にはマツタケやキシメジに近い。オオイチョウタケ属も菌根性だという。将来的にはキシメジ属に編入することになるかもしれない

キシメジ属は全体にマツの菌根菌が多く、マツ枯れの進んだ関西では少ない。胞子は白でヒダは直生から湾性、マツタケのようにクモの巣状〜早落性のツバをもつ種が多く、1本ずつ生える。

キシメジ

イチョウタケは名前は似るが胞子は褐色で、ニワタケに近いイグチ目のきのこ。

ヒダ

イチョウタケ

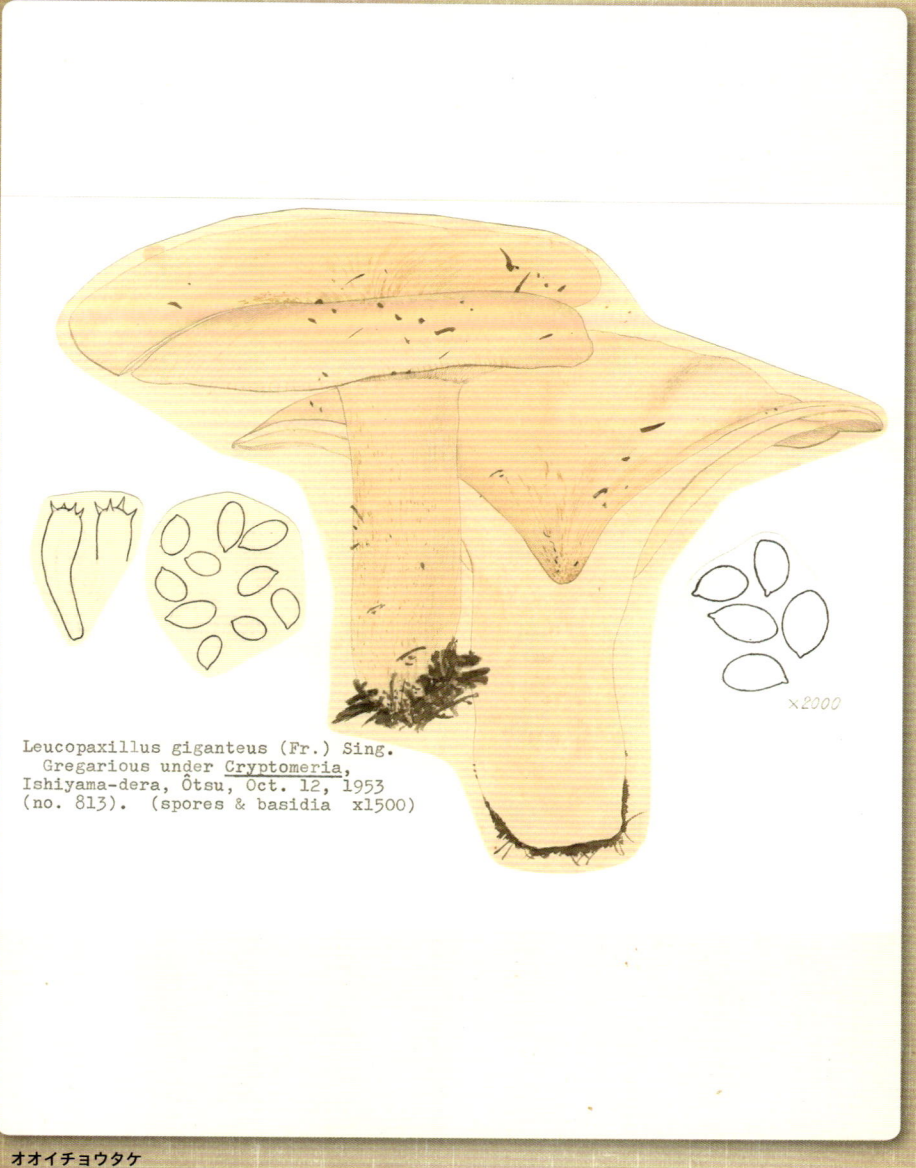

Leucopaxillus giganteus (Fr.) Sing.
   Gregarious under Cryptomeria,
Ishiyama-dera, Ôtsu, Oct. 12, 1953
(no. 813). (spores & basidia x1500)

×2000

オオイチョウタケ
1953年大津石山寺での杉林の採集品。この標本は1954年の論文「興味
ある近江産菌類（III）」で引用、その上で1957年の『原色日本菌類図鑑』
で絵を用いている。印刷図版では断面の肉をより白く強調した仕上がりに
なっている。1950年代のケント紙はやや変色してしまっている

本郷次雄

07 ナラタケ属

Armillariella

ハラタケ目タマバリタケ科

枯れかけた木のまわりに、数本から十数本が束になって生える。菌糸を広げる能力は強く、エナメル線のような黒い菌糸束を伸ばして、木のまわりの地表から発生したり、生きた木へ感染を広げたりすることがある。

主な種 オニナラタケ、ナラタケ、キツブナラタケなど

黒いコードのようなナラタケの菌糸束

断面

オニナラタケ

枯れ木や倒木に生える（オニナラタケ）

ナラタケ

キツブナラタケ

ナラタケモドキ

1990年代に形の差が知られていたいくつかのタイプを独立種に分けた。
見た目の違いにどこで別種と線を引くのか常に難しいが、DNAなどの分子情報はひとつの根拠を提供した

Armillariella mellea (Fr.) Karst.
On decayed wood, Samegai-mura, Shiga-
pref., Oct. 19, 1969 (no. 4047).
(spores x1500)

Armillaria ostoyae (Romagn.) Herink

オニナラタケ
『原色日本新菌類図鑑 I』にナラタケとして2枚の異なる型を並べたうちの
1点。ナラタケには複数タイプあることを、すでに本郷氏は把握していた。
タイプで書いたラベルには採集当時の認識でナラタケの学名が、最下部に
研究の進展を受けて手書きでオニナラタケの学名が書きこまれている

本郷次雄

08 モリノカレバタケ属（広義）

Collybia s.l.

ハラタケ目ツキヨタケ科

傘の肉は薄く、平らに開く。縁は巻く。ヒダは白〜薄茶、比較的ち密。柄は細いものが多い。根元に菌糸がしっかりとつき、落ち葉ごと持ち上がることもある。たまった落ち葉から生えるものが多いが、アカチャツエタケなどのように枯れ木の根元から生えるものもある。

主な種 小型種が多いが、大型になるのはアカチャツエタケ、エセオリミキ、アカアザタケなど

落ち葉を分解する（モリノカレバタケ）

断面

モリノカレバタケ

アカチャツエタケ

エセオリミキ

アカアザタケ

この属もキシメジ科からツキヨタケ科（ホウライタケ科とする意見もある）に移るだけでなく分割再編が進む。このなかではエセオリミキとアカアザタケは別のグループとなる

＊学名についている *s. l.* は sensu lato の略で、「広義」の意味です。

4372

4365

Collybia dryophila (Fr.) Kummer forma
In forest of Castanopsis, Sekinotsu, Ôtsu,
Apr. 24, 1970 (no. 4365); in forest of Pinus,
Sato, Ôtsu, May 8, 1971 (no. 4372).
(spores of no. 4372 x1500)

モリノカレバタケ
この1枚の台紙に貼られた2つの標本の描画を見ても、同一種と判断する
のは難しい。しかも乾燥すれば白っぽくなり、決め手に欠くのだ。ツキヨ
タケ属（広義）とする説とホウライタケ科とする見解がある

本郷次雄

09 テングタケ属

Amanita

ハラタケ目テングタケ科

絵本によく出てくる赤い傘に白い斑点のきのこは、ベニテングタケ。平たく開く傘、ほっそりと長い柄、ふくらむ根元など、特徴の多い属なので、慣れてくると全体の形でもわかりやすいグループ。「ツボがある」「ツバがある」などが典型的特徴とされるが、例外も多い。ヒダは柄に達する前に途切れ（隔生）、小ヒダは、突如、幅広く始まるが、こちらも例外はある。地上生で、単独で発生する。ドクツルタケをはじめ、深刻な毒きのこを数多くふくむ。

主な種 ベニテングタケ、テングタケ、タマゴタケ、ドクツルタケ、ツルタケ、シロオニタケなど

樹木と共生し、地上に生える
（クロタマゴテングタケ）

クロタマゴテングタケ

ベニテングタケ

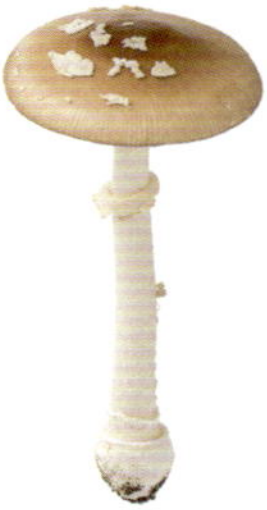

テングタケ

ドクツルタケ

シロオニタケ

タマゴタケ

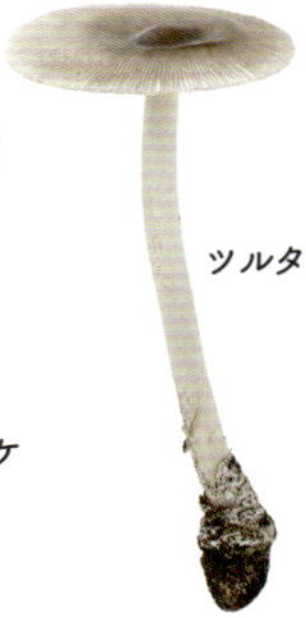

ツルタケ

👆 テングタケ科全体でシルエットはだいたい共通している。
この姿を見たらテングタケかも、と思う感覚を作ろう

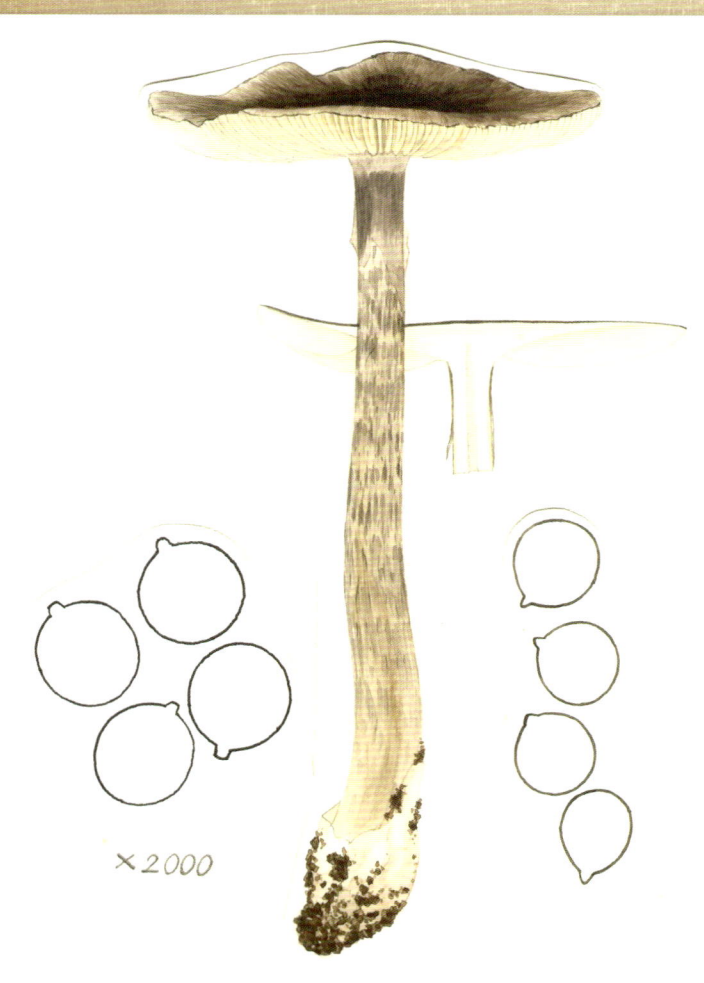

×2000

```
Amanita fuliginea Hongo
In forest of Castanopsis cuspidata,
Ginkakuji, Kyoto-city, Aug. 7, 1970 (no.
4200, coll. Mr. H. Noro).
     (spores x1500)
```

クロタマゴテングタケ
本種は 1952 年の三井寺（滋賀県大津市）で採集された標本をもとに本郷氏が新
種記載した。この絵は 1970 年京都銀閣寺で採集したもので、図鑑に用いられた。
同じ種を何度も観察し、認識を確認している。左の 2000 倍の胞子は後日乾燥標
本から観察したものだろうか。右の 1500 倍に比べ若干ふくらんでいる

本郷次雄

胞子が白色のきのこ
傘が取れやすい

⑩ カラカサタケ属

Macrolepiota

ハラタケ目ハラタケ科

背の高さではもっとも大型になるグループのひとつ。カラカサタケは高さ50cmを超すこともある。英語でもパラソル茸（parasol mushroom）という通り、傘は平らに開く。ツバは柄とは別パーツになっており、リングのように上下に動く。ヒダは柄に達することなく途切れる（隔生）。肉やヒダは白色だが、傷つくと赤く変色する。単独で腐葉土から発生する。

主な種 カラカサタケ、マントカラカサタケなど

カラカサタケ

断面

草原などに生える（カラカサタケ）

マントカラカサタケ

オオシロカラカサタケ

外見的には非常に似通っているが、胞子が緑色を帯びるオオシロカラカサタケ（有毒）がある。かつてカラカサタケ属に分類されていたドクカラカサタケなど、こちらに移されたものもある。

👍 カラカサタケ属はキツネノカラカサ属などとともに、ハラタケ科のなかでは例外的に胞子の白いグループ

Lepiota procera (Fr.) Quél.
On the ground under broad-leaved trees,
Senjô, Ôtsu-city, Oct. 29, 1960 (A, no. 2170);
Nov. 1, 1961 (B, 2400).

カラカサタケ
この図は 1960 年と 61 年に採集された 2 つの標本を用いて描かれ、1973
年のポケットサイズの『カラーガイド きのこ』に用いられた。コンパクト
に収まるように巧みにレイアウトして描かれている。同じ 2000 倍で描か
れた、ほかの種と比較してもらいたいが、胞子は大粒だ

本郷次雄

胞子が有色のきのこ
傘が取れやすい

11 ハラタケ属

Agaricus

ハラタケ目ハラタケ科

成熟した胞子は黒。太さ 1 〜 2cm のしっかりした柄、ヒダを覆う内被膜（ツバ）などが特徴。土壌中の有機物を分解する菌で、腐葉土などから発生する。マッシュルームや、薬用ともてはやされた「アガリクス（ヒメマツタケ）」もこの属である。

主な種 ハラタケ、ナカグロモリノカサ、ウスキモリノカサ、ザラエノハラタケなど

断面

地上に生える。平地にも多い（ナカグロモリノカサ）

ナカグロ
モリノカサ

ハラタケ

ザラエノ
ハラタケ

ウスキ
モリノカサ

小型種が多く省略したが、材上生が多く、柄の細いナヨタケ属（イタチタケ、ムジナタケ）も黒い胞子をもつ。同じくモエギタケ属（サケツバタケ、モエギタケ）も黒から黒紫色の胞子をもち、生態的にも、ツバをもつ点もハラタケ属と似るが、顕微鏡で見れば、モエギタケ属の胞子は発芽孔をもつことで区別できる。

👆 外見は似ているが細部が異なる菌がたくさんある。これらが新種になるかは今後の研究次第

Agaricus *meleagris* J. Schaeff.
On humus under trees, Chausuyama, Ôtsu-
city, Sept. 7, 1954 (no. 995).
(spores x1500)

×2000

ナカグロモリノカサ
1954 年大津茶臼山の採集品の図版だが、1987 年の図鑑で使用された。
ただし、学名は判断を変え、図鑑では *Agaricus praeclaresquamosus*
Freeman を採用しこの学名は過去の別名として載る。近年の見解ではさ
らに *Agaricus moelleri* Wasser が適切とされる。研究の流れは早い

本郷次雄

胞子が有色のきのこ
傘が取れやすい

12 ウラベニガサ属

Pluteus

ハラタケ目ウラベニガサ科

成熟した胞子の色はピンク。シルエットはテングタケ属に似ているが、倒木や落ちた枝から
生えるところが決定的に違う。単独で発生する。

主な種 ウラベニガサ、ベニヒダタケ、カサヒダタケなど

断面

ウラベニガサ

倒木から生えた
（ウラベニガサ）

ベニヒダタケ

カサヒダタケ

まとまりのよいグループだが、このグループにもまだ図鑑
に載っていない種はかなりあるようだ

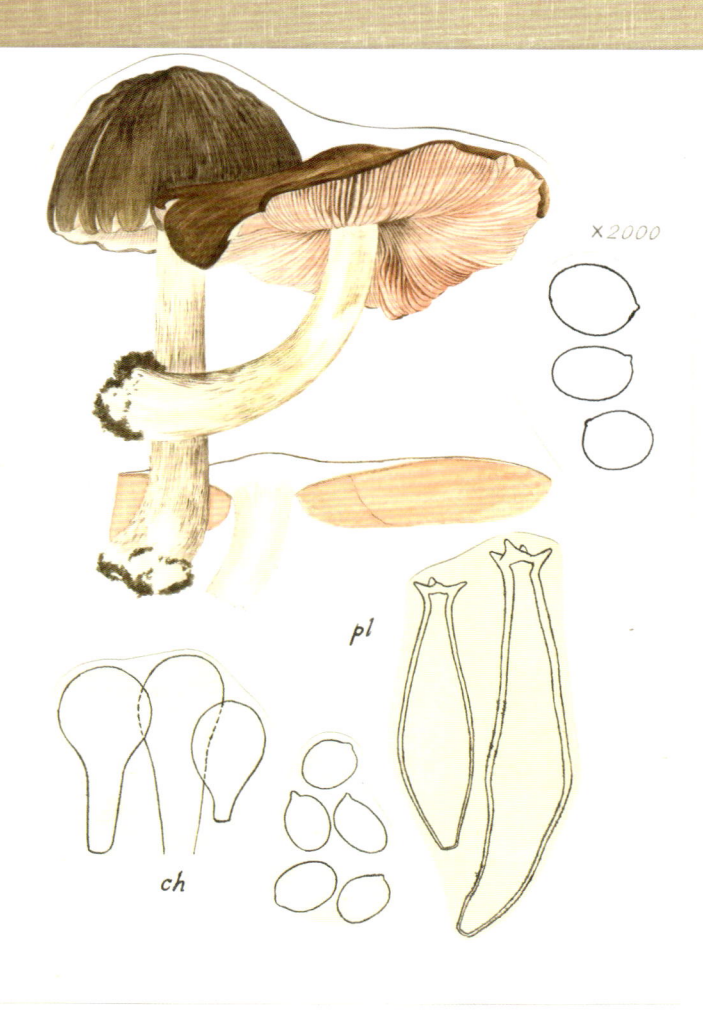

X2000

pl

ch

Pluteus cervinus (Secr.) Quél.
On stump of <u>Quercus serrata</u> (?), Hiratsu, Ôtsu,
May 2, 1961 (no. 2252).
(spores x1500; cheilo- & pleurocystidia x900)

ウラベニガサ
1961年大津市平津の採集品を描画。ウラベニガサのみどころは、900倍に
描いた頭のふくらんだ縁シスチジア（ch）と、ツノが枝分かれした側シスチ
ジア（pl）。側シスチジアは顕微鏡で眺めると送電鉄塔のように目立つ組織だ。
1500倍の胞子は当初に、2000倍は図鑑のために再度描かれたもの

本郷次雄

胞子が有色のきのこ

13 イッポンシメジ属

Entoloma

ハラタケ目イッポンシメジ科

成熟した胞子の色はピンク。傘の径が 10cm を超す大きなものから、2cm 程度の小さなものまで多様なきのこがふくまれる。大型のものは柄も太くシメジのように肉質。ただし、名の通り 1 本で生え（単生）、束になって生える（束生）ことはほぼない。毒きのこも多い。

主な種 クサウラベニタケ、ウラベニホテイシメジ、ウメハルシメジ

断面

ウラベニホテイシメジ

柄は太く、ずっしりしている（ウラベニホテイシメジ）

クサウラベニタケ

ウメハルシメジ

飛び出している

傘径が 5cm 以下の小型のものは、アカイボカサタケ、ナスコンイッポンシメジなど、先の尖ったカラフルな傘と細い柄をもつものが多い。

アカイボカサタケ

👆 ウラベニホテイシメジと形態はよく似ていても強い毒性をもつクサウラベニタケなど、この属も形態的な特徴が少なく種の見分けが難しい。未解明種が多いグループだ

Rhodophyllus crassipes (Imaz. & Toki)
                              Imaz. & Hongo

    Under <u>Quercus serrata</u>, <u>Castanea crenata</u>,
etc., Garan-yama, Ôtsu-city, Oct. 21, 1977 (coll.
Mr. Nakamura).   (spores x2000)

ウラベニホテイシメジ
イッポンシメジ属の特徴は、やはり五角形のような不思議な形の胞子だろう。顕微鏡で見てもピンク色はよくわからない。ウラベニホテイシメジは今関六也氏と土岐晴一氏が記載した。研究の進展で現在学名は *Entoloma sarcopum* Nagasawa & Hongo と変わっている

本郷次雄

⑭ フミヅキタケ属

Agrocybe

ハラタケ目モエギタケ科

茶褐色の胞子に染まったヒダ、太さ 8 〜 20mm の白い柄、すぐに落ちるツバなど、グループ全体の共通項は多い。ただし、ツバがないものもあり、地上から生えるものと、枯れ木や生きた木の洞から生えるもの（ヤナギマツタケ）がある。

主な種 ツバナシフミヅキタケ、ヤナギマツタケ、ハタケキノコなど

倒木から生えた（ヤナギマツタケ）

断面

ヤナギマツタケ

ツバナシフミヅキタケ

ハタケキノコ

フミヅキタケ属には落ち葉を腐らす地上生のものから
生きた木の心材に生えるものまで、多様な生態のものがいる

Agrocybe cylindracea (Fr.) Maire
Cespitose on living trunk of Sapindus mukurosii,
Nara Park, Nara-city, May 27, 1962 (no. 2473).
(spores x1500, pleurocystidia x900)

ヤナギマツタケ
奈良公園の生きたムクロジに束になって生えたものを描いた。胞子は
1500倍、側シスチジアは900倍。ヤナギマツタケという和名は今井三子
氏の用例に従い、今関氏と本郷氏の図鑑で用いられた。それ以前の川村清
一氏は、類縁のない「マツタケ」の語を嫌いヤナギツバタケとしていた

本郷次雄

⑮ クリタケ属（広義）

Naematoloma s. l.

ハラタケ目モエギタケ科

黄色みの強い褐色の胞子にヒダが染まる。傘は丸味を帯びることが多い。枯れ木や切り株から生え、株立ちする。ニガクリタケなど毒きのこをふくむ。

主な種 ニガクリタケ、クリタケ、カバイロタケなど

断面

切り株などのまわりにおびただしく生える
（クリタケ）

クリタケ

カバイロタケ

ニガクリタケ

この属のなかでカバイロタケはやや異質な存在であり、
ミヤマツバタケとともに別属にする見解がある

```
Naematoloma sublateritium (Fr.) Karst.
    On decaying wood of Quercus, Rokunohara,
Kenmin-no-mori, Hiroshima-pref., Oct. 19,
  1972 (no. 4789).    (spores  x1500; cheilo-
& pleurocystidia  x900)
```

クリタケ
広島県六の原県民の森で採集されたもの。ここは現在でも時折、菌類観察会が行われる場所だ。1500倍で描かれた胞子には嘴状突起の反対側に発芽孔がある。頭の丸い縁シスチジアと、尖った側シスチジアが900倍で描かれる。近年クリタケ属は *Hypholoma* の学名を用いる

本郷次雄

⑯ フウセンタケ属

Cortinarius

ハラタケ目フウセンタケ科

胞子は赤みを帯びた濃褐色（錆色）をしており、ヒダも茶色く染まる。幼菌のヒダを保護する膜（ツバ）がクモの巣状であることが重要な特徴。ただし、ほとんどの種で開いていく際に消えてしまうが、ツバ状に残る例外的な種もある。肉やヒダが紫色を帯びることも多い。たまった落ち葉の下のほうから、しばしば集中して、ただし 1 本ずつ発生する。

主な種 ムラサキフウセンタケ、カワムラフウセンタケ、ニセアブラシメジなど

地面に大きく傘を広げる（ムレオオフウセンタケ）

ムレオオ
フウセンタケ

オオツガタケ

ムラサキフウセンタケ

巨大なグループで未記載種もたくさん。フウセンタケ属とまでは理解しやすいが、そこから先がなかなか難しい。逆に言えば研究の余地は広大だ

幼菌のときから柄が太い（オオツガタケ）

Cortinarius pseudopurpurascens Hongo
On the ground under broad-leaved trees, Senjô,
Ôtsu, Oct. 15, 1960 (no. 2157). (spores x1500)

フウセンタケモドキ
右側の幼菌は、クモの巣状膜を残す状態を描いたもの。断面と表面の図は
同じ個体だろう。描いて断面を取り、再び描いたと思われる。重ねて描い
たのは最小限のスペースで示す工夫。肉の色の特徴までよくわかる。表面
にイボのある胞子もフウセンタケ属の特徴

本郷次雄

ベニタケの仲間
傘が取れやすい

⑰ ベニタケ属

Russula

ベニタケ目ベニタケ科

胞子は白色。名前の通り赤い傘のものが多いが、白、黒、紫など、赤以外も多い。柄が縦に裂けないのが最大の特徴。これは細胞組織の構造のせいである。ニセクロハツなど、色が地味でも致死的な毒きのこをふくむ。

主な種 ドクベニタケ、アイタケ、カワリハツ、シロハツモドキなど

ニオイコベニタケ

傘は半球形〜まんじゅう形を経て平らに開き、中央部がくぼむ（ニオイコベニタケ）

ヤブレベニタケ

クロハツ

ドクベニタケ　　クサハツ

この属も外見でベニタケ属とまではすぐにわかっても、顕微鏡の助けがないと種同定が困難。小型種もふくめ、まだまだ未解明

アイタケ　独特なかすり模様が特徴

Russula *bella* Hongo

Under <u>Pinus</u> <u>thunbergii</u> in garden, Seta-
Minamiôkaya, Ôtsu, July 6, 1967 (no. 3402).
   (spores x1500; cheilocystidia and pilo-
cystidia x900)

ニオイコベニタケ
ニオイコベニタケは本郷氏の記載した新種であり、標本番号 3402 は記載
論文で新種の基準とした標本である。大津市瀬田南大萱は本郷家の所属す
る集落で、庭のクロマツ樹下とある。観察は足元から、だ。胞子（1500 倍）
とヒダの縁シスチジア（c）、傘表皮のシスチジア（p）（900 倍）を描く

本郷次雄

18 チチタケ属（広義）

Lactarius s. l.

ベニタケ目ベニタケ科

胞子は白色。ベニタケ属によく似ているが、傷がつくと乳液が出る。小型の種ではにじみ出る程度のものもあるが、顕微鏡で、乳液の詰まった乳管が確認できる。

主な種 チチタケ、クロチチダマシ、ツチカブリなど

ヒロハチチタケ　　断面

乳液に変色性がない種もある（ヒロハチチタケ）

チチタケ

ハツタケ

クロチチダマシ

ツチカブリ

👍 近年はカラハツタケ属（ハツタケ、キチチタケ、チョウジチチタケなど）、チチタケ属、マルチフルカ属（仮称でトラシマチチタケと呼ばれているものなど）の3属に分けられている。外見で3つの属を見分けるのは難しい

Lactarius hygrophoroides Berk. & Br.
    Under Quercus serrata, Pinus densiflora,
etc., Kamidanakami-Shibahara, Ôtsu, Sept. 23,
1975 (no. 5362).
    (spores x2000; cheilocystidia x1000)

ヒロハチチタケ
ヒダの斑点は乳液が変色した跡。表皮のビロード感や垂生するヒダを巧み
に描く。大津市上田上も滋賀大学からほど近い場所。日常の観察の積み重
ねだ。メルツァー試薬を用いると図のように網目やトゲだけが黒く染まる
（2000倍）。細長いものは縁シスチジア（1000倍）

本郷次雄

⑲ ヌメリイグチ属

Suillus

イグチ目ヌメリイグチ科

胞子は茶褐色。傘の表面が粘性を帯びる。未熟なときに傘の裏がすべて膜に覆われているのが特徴。ツバとして残るものもあるが、成長とともに消えてしまい、痕跡だけが残るものもある。マツ科樹種に共生。ヌメリイグチ科として独立させている。

主な種 ヌメリイグチ、チチアワタケ、ハナイグチなど

傘に粘性があり、落ち葉などが付着していることもある（ハナイグチ）

ハナイグチ

チチアワタケ

断面

ヌメリイグチ

👍 属の学名は *Suillus* だが、語源はブタを意味する sus だという。
日本語のイグチも「猪口」。どうして洋の東西で同じ発想になったのだろう

Suillus grevillei (Klotzsch) Singer
In larch forest, Shinano-machi, Nagano-
pref., Oct. 9, 1977 (no. 5691).
(spores x2000; cheilocystidia x1000)

ハナイグチ
長野県信濃町のカラマツ林で 1977 年 10 月 9 日採集。傘につくカラマツ
の落葉は、ハナイグチの生える環境と同時に傘の粘性を表現している。イ
グチ類の胞子は細長い（2000 倍）。縁シスチジア（1000 倍）とともに描く

本郷次雄

イグチの仲間

旧アワタケ属
Xerocomus

ハラタケ目イグチ科

胞子はオリーブ色〜オリーブ褐色。角張った大きな孔口（直径 1mm 程度）をもつイグチ類を、旧来、アワタケ属としてきた。孔口は傷がつくと青く変色することが多い。イグチ属にふくめる見解や分割したり組み替えたりする意見もある。

主な種 アワタケ、キッコウアワタケ、クロアザアワタケなど

アワタケ

断面

クロアザアワタケ

タマノリイグチ

再編して狭義のアワタケ属にしてもアワタケ、キッコウアワタケなどは残るだろう。クロアザアワタケなどはヤマドリタケ属に、菌に寄生する特殊な生態を持つタマノリイグチは別属になりそうだ

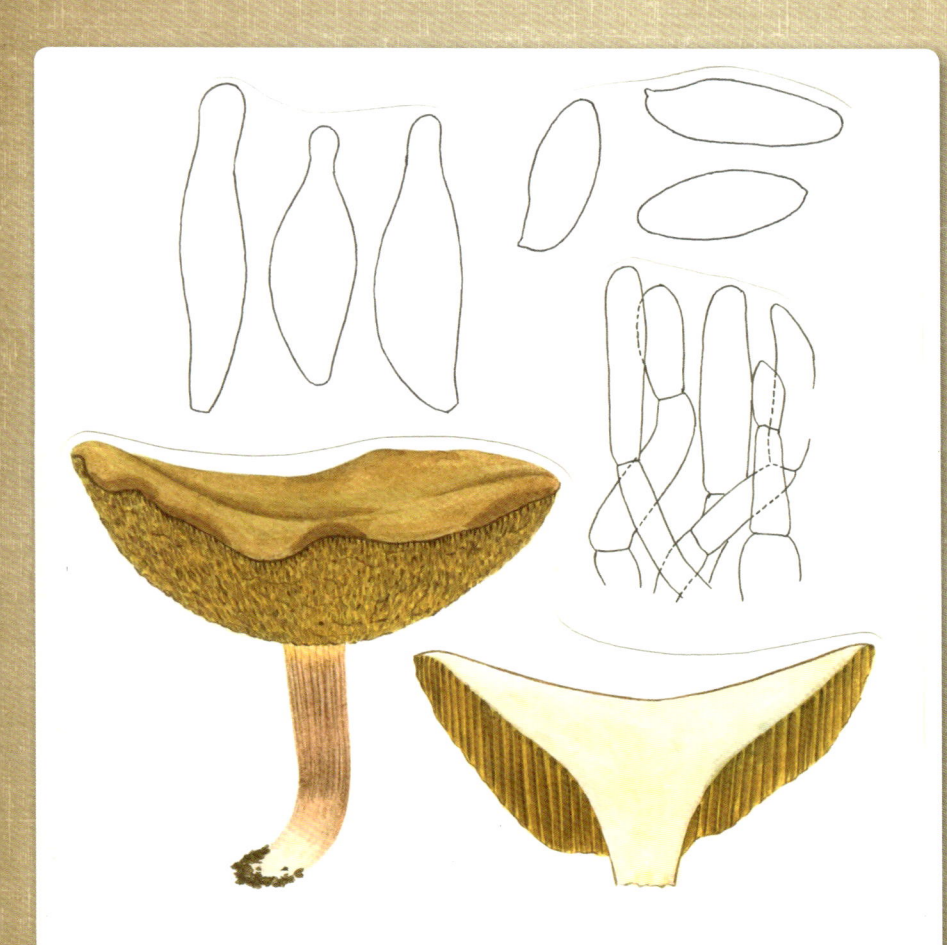

Xerocomus subtomentosus (Fr.) Quél.
Under <u>Quercus acutissima</u>, Senjô, Ôtsu-city,
July 26, 1977 (no. 5642).
(spores x2000; pleurocystidia x1000;
pileal cuticle x500)

アワタケ
これも大学に近い大津市千町で採集。本郷氏が記載した新種の産地は平津、千町、石山千町、石山寺など大学の周囲、自宅に近い瀬田南大萱が上位を占める。図には大きな胞子（2000倍）、ボーリングのピンのような側シスチジア（1000倍）とともに表皮の組織構造（500倍）が描かれる

本郷次雄

イグチの仲間

²¹ ニガイグチ属

Tylopilus

イグチ目イグチ科

胞子は一般に赤色。管孔全体が白に近いピンク〜赤紫色の種が多いが、黒に近い濃色のものまで多様。孔口は 2 〜 3 個 /mm と小型の種が多く、胞子の色で赤みを帯びることもある。また傷つくと褐色に変色するものが多い。その名の通り、苦味の強いものが多い。

主な種 ニガイグチ、ニガイグチモドキ、チャニガイグチ、コウラグロニガイグチなど

被膜はもたない（ニガイグチモドキ）

ニガイグチモドキ

断面

ミドリニガイグチ

ニガイグチ

管孔が白いものとしては、ほかにクリイロイグチ属（胞子はクリーム色）がある。傘や柄に微毛を帯びることが多く、クリイロイグチ科として扱われる。

クリイロイグチ

👆 フウセンタケ属やベニタケ属同様、属まではわかりやすいがその先がなかなか難しい。未記載種も多い

3463

```
Tylopilus neofelleus Hongo
In Pinus-Quercus forest, Ishiyama-Terabe,
Ôtsu-city, July 10, 1968 (no. 3648).
(spores x1500; cheilocystidia x900)
```

ニガイグチモドキ
この種も本郷氏が書いた新種。論文や図鑑に用いたものだけでなく、少なくとも5個体を繰り返し描いている。管孔との境界近くの柄最上部にある細かな網目などがていねいに描かれている。胞子（1500倍）と縁シスチジア（900倍）を描く。1968年大津市石山寺辺

本郷次雄

22 ヤマドリタケ属（広義）

Boletus s. l.

イグチ目イグチ科

胞子はオリーブ褐色。一番主要なイグチのグループだが、この仲間の特徴を簡単に示すことは難しい。孔口の色も黄色〜帯黄褐色、朱色を帯びるものまであり、かなり多様。新分類体系でも細分化されているので、柄の特徴や孔口の色、傘表皮などの特徴をよく確認して、似た種を探して検討したほうがよい。

主な種 コウジタケ、ヤマドリタケモドキ、アメリカウラベニイロガワリ、オオコゲチャイグチなど

断面

人里の雑木林などにも生える（ヤマドリタケモドキ）

ヤマドリタケモドキ

バライロウラベニ
イロガワリ

コウジタケ

ムラサキヤマドリタケ

👆 イグチの各属をどう定めるか、現在さまざまな研究成果が提出されており、まだ見解は落ち着いていない。筆者も判断がつかず、古い分類体系にとどめた

3414

3407

×2000

Boletus edulis Fries

Under Quercus serrata, Q. acutissima, etc., Ishiyama-
Terabe, Ôtsu-city, July 11, 1967 (no. 3407); Ôishi-Higashi,
Ôtsu-city, July 18, 1967 (no. 3414).
(spores of no. 3414 x1,500)

ヤマドリタケモドキ
ヨーロッパではヤマドリタケ *Boletus edulis* とヤマドリタケモドキ
Boletus reticulatus の2種が区別されていた。しかし、日本では川村清一
氏以来、区別せずヤマドリタケと扱われ、ようやく1980年代に区別した。
この図でもヤマドリタケの学名が書かれている。胞子（1500倍、2000倍）

本郷次雄

イグチの仲間

23 ヤマイグチ属

Leccinum

イグチ目イグチ科

胞子はオリーブ色～オリーブ褐色。柄は長く、しばしば粒状やササクレ状の鱗片をともない、根元の太い種が多い。孔口の直径は微細（1mmに数個）なものが多く、柄の近くで管孔が短くなり、上生または離生する。共生する植物が限定されている種が目立つ。

主な種 アカヤマドリ、スミゾメヤマイグチ、アオネノヤマイグチなど

シラカバなどと共生している
（アオネノヤマイグチ）

断面

アオネノ
ヤマイグチ

キンチャ
ヤマイグチ

スミゾメ
ヤマイグチ

アカヤマドリ

新たな分類のためには次ページの図版にあるような傘の表皮構造、柄や傘のシスチジアなど外見だけでなく顕微鏡情報が重要になる。ヤマイグチ属の特徴は比較的まとまっている

Leccinum scabrum (Fr.) S. F. Gray
Under betula grossa, Kôzuhara, Ibuki-chô,
Shiga-pref., Oct. 17, 1975 (no. 5414, coll. K.
Fukunaga).   (spores x2000; cheilocystidia
x1000; caulocystidia x1000; pileus surface
x500)

アオネノヤマイグチ
1975年滋賀県伊吹山甲津原（標高 600m 前後）のミズメ（カバノキ科）の樹下で採集。
ヤマイグチ属は共生相手の植物が重要。胞子（2000 倍）とともに縁シスチジア（ch、
1000 倍）、柄の表皮のシスチジア（ca、1000 倍）、傘表皮細胞（500 倍）を描く。
採集時の同定はヤマイグチだが、変色性などからアオネノヤマイグチとした

本郷次雄

24 キクバナイグチ属（広義）

Baletellus s. l.

イグチ目イグチ科

胞子はオリーブ褐色。傘を覆う鱗片はテングタケ属などと同様に外被で、幼時は傘全体をしっかり覆い、開いたときに傘の縁に垂れ下がるものが多い（溶けて粘液になるものもある）。ベニイグチなどをふくんだり、キノボリイグチなどを別属にする見解があるなど、再編が進みつつある属の1つ。

主な種 キクバナイグチ、セイタカイグチ、アキノアシナガイグチなど

セイタカイグチ

断面

キクバナイグチ

キノボリイグチ

形態的には似るが、黒色の鱗片に覆われ、胞子が黒く、傷つくと赤や黒に変色するオニイグチ属などがある。

オニイグチモドキ

種レベルではコオニイグチが2種に分かれたりキクバナイグチが3種になるなど再検討が進む。わかったつもりでも後日の再検証のための標本が重要

no. 2114

no. 2118

B. emodensis

Boletellus floriformis Imazeki

In forest under broad-leaved trees, Kurozu,

Ōtsu, Sept. 17, 1960 (no. 2114); Senjō, Ōtsu,

Sept. 24, 1960 (**no.** 2118).

キクバナイグチ
採集時には今関六也氏が新種記載した学名を用い、同年に出した論文もこの学名で報告している。しかし、その後の研究でシッキム・ヒマラヤ地域ですでに記載されていた *Boletellus emodensis* と同一だと判断し、この学名に改めて 1987 年の図鑑に掲載している

本郷次雄

形に特徴があって覚えやすいきのこ

肉眼だけでも、ある程度、種やグループが絞れるきのこたち。

柄のないきのこ

ムキタケ
（ガマノホタケ科ムキタケ属）

表皮の下がゼラチン層で皮がむけやすい

ツキヨタケ
（ツキヨタケ科ツキヨタケ属）
86ページ参照

猛毒。暗いところだと発光がわかる

カンゾウタケ
（カンゾウタケ科カンゾウタケ属）

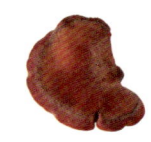

シイの木から生える。傘裏は管孔。手で裂ける

マスタケ
（ツガサルノコシカケ科アイカワタケ属）

扇型が重なり、傘裏は管孔

傘や裏面に特徴のあるきのこ

マツオウジ類
（キカイガラタケ科マツオウジ属）

マツオウジ

ヒダがギザギザ。マツの切り株に生える

アセタケ類
（アセタケ科アセタケ属）

オオキヌハダトマヤタケ

傘が三角形で中央が突出。ヒダがピンクならイッポンシメジ属

スギタケ類
（モエギタケ科スギタケ属）

スギタケ

三角形の鱗片が目立つものが多い。粘性をもつものも

コウタケ
（マツバハリタケ科コウタケ属）

大きな三角の鱗片、傘裏は針状

独特な形のきのこ

ヤマブシタケ
（サンゴハリタケ科サンゴハリタケ属）

ボール状で針をたらす。枯れ木から生える

ホウキタケ類
（ラッパタケ科ホウキタケ属）

ハナホウキタケ

サンゴのような形。カエンタケと誤認しないように

チャワンタケ類
（チャワンタケ科チャワンタケ属）

オオチャワンタケ

お茶椀のような形で地上生。キクラゲは樹上生

アミガサタケ類
（ガマノホタケ科ムキタケ属）

アミガサタケ

春に発生。くぼみのある頭部。ヒダや管孔はない

お団子状のきのこ

ホコリタケ類
（ハラタケ科ホコリタケ属）

ホコリタケ

少し立ち上がって、ふかふか。もっと大きなノウタケやオニフスベも

ショウロ類
（イグチ目ショウロ科）

ショウロ

半ば埋もれていて、かたため。断面が黒かったらニセショウロの仲間

ツチグリ
（イグチ目ディプロキスティス科）

星形に外皮を開く。外皮に模様がなければヒメツチグリの仲間

スッポンタケ類
（スッポンタケ目スッポンタケ科）

スッポンタケ

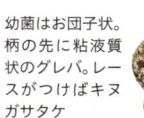

幼菌はお団子状。柄の先に粘液質状のグレバ。レースがつけばキヌガサタケ

図鑑の記載と照合する

特徴から属の推測がつけば、あとはそのなかから似たきのこを見つけて、自分の観察記録と図鑑の記載を合わせていきます。植物の図鑑なら属の見当がつけば、そこから先は特徴を確認しながら検索表をたどることで種までたどり着けます。残念ながら、きのこの図鑑では多くの場合、不完全な検索表があるのみです。自分が観察したきのこと図鑑の記載を地道に照合する作業が大事になってきます。顕微鏡による観察（パート5）をしていれば、情報はより多くなり、検索表も引きやすくなるでしょう。その際、次の2つに気をつけましょう。

1. 初心者は情報をたくさん取れるきのこを調べる

自分が名前を知りたいきのこの特徴と、図鑑に書かれた特徴は合っているでしょうか。前にも書いたように、きのこの形は変わります。ヒダの色も、傘の開きかけのときは白く見えたものが、1日置くと色が変わることも、しばしばです。図鑑には成熟した典型的な状態が書かれていることが多いので、あなたの観察した状態とは、ズバリ一致するとは限りません。乾燥気味でうまく育たなかった、あるいは条件がよくて大きく育ったという場合もあります。こうした発生条件によって変わる部分もありますが、柄の模様やヒダのつき方など、変わらない部分もあります。本当は同じ種のき

のこをたくさん見て判断すべきなので、きのこが1つしかない、しかも壊れかけている、というような場合は、調べるのは難しいと考えてください。

経験が浅いうちは、その日、たくさん生えていた大型で特徴的なきのこから調べていきましょう。自分が観察できる情報量もそれだけ多いですし、たくさん生える目立つきのこのほうが、図鑑の情報も充実している場合が多いからです。

2. 無理にあてはめない

大きさが少し違う、色が少し薄い……それくらいのズレはよしとしても、柄の模様やヒダの形などが異なるときは「違う種」と判断すべきでしょう。結果として、ぴったり合う種を図鑑で見つけられなかったという結論になることもあります。日本には確認されているだけでも2000種以上のきのこがあり、加えてまだ図鑑にも載っていないきのこもたくさんあります。つまり、必ずしも正解が載っているわけではないのです。きのこを調べた経験が少なければ、想像力も間違ったほうにはたらきがちです。無理に名前をつけることはやめましょう。もちろん食べることもです。

謎解きの楽しみは名前調べだけではありません。形を見つめ、色を見つめ、壊れ方を見つめる。それも楽しみ方です。ときどき、その副産物で、ぽろりと名前がわかることもあるくらいと、捉えてほしいと思います。

きのこ人物伝

お手本はブレサドラ

川村清一
(かわ　むら　せい　いち)
(1881 ～ 1946 年)

近代きのこ研究の先人

　川村清一氏は、明治末から昭和初期にかけて、やわらかなきのこの第一人者として
日本の菌類学を牽引した人物です。

　東大卒業後、山林局の林業試験場に勤め、4 分冊の食用菌および有毒菌の見事な図
譜を出版するとともに、ツキヨタケの研究などを行いました。その後、千葉大学に移
り、1929 年には緻密な絵のついた『日本菌類図説（原色版）』を発行します（図 6）。
戦後活躍したアマチュア研究者たちはこの図譜を見て菌類に引きこまれた人が多くい
ます。川村氏の図譜は本草学の彩色画とは緻密さの点において一線を画していました
（図 7）。植物学の記載図はあくまでも線画が主体であり、線画の上に淡彩で着色した

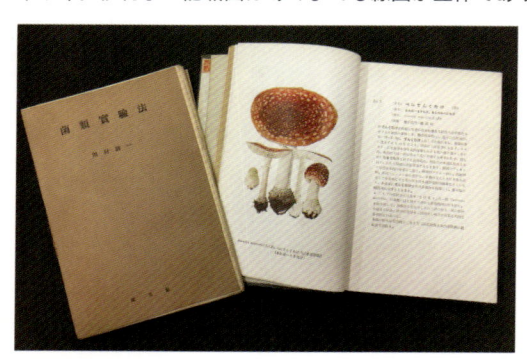

ものですが、川村の図版は
最初から水彩で描きこまれ
ました。川村の描画スタイ
ルについて「川村さんはブ
レサドラが好きでね」と、
のちに国立科学博物館の研
究員だった小林義雄氏が述
べていたといいます。

図6　川村氏による博物学用指導書『菌類実験法』（左）と図鑑『日本
菌類図説』

きのこを愛でたイタリアの神父

　ブレサドラとはジャコモ・ブレサドラ（Giacomo Bresadola ／ 1847 ～ 1929 年）
というイタリア人の神父のことです。ブレサドラはフランス菌学会の創設メンバーで

ある菌学者サッカルドらと交流し、美しい図譜つきの記載論文を積極的に発表していました。彼の図版は Iconografia Mycologica という全26巻にわたる図譜にまとめられ、晩年から死後の1927〜1933年に刊行されていますが、川村氏は論文などで既に目にしていたのでしょう。構図のとり方や彩色などに、ブレサドラの影響を感じることができます。

　なお、ブレサドラの美しい図譜は現在ウェブ上で公開されています。

彩色図、5つの原則

　川村氏は博物学向けの教科書のなかで、きのこの図には学術的な描き方が必要であり「只普通画家の描く画風のものでは、画としては優良であっても、学術的には価値の少ないものである」と断じて、以下のような点が重要であるとしています。

図7 川村清一の描いたアイカシワギタケ
［国立科学博物館所蔵］

- 影を紫に塗ったりするのはもちろん不可（立体に見せるためには実際に現れている暗色を使う）。
- 色彩に注意する以外に、輪郭を明瞭にし、ヒダと茎の関係など種属の特徴を描き出すこと。
- 幼菌から老菌まで各段階にあるものを描き出すこと。
- 断面図や顕微鏡図を添えること。
- 描いた図に真横から見たもの、傘を見せたもの、斜めにヒダを見せたものを描く。

特に断面の重要性については例を上げて強調しています。こうした点は、のちの世代の図鑑著者たちにも引き継がれています。

　川村氏の仕事は、植物学者の牧野富太郎氏との交友によっても広く知られていきます。『牧野日本植物図鑑』中の菌類各種を執筆したのも川村氏でした。戦後に出版された8巻からなる『原色日本菌類図鑑』は出版直前に印刷所が火災に遭い、川村氏の死後にようやく出版されました。原図の一部は火の手をまぬがれ、国立科学博物館に保管されています。

＊ブレサドラのウエブサイト　http://www2.muse.it/bresadola/iconographia.asp?l.ang=eng.2

現代の日本の菌学の基礎を築いた

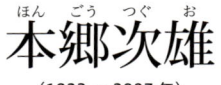

（1923 ～ 2007 年）

日本のきのこ研究を、今も牽引

　日本のきのこ研究者のなかで、自らの研究成果を広く世の中に共有し、影響を与えたという意味では本郷次雄氏が筆頭に挙げられるのではないでしょうか。図鑑は、ある意味その生物について、一般の認識を決める存在ともいえます。日本の 20 世紀末の菌類図鑑は携帯版から地方図鑑に至るまで、本郷次雄滋賀大名誉教授の監修によるものが大多数を占めていました。それらのなかには山と溪谷社『カラー名鑑　日本のきのこ』や、保育社『原色日本新菌類図鑑』のように、今なお改訂を重ね、あるいはデジタル化され、復刊されてまで愛用される図鑑もあります。日本のきのこ研究が、論文を丹念に読む研究者だけでなく、広くアマチュアも担い手となった基礎は、これらの図鑑にあるといっても過言ではないでしょう。

　国立科学博物館草創期から東京を中心にきのこの普及を図った今関六也氏（1904 ～ 1991 年）とともに、本郷氏は関西を中心に戦後のきのこ界を発展させました。まだ若手研究者であった 1957 年に、保育社から今関氏との共著で刊行した『原色日本菌類図鑑』は全国の愛好者から大変好評で、菌類アマチュアの必携の書になりました。この図鑑には今関氏や、日本の近代ボタニカルアートの黎明期を築いた藤島淳三氏（1903 ～ 1990 年）が描いた図譜とともに、本郷氏が描いた原色図がたくさん使われました。好評を受けて 1965 年には『続日本菌類図鑑』が刊行され、さらに 1987 年から 1989 年にかけて、『原色日本新菌類図鑑 I・II』に改訂されます。

学徒動員で戦火を逃れ

　滋賀県大津市南大萱で生まれた本郷氏は、廣島文理大学（現在の広島大学）に進み、蘚苔類を研究していた堀川芳雄教授のもとで学びます。東京の第一師範（筑波大学の前身のひとつ）に続き第二師範学校が置かれた広島は、博物学の拠点でもありました。博物学は原理や法則の理解に重きを置く現代の理科と異なり、身近な事物の把握に重

図8 「菌類写生帳」より、ヤマドリタケ属の一種のページ。昭和20年9月10日、自宅のある南大萱の地名がある

点を置いていた学問です。本郷氏は博物学を学ぶことに魅力を感じ、広島を選んだといいます。堀川氏は蘚苔類研究の草分けであっただけでなく、植物生態学や植物地理学に繋がる研究成果も残した非常に幅の広い研究者でした。また、広島高等師範の教授には地衣類を研究した犬丸慤氏もいました。しかし、時代は平穏な学びを許しません。本郷氏が学生時代を送ったのは戦火の激しくなった戦中のことでした。学徒動員に追われ、宇和島（愛媛県）の工場に行っていたために、辛くも原爆被災を免れたそうです。そんな時代ですが本郷氏は広島でも、戦後もどった大津でも、きのこを観察し続けていました。記録とスケッチを書き留めた「菌類写生帳」（図8）と題された2冊のファイルには、100点のきのこが掲載されています。博物学では対象をよく見て絵を描くことも重要な教授法としていました。川村氏の菌類写生の注意点（137ページ）も本郷氏に影響を与えたのかもしれません。

教職のかたわらのきのこ研究

　戦後、本郷氏は1946年から旧制膳所中学（現在の滋賀県立膳所高校）で教えはじめ、京都大学を訪ねます。農学部では植物病理学を専門にきのこも手がけた逸見武雄教授や、その後任の赤井重恭教授、新たに赴任した浜田稔教授、さらには理学部植物学教室の植物分類学者北村四郎教授などと交流し、遠くは当時国立科学博物館から農林省林業試験場（現在の森林総合研究所）へと移った今関六也氏の指導を仰ぎながら本格的な菌類研究をスタートさせます。研究開始とともに、新たな標本ノートにNo.100から標本の記載が始まります。そしてその成果は早くも1950年に実を結び、専門誌「植物分類・地理」に「近江及び山城産高等菌類Ⅰ」として論文報告を出して

ます。10種が掲載されたその論文は、今井三子氏や廣江勇氏などが以前に記載したきのこを再度くわしく書いたものです（新称としてそれまで国内で報告のなかったネナガノヒトヨタケをふくんでいます）。

標本とセットになった彩色図

　その後も、これまで認識が曖昧であったきのこの詳細な再記載として、さらには日本新産や新種報告として、菌学会会報や滋賀大学紀要、植物研究雑誌、植物分類地理などの各誌に論文を執筆、報告しています。特に、1951年に滋賀大学学芸学部（現在の教育学部）に着任してからは、ノルマのように毎年紀要と植物研究雑誌に成果報告を投稿していました。そこには根拠となった標本が産地、採集日とともに（ごく初期をのぞき）標本番号がつけられ、引用されています。論文に使った絵がどの標本をもとに書かれたのか、わかるようになっているのです。この標本番号は本郷氏の個人番号であり、標本を観察したノート、原色彩色図がすべて標本番号を鍵にして相互に参照できる形にな っています。本郷氏の標本はごく初期の論文に発表したものは京都大学の病理教室の標本庫（現在は京大博物館に統合されている）に寄贈・保管されていましたが、その後はすべて滋賀大学の研究室内に作った標本室 Hongo Herbarium に保持されていました。

　ただ、標本室といっても、大学の普通の研究室で、十分な空調があるわけでもなく、度々の虫害に襲われたようです。そのたびに燻蒸剤などを用いた対策を行っていましたが、この過程により、虫害によるダメージだけでなく、パラホルムアルデヒドなどの燻蒸剤により DNA にも大きなダメージを与える結果となりました。しかし、全体としては経年劣化によく耐えており、現在でも多くの標本が顕微鏡的な組織の確認に耐えるものとなっています。

　本郷氏の滋賀大学退職にともない、多くの標本は自宅に移されましたが、その際に本郷氏の記載した新種のタイプ標本189点はより安全な国立科学博物館に寄贈され、保管されています。残りの標本は自宅に移した標本庫に保管されました。このなかには論文引用された標本も多く、本郷氏の研究を読み解く大事な標本となっています。これらは2008年に大阪市立自然史博物館に移管され、さらに研究活用されることになりました。

　教育学部で長年教員養成にかかわられた本郷氏は、滋賀県はもちろん、同時代の全国の菌類に興味をもつ教員にも影響を与え、各地方で学究的にアマチュア菌類研究を進める素地作りに貢献したといえるでしょう。

Part 5

自宅顕微鏡観察のすすめ

　学校の理科室にあった顕微鏡。めったに触ることのできなかった、もしかすると先生もおっかなびっくりだったアイテム。でも、きのこの冒険の次のステージに行くためには必須のアイテムともいえます。あなたが想像するよりも、きっと簡単です。顕微鏡をのぞく分には、老眼も近眼もあまり関係ありません。顕微鏡の写真もデジカメで撮りやすくなっています。

　ただ、まっとうな顕微鏡は少々値段が張ります。次のステージへの覚悟が問われてしまうところかもしれません。よく考えて、きのこをもっと知りたいという情熱を溜めて、手に入れたら値段の分以上に使い倒してやるんだ、という勢いで入手し、入手したら存分にあれこれ観察をしてもらえたらと思います。顕微鏡は使い方次第、小刀のようです。よく使えるようになった人が、よりよい刀を手に入れたら、きっと十二分の性能を引き出すことができるでしょう。

　もちろん修練も必要です。まずは対物40倍（接眼10倍なら400倍）までの観察を、そして中級者になったら油浸対物100倍のレンズで、光学顕微鏡の限界に挑みましょう。

まず顕微鏡を手に入れよう

◆ 顕微鏡の種類

　きのこの観察にはどのような顕微鏡が必要でしょうか。ひとくちに顕微鏡といっても、いろいろな種類やグレードがあります（表1、2）。

　きのこの観察で使う顕微鏡としては、普通は次の2つが挙げられます。1つはライトを当てて対象物の表面を拡大して見るための、ルーペの親玉のような「実体顕微鏡」、もう1つはスライドグラスの上に薄切りにした標本を載せたプレパラートに、下から光を当てて透かせて観察する「生物顕微鏡」（光学顕微鏡ともいう）です（図1）。

　実体顕微鏡は、普通10〜50倍くらいの倍率で、きのこのヒダや表皮など、表面の細かい観察に便利です。生物顕微鏡で見るための薄い切片を切り出す際にも利用できます。変形菌や微小な子嚢菌の観察にも必須です。ですが、きのこの同定に主に活躍するのは、やはり生物顕微鏡です。

　生物顕微鏡は、普通40〜400倍、油浸対物レンズを使えば1000倍ぐらいでの観察ができます。きのこの胞子などの観察には、生物顕微鏡が必要になります。ただ、透かせて見えるものしか観察できないので、観察物は薄切りにした半透明のものに限られるというのが弱点です。

表1 顕微鏡の種類と特徴

顕微鏡	観察	観察倍率	
実体顕微鏡	可視光（落射光）	20〜50倍程度	両眼視での観察なので、立体的に見ることが可能。物の表面の観察に便利。昆虫や植物の観察にも使えるので、活用範囲は広い
生物顕微鏡	可視光（透過光）	40〜1500倍程度	透過光を使うため、観察物は薄くしたものに限られる。菌類の研究には必須の道具。可視光を使うため、分解能は 0.2 µm が限界
電子顕微鏡	電子線	〜30万倍（SEM）〜100万〜1000万倍（TEM）	透過型電子顕微鏡（TEM）と走査型電子顕微鏡（SEM）とがある。電子線を使うため、非常に分解能が高い（TEM では理論上は光学顕微鏡の1000倍）。白黒画像での観察になる

表2 顕微鏡の種類，グレードと価格

顕微鏡の種類	グレード	価格帯
実体顕微鏡	固定倍率（通常20倍）のもの	2万円台〜 ※野外持ち出し可能なタイプもある
	ズーム式のもの	10万円台〜 ※輸入品にはもっと安いものがある
生物顕微鏡	玩具屋さんなどで売っているもの	2千円〜1万円程度
	JIS規格（またはDIN規格）の製品	3〜10万円程度
	有名工学メーカーの製品。自社製品でシステム化されているため、独自規格の製品が多い。	十数万〜数百万円

◆ 値段と性能

では顕微鏡は、どのくらいの値段から購入できるのでしょう。カメラと同じで、ピンからキリまでのグレードがあり、自分の観察目的に合った製品を選ぶことが大切になります。

【実体顕微鏡】

実体顕微鏡は、固定倍率のものとズーム機構がついているものとで値段が大きく違います。固定倍率（通常20倍）のものであれば、2万円台くらいから買うことができます。野外への持ち出しが可能な小型軽量のものもあります。昆虫や植物の観察にも使えるので、応用範囲の広い道具、といってよいでしょう。ズーム機構がつくと室内用となり、少々高額になってしまいます。ただし、観察のしやすさはズーム式のほうが圧倒的に上です。近年は照明がLED化されたりした手頃なも

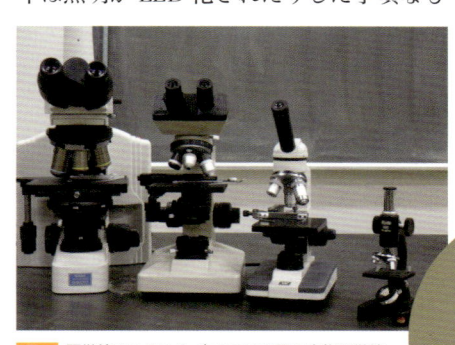

図1　顕微鏡のいろいろ。左2つは双眼の生物顕微鏡、右2つは単眼の生物顕微鏡。大きさが違うだけでなくレンズの大きさや質も異なっている。特にステージより下に大きな違いがあることに注意。100倍、400倍といったカタログ上の倍率よりも、どこまで細かくくっきり見えるかという分解能の違いが大切

のも増えてきました。

【生物顕微鏡】

生物顕微鏡を性能別にざっくり分けると、「玩具屋さんなどで売っている数千円のもの」「JISやISO、DINなどの規格基準を満たした3〜10万円程度のもの」、さらにはニコンやオリンパスなど「有名光学メーカーの十数万〜数十万円のもの」「研究用の数百万円以上のもの」の4つぐらいのカテゴリーになるでしょうか。自宅で手軽にという観点からは、あまり高価な製品は入手できないと考える人も多いかもしれません。逆に一生モノとしてしっかりしたものをという発想もあるでしょう。デジカメやコンピューターなどは数年で型遅れとなってしまうものに比べ、顕微鏡のような道具はそのような心配もあまりなく、長く使うことができます。

◆ 分解能の高い顕微鏡が必要

きのこの胞子の観察を行うには、大きさ0.01mm程度（10μm）の胞子に、模様があるのか、形はどうなのか、といった観察ができることが必須です。肉眼で見える最小単位は0.1mmといわれます。0.01mmの胞子（図2）を、形も模様も見える

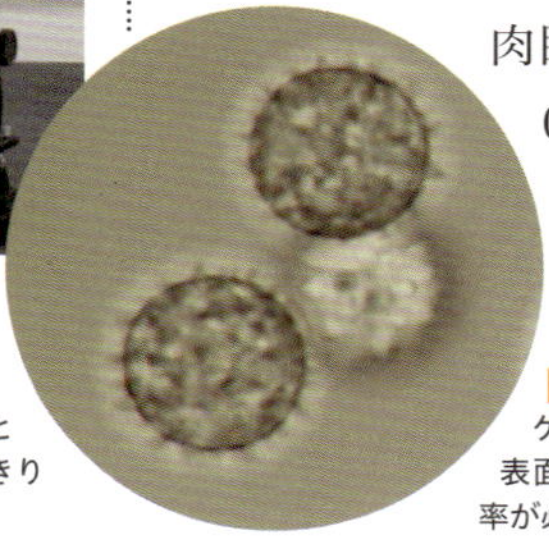

図2　きのこの胞子（キツネタケ）。大きさ0.01mm程度のものの表面を観察するには400倍以上の倍率が必要

ようにするためには、せめて胞子の大きさが4mm ぐらいに見えるよう、400 倍以上の倍率できちんと結像することが最低条件になります。

しかも、しっかりとした「分解能」が必要となります。玩具屋さんなどで売っている数千円のクラスのものは、おすすめできません。箱にたとえ「400 倍」とか「600 倍」と書いてあったとしても、レンズにしっかりとした精度がなければ、ゆがんだりぼやけたりした画像しか得られません。大きさは 400 倍になっていても、それにともなう分解能がなく、ぼやけていたら役に立ちません。

◆ 分解能は対物レンズの性能次第

この分解能を決めるのは対物レンズの性能ですから、第一に対物レンズがしっかりしたものであることが重要です。観察する総合倍率は対物レンズの倍率と接眼レンズの倍率をかけたものです。40 倍の対物レンズに 10 倍の接眼レンズを使えば 400 倍です。ここで対物レンズを 100 倍に変えれば 1000 倍の観察ができるようになります。

対物レンズを 40 倍のもので、接眼レンズを 25 倍に変えても、計算式どおり1000 倍になります。しかし、対物レンズはさきほどの 40 倍のままですから、分解能は変わりません。400 倍で観察しているものを大きく引き伸ばしただけの 1000 倍であり、より細かい部分が観察できる100 倍対物レンズの 1000 倍とは意味が違ってしまいます（146 ページ参照）。接眼レンズの倍率をあげるということは、撮影した写真の拡大コピーを作るようなものです。大きくは見えてもはっきりはしませんよね。

高い分解能をもつレンズを活かすためには、集光装置や筐体の剛性をふくめ、顕微鏡全体の総合性能が必要になります。こうした性能の目安となるのが JIS や DIN、ISO などの規格です。図鑑を買う、顕微鏡を買う、そして 1000 倍観察のために一段上の顕微鏡を買うか、自分の経験値も踏まえ、またもや選択のときです。

◆ 生物顕微鏡に必要な機能

きのこを細かく観察するためには、次のような機能のある生物顕微鏡（光学顕微鏡）をおすすめします。

【内蔵の光源】

光を安定させることは、観察の上で非常に大切な部分です。鏡で反射をさせて光を得る顕微鏡に比べると、近年の LED 照明つきのものはかなり楽に観察ができます。十分な光を集光用のレンズや絞りで調節して、過不足なく入れることで安定した観察ができます。強すぎる光での長時間観察は目を痛めます。調光ができるものを選びましょう。

【メカニカルステージ】

スライドグラスを前後左右に動かすための微動装置です。顕微鏡をのぞき、指でス

ライドグラスを動かして観察しようとすると、400倍の状態では0.5mmのシャーペンの芯をたった1本分動かしただけでも視野のなかでは20cmも吹っ飛んでしまいます。前後左右が逆になるのも、慣れないと難しいでしょう。高倍率での観察には是非欲しい装置です。

【接眼ミクロメーター】

接眼レンズの中に入れて、観察物の大きさを測るためのものさしです（163ページ参照）。使用している接眼レンズに合わせて購入する必要があります。あらかじめ接眼ミクロメーターが入った状態で売られている接眼レンズもあります。ホコリが入らないよう、最近の顕微鏡では接眼レンズが最初から外せないものも見かけます。注文時にオプションで入れられる場合もあるので、あらかじめよく聞いておきましょう。両眼タイプのものは片眼に入れればOK。JIS規格などに準拠した製品のほうが、オプションがいろいろあります。

◆ 価格の違いはどこにある

では数万円のものと十数万円のものは何が違うのでしょう。光学的なくわしいことは顕微鏡の専門書を見ていただくとして、ここでは簡単に3つの違いを書きます。

1. 双眼観察ができる

十数万の顕微鏡は、双眼観察ができるようになっています。両目で見ることによって、非常に楽に観察ができます。視力検査でも、両目で見たほうが細かいところまで見えますよね。両目のほうが、やっぱりよく観察できるのです。

2. コンデンサレンズの性能が高い

目立たないところですが、顕微鏡のスライドグラスを乗せるステージより下のところに違いがあります。光をそろえ、観察対象のところに光を絞りこんで当てるための集光装置「コンデンサレンズ」の性能がかなり違います。実はこの部分の性能が大きく分解能に影響します。あとから付け替えることができない、顕微鏡の基本構造のような部品です。高性能なコンデンサレンズを装備した顕微鏡ではじめて、対物レンズが100倍のものまで使用可能になります。ただし、100倍の対物レンズは油浸レンズといって、取り扱いが少々面倒になります（170ページ参照）。

3. 対物レンズの性能が高い

対物レンズの性能の違いがあります。カメラのレンズもより高級なレンズは色のにじみが少なかったり、明るく見えたり（光の減衰が少ない）、くっきりと結像します。同様に、顕微鏡のレンズも値段相応の差があります。同じ40倍の対物レンズでも1万円しないものから、数十万円のものまで、いろいろです。高いものほどクリアで色にじみがないなど、カタログの数値では表現できないような差はやはりあります。

より高額な顕微鏡は、さまざまな観察をするための拡張性能にすぐれていたり、より高性能なレンズが用意されていたりしま

す。数百万円もするドイツ製の顕微鏡は、やはり驚くほど明るくクリアに見え、同じ標本を観察しても、安価な生物顕微鏡では気づかないところに気づくことができるほどです。しかし、その性能を使いこなすことができ、性能を維持するためにはきちんとしたメンテナンスが必須です。それができなければ宝の持ち腐れになります。レンズだけ高級にしてもコンデンサレンズなどの基本性能がおとれば、やはり十分に使えません。自分の観察にはどのような性能の顕微鏡が必要か、よく考えて購入するのがよいでしょう。高級な顕微鏡を一生モノに、という考え方でもよいですが、まずは自分の身の丈にあった顕微鏡、というのもひとつの考え方です。質素な生物顕微鏡を使って地道な観察を続けられた偉大なアマチュア研究者も少なくありません。

本当に大切なのは
倍率ではなく分解能

◆ 分解能と開口数

拡大倍率を大きくしたいだけなら、幅5mmの部分をデジカメでマクロ撮影して、それを大画面テレビやプロジェクターで幅2mに表示すれば、400倍に拡大したことになります。しかし、残念ながらそれで胞子はなかなか確認できません。

なぜでしょう？　それは、カメラがそれ

だけ細かな部分の情報を取り出せていないからです。細かな部分を細かく見極めることができる能力、それが「分解能」です。

分解能とは互いに近接した2つの点が、離れた2つの点として見分けられる最小距離を意味します。顕微鏡の分解能は次の式（レイリーの基準）で表されます。数学として理解するのでなく、そんなものか、と眺めてください。

分解能 $\delta = 0.61 * \lambda / NA$
λ：使用する光の波長
NA：対物レンズの開口数

レンズの開口数とは、これもまたややこしい数字なのですが、倍率とは別にどれだけ光を広い範囲（深い角度 θ）から、ゆがみなくきちんと集めることができるのか、というレンズ自体の性能（$\sin \theta$ という式で表され、最大値は1です）と、レンズから観察対象までの間を満たす物質（普通であれば空気）の屈折率（空気で1、エマルジョンオイルで1.5程度）のかけ算から決まります。

まずはレンズには倍率とは別に、開口数という大事な性能を示す数字（大きいほど分解能が高い）がある、ということを覚えておいてください（図3）。

◆ 対物レンズが100倍までの理由

ところで、なぜ顕微鏡には100倍までの対物レンズしかないのか。なぜ100倍は油浸レンズが多いのか、なぜそれ以上の

高倍率の観察には電子顕微鏡を使うのか、というようなことも上の式を眺めるとわかってきます。可視光は波長が $0.4 \sim 0.8$ μm 程度です。100倍のレンズの開口数は1.25とか1.4とかくらいの値です。先ほどの式に波長を入れて計算してみることで、可視光を使う限りでは $0.2\ \mu$m の分解能が限界であることがわかります。視野が $100 \sim 200\ \mu$m しかなく、観察対象の胞子が $10\ \mu$m 程度という対物レンズ100倍での観察において、この分解能はぎりぎりの値です。けれどもレイリーの基準が示すのは可視光での観察では、解像度は高まらず、これ以上倍率を高くしても大きいけれどぼやっと見えるだけになってしまうという現実です。100倍のレンズを用いた観察のとき、対物レンズの先に油をつけて、プレパラートとの間を油の膜で満たします。これは、空気の代わりに屈折率の高い油を使うことで、少しでも分解能を向上させるための、限界領域での工夫なのです。

なお、開口数は対物レンズだけでなく、

図3 対物レンズの表示

ステージの下で光を集めてプレパラートに当てるコンデンサレンズにも示されています。対物レンズの開口数の数値を満たせないコンデンサレンズのついた顕微鏡では、その対物レンズの性能を十分に発揮できない、ということになります。

◆ 光を使う顕微鏡の限界

この原理は、光を使っている限り、どの顕微鏡にも当てはまることで、画像がモニターに映し出される、いわゆる「デジタルマイクロスコープ」でも同じです。デジタルマイクロスコープは大口経の精度の高いレンズを使う利点や、デジタルならではの画像処理やさまざまな工夫がされていますが、光学的分解能という意味では1800倍以上に倍率を上げてもより細かい部分が観察できるわけではないという指摘もあります。

デジタルマイクロスコープは、画像処理や情報処理により実現できる高いコントラストの画像、作動距離の大きさで実現できたプレパラートでなく立体のままでの観察できる利点、さまざまな照明、「深度合成」画像による深い被写界深度の実現や、自動測定などの機能上の大きな利点があります。実際立体物を深度合成で観察できる機能などはプレパラートを用いた光学顕微鏡では実現できなかった観察を可能にしてくれます。

近年、大学などでは「レーザー顕微鏡」も導入されています。普通の光の代わりに、波長のそろったレーザー光を使い、それを

観察する試料にピンポイントで当てます。はね返った光の干渉縞を測定しながら、スキャナのように移動しながらなぞっていくことで、非常に微細な凹凸を検出できる装置です（こう短く書くとわかりにくいと思いますが、くわしくは各メーカーのホームページなどをご覧ください）。得られるのはセンサによるデータなので、コンピューター上で解析して3D画像にします。

◆ 電子線を使う電子顕微鏡

電子顕微鏡は可視光よりずっと波長の短い電子線を使うことで、分解能は0.1nm、つまり$0.0001\mu m$という桁違いのレベルまで観察が可能です。ただし、この分解能を出すためには真空下にサンプルを置く必要があり、そのためには試料は完全に乾燥させておく必要があるなど、前処理がいろいろ必要です。また、光を使わないので、色はわかりません。同じ電子顕微鏡でも表面ではね返る電子をとらえて表面構造をよく観察するための「走査型電子顕微鏡」と、薄い切片を透過した電子を観察して組織内部の構造を見る「透過型電子顕微鏡」とがあります。

このように、分解能だけを求めればさまざまな手法があります。何を観察したいのか、という観点で必要な道具を選んで使う形になります。手軽に組織を透かして観察できるという意味では、生物顕微鏡は、きのこに適した観察道具といえるでしょう。

最新の技術では「構造化照明」や「光活性化局在性顕微鏡法」などなど、さまざま

な手法を組み合わせてこの限界を突破する「超解像顕微鏡」も登場しているようです。こうした新鋭機ではレーザーを光源に用い、さらに電子顕微鏡の観察画像とも合成しと、驚くべき微小世界を描き出してくれていますが、現状では個人ユーザーや弱小博物館にはまったく手の届かない話です。

5-3
そろえたい道具

顕微鏡さえあれば、すぐによい観察ができる、というわけにはなかなかいきません。そろえたい道具をいくつかご紹介していきます（図4）。

【図鑑】

野外観察用のコンパクトなものと別に、きのこの胞子やシスチジアなど顕微鏡で観察できるものの図が描かれ、測定した大きさや組織の特徴がきちんと記載された大型の図鑑を是非、手に入れましょう。インターネット上にもたくさんの胞子の写真が掲載されていますが、大きさの計測値や形を文章で示した記載が必ずしもともなっていません。特徴をひとつひとつ確認するためには、やはり図鑑が必要です。

分類体系は古いですが、『原色日本新菌類図鑑（I・II）』（保育社）はオンデマンド出版されています。また『新版北陸のきのこ図鑑』（橋本確文堂）も胞子に関する記載が載った貴重な図鑑です。『図解きの

こ鑑別法—マクロとミクロによる属の見分け方』（西村書店）や日本菌学会編『新菌学用語集』があると、形態の理解に便利です。

【スライドグラスとカバーグラス】

スライドグラス、カバーグラスとも厚みや大きさはいろいろです。

スライドグラスのうち、中央にくぼみのあるホールスライドグラスは通常プランクトンなどを観察するためのもので、きのこの観察には胞子を培養して観察するときなど、特殊な用途以外にはまず使いません。「白ミガキ」「水切放」「フロスト」などは縁部などのガラスの処理などの違いです。白ミガキは板ガラスを切ってスライドグラスを作るときに、手を切らないように切断した4辺がきれいに仕上げられたもの、水切放はそれがされていないものです。フロストは一部に磨りガラス加工が施され、鉛筆でメモが端に書けるようになっています。値段は仕上げが凝った物や加工精度が高い物ほど高価です。

カバーグラスも大きさや形がいろいろです。きのこの胞子を見る場合には、観察試料がごく小さいため、19mm角程度の小さなもので十分です。ヒダ全体の縦断面など大きな切片試料を使う場合には大きなカバーグラスを使ってください。

対物レンズにはカバーグラスの厚さの規格が指定されているのですが、通常の40倍対物レンズを用いた観察では、それほど気にする必要はありません。100倍の対物油浸レンズを使う場合には気にしてください。

スライドグラスとカバーグラスはインターネットの理科学機器通販などで手に入れられます。スライドグラスは使用後、中性洗剤などで洗って乾かし、再使用しますがカバーグラスの再利用はおすすめしません。薄すぎて、きれいに、そして怪我をしないように洗うのが難しいからです。使い

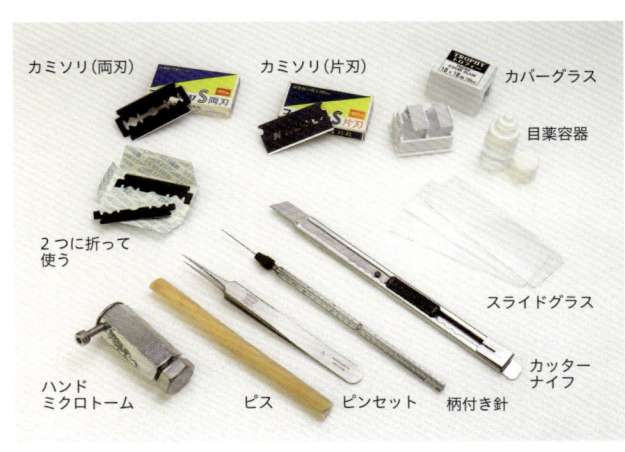

図4 顕微鏡観察に便利な小物。それぞれの工夫があり、応用がある。たとえばよく研いだピンセットは顕微鏡の下で試料を切るナイフにもなるし、スライドグラスは通常の使い方だけでなく、カミソリを使うときのまな板代わりにもなる。柄付き針はスライドグラス状の試料をほぐすときなどに使うが、なくても構わない。ピスとハンドミクロトームは、油浸レンズでの観察をするとき、より薄い切片を作るときにあると便利。両刃のカミソリは2つに折って使う

カミソリ（両刃）　カミソリ（片刃）　カバーグラス

目薬容器

2つに折って使う

スライドグラス

ハンドミクロトーム　ピス　ピンセット　柄付き針　カッターナイフ

捨てを前提に適正なものを使いましょう。

【ピンセット】

　きのこのヒダなどの組織をつまんだり、一部を切り取ったりするにはピンセットが便利です。先の尖った、そして先端がぴったり合うもの（AA や GG という形式）を選びましょう。最初は 100 円ショップでトゲ抜きなどとして売られているピンセットでも十分代用可能ですが、使いこんでくるとバネの具合や先の尖り方、固さや長さなどが気になり出します。医療用のピンセットもインターネット通販などで手に入れられます。いろいろ試してみましょう。

　ピンセットは床などに落としてしまうとすぐに先が曲がり、ゆがんでしまいます。ていねいに扱いましょう。また、購入したピンセットの尖り方が不足な場合は棒ヤスリや紙ヤスリなどで丹念に削って尖らせると、きのこの組織などを切り裂きやすくなります。慣れてくると2本あると便利です。実体顕微鏡の下で、2本のピンセットをフォークとナイフのように使って必要な部分を切り出す、といった技もあります。自分で研ぎあげて切り出しやすくした自慢のピンセットを持っている人も大勢います。

【スポイト・目薬容器】

　生物顕微鏡を用いた観察では、観察対象を水や封入剤、染色薬に浸して観察します。水や封入剤を1滴、スライドグラスにのせるには小さなスポイトが便利です。専用の「スポイト瓶」もありますが、眼医者さんなどでくれる目薬用のポリ容器がなかなか便利です。ただし、お古を再利用するときには、絶対に本物の目薬と間違わないように、赤テープなどで印をつけておきましょう。100個単位で市販もされています。

【ろ紙】

　カバーグラスからはみ出した染色薬や水を吸い取るのに大活躍します。三角や四角に小さく切っておけば便利です。キッチンペーパーやコーヒーフィルターを切って代用もできます。使い方は後述します。

【カミソリ刃】

　切片を切るのに用います。粗く切り出すのにはカッターナイフなどでもよいのですが、断面を観察するためにはすっぱり切れ味よく切断しなければなりません。相手はやわららかいきのこですが、一度切った刃は切れ味が落ちます。切る位置を変えながら使い、切れ味が落ちたら交換、という消耗品です。手で持って使う場合、両刃は二つ折りにして使います。好みにより、また用途により片刃、両刃を使い分けます。

5-4
顕微鏡で何が観察できる？

◆ 菌糸細胞

　あたり前のことですが菌類は細胞が組み合わさって体が作られている多細胞の生物

です。顕微鏡できのこの組織を一部切り取って観察するとき、まず目に見えるのは、きのこの細胞です。糸状の細胞である菌糸ばかりが見えることもあり、やはり植物や動物とはかなり違う生物なんだと視覚的に理解できる瞬間です。

1つのきのこでも太さや形の違ういろいろな菌糸があります。慣れてくると菌糸の継ぎ目の「かすがい連結（クランプ）」や、分枝、変形した表皮の末端細胞にも目が留まるようになるでしょう。

◆ ヒダで観察できる特徴

さて、きのこの顕微鏡観察の基本となる、ヒダの上に見られる特徴的な器官を紹介してみます。最初にヒダの基本的なつくりを眺めておきましょう。菌糸（ヒダ実質）が形作ったヒダの基本の構造の上に、胞子を形成する「担子器」などが並びます（図5、6）。担子器はほかの細胞に比べて太く、棍棒のような形の細胞です。先端に角のような担子柄をつけ、その上に胞子をふくらませます（164ページ、図17）。胞子を飛ばし終えた担子器には角だけが残ります。また、ヒダの上にはまだ未分化な角のない原生担子器もたくさん並んでいます（それらすべてが発達するわけでもないようです）。

担子器に混じって「シスチジア」と呼ばれるさらに巨大細胞が並んでいる場合があります。大きいだけでなく、形が変わっていたり、結晶や先端がふくらんでいたり、特徴的な器官です。シスチジアはヒダの側面にあるもの（側シスチジア）とヒダの縁にあるもの（縁シスチジア）では形が違う場合もあるため、両方の観察が必要です。

これらはいずれもグループの特徴になったり、種類を見分けるキーポイントになったりと非常に重要な情報です。

◆ ヒダの観察

顕微鏡でこれらを観察する場合には、次の項で示すようにヒダの一部を切り取って押しつぶすだけでも十分に観察できますから、まずは眺めてみましょう。

ヒダの実質を形作る菌糸自体の形や並び方も観察対象になりますし、表皮の菌糸構造もまた観察対象です。さまざまな部分をはがして、押しつぶして観察するとよいでしょう。どのような菌糸でできているのか、同じような形の細胞が並んでいるのか、表面にだけ違った構造（太さや細胞壁、着色など）はないのか、特徴的な器官や細胞はないか、なども着目点です。さらに高度な観察には、薄切りにした断面（切片といいます）を作り、きのこの断面の構造を残したまま観察することができれば、さらにいろいろなことがわかるでしょう。この方法は後述します。

◆ 顕微鏡観察の進め方

ここではごく簡単に、きのこのヒダの上の胞子やシスチジアなどを顕微鏡で観察する流れを説明します。くわしくは参考書の欄に挙げた顕微鏡の教科書なども参照してください。解説に使うのは双眼観察のできる、メカニカルステージと内蔵光源のつい

た生物顕微鏡です。

◆ 生物顕微鏡の構造と各部の名称

　まずは顕微鏡の構造を眺めていきましょう（図7）。背骨となる金属フレームと台座の上に、光源やレンズ、ステージが組みつけられています。顕微鏡を運んだり、向きを変えたりするときにはこの背骨や台座を持ちましょう。

　台座には光源が内蔵されています。明るさ調節のダイヤルやメインスイッチがあります。ハロゲンランプの照明の場合、明るさ最大の状態でメインスイッチを切ったり、照明を切った直後に持ち運んだりするとランプが切れることがありますから、注意が必要です。

　スライドグラスを載せる部分はステージと呼びます。写真の顕微鏡はステージを上下に動かしてピントを調節するタイプ（ステージ上下式）ですが、対物レンズと接眼レンズのある鏡筒部が上下に動くタイプ

（鏡筒上下式）もあります。接眼レンズが動くと観察する姿勢も変わりますので、ステージを動かすタイプのほうが安定して観察ができます。ステージにはスライドグラスに載った試料を前後左右に動かすしくみ（メカニカルステージ）があり、そのねじは通常左側についていますが、これは右利きの人がピントを右手で、ステージを左手で操作するための設定です。メーカーによっては左利きの人のために、左右逆にできるようになっていたり、左利き用の顕微鏡を作っていたりします。慣れの問題ですが、どちらがよいか試してみるのもよいでしょう。

　ピント調節つまみは二重になっていて、外側が大きく動く粗動ねじ、内側が微調整用の微動ねじになっています。機種によっては、どのくらい軽くピントを動かせるか、ねじの固さを調節できる機構のついたものもあります。

　接眼レンズは両眼の間の幅を調節できま

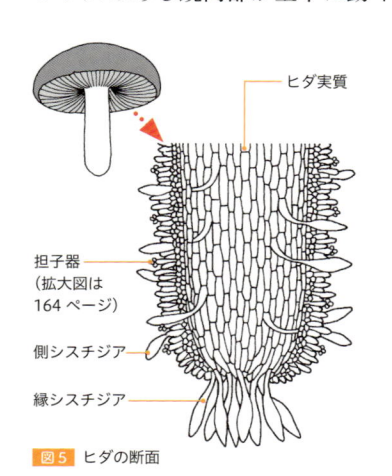

ヒダ実質

担子器
（拡大図は
164ページ）

側シスチジア

縁シスチジア

図5　ヒダの断面

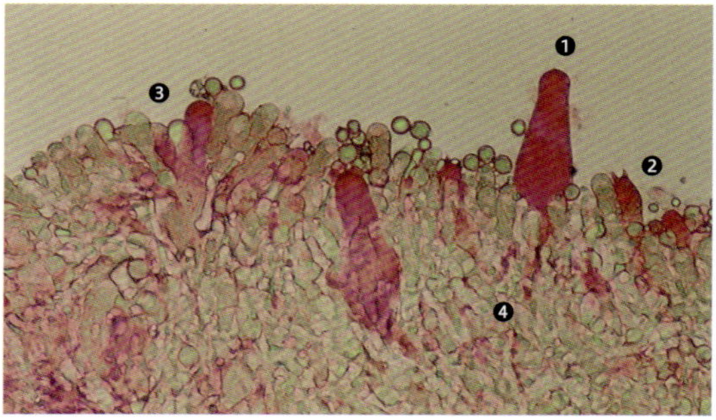

図6　ビロードツエタケのヒダ断面。❶シスチジア❷❸担子器（❸の上についているのが胞子）❹ヒダの組織（「ヒダ実質」）の菌糸が見えている。シスチジアはヒダ実質から伸び出している。画面には胞子以外に、胞子と同じくらいの大きさの空気の泡も写っているが、これは組織のすき間にふくまれていたもの

す。のぞきこんだときに、両眼の視野がしっかりと重なるように調節しましょう。機種によっては接眼レンズから多少目を離したところでも像が見えるようになっており、眼鏡をかけたままでも使用できます。近視や遠視、老眼であっても顕微鏡でピントが調節できるため観察に不都合はありません。

顕微鏡を扱う最小限のマナーとして、対物・接眼レンズだけでなく、光源やコンデンサなどどのレンズも、指紋がつかないようにむやみに触らないようにしましょう。光源からの集光装置（コンデンサ）も、非常に重要な光学系です。皮脂がつくことでレンズを汚すだけでなく、レンズにカビが生えてだめにする危険があります。誤って汚してしまったら、レンズのクリーニングが必要です。

5-5
基本の観察の流れ

では、いよいよここから基本的な顕微鏡観察の流れをご紹介します（図8）。

1. 観察したいきのこを用意する

野外で採ってきた、きのこのほうがよいでしょう。スーパーで売っているきのこは通常「未熟」な状態で、多くは胞子ができていません。また、胞子ができない品種も作られています。胞子の観察をするには、「おつとめ品」コーナーで重なり合った傘の下に白い粉（胞子）が落ちている状態のエリンギや、ヒダが黒くなったマッシュルームを探してみましょう（パート1参照）。

2. きのこの胞子ができている部分を取る

ヒダのあるきのこなら、ヒダの部分を、イグチ類のきのこであれば管孔の壁の部分を、ピンセットやカミソリの刃でほんの少

図7 顕微鏡のつくり。写真は一例だが、たいていの顕微鏡の操作系は、ほぼ同様の構造をしている

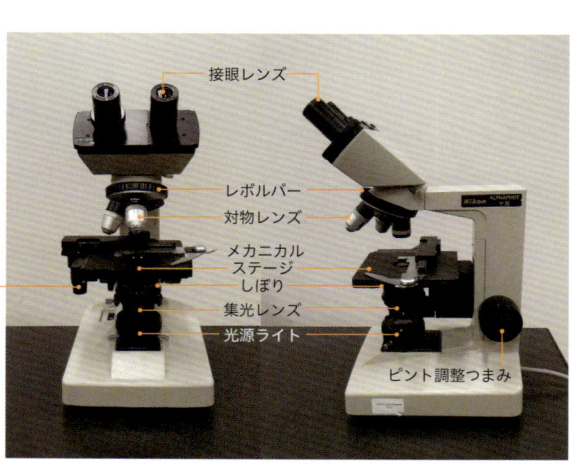

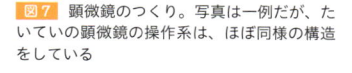
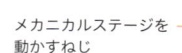

接眼レンズ
レボルバー
対物レンズ
メカニカルステージ
しぼり
集光レンズ
光源ライト
メカニカルステージを動かすねじ
ピント調整つまみ

しだけ取ります。2mm角程度で十分です。砂粒などが混ざらないようにしましょう。

3. 切り取ったかけらをスライドグラスに載せ、スポイトで少量の水を1滴だけ載せる

水などの液体で試料を覆い、封入（閉じこめること）することを「マウント」といいます。マウントするのに、たっぷりとした1滴は多すぎます。かけら（試料）が水をかぶる程度にしてください。かけらが水の上に浮いてしまうようであれば、ピンセットの先でつついてなじませましょう。

4. カバーグラスをかぶせ、余分な水をろ紙などで吸う

空気が入らないように、カバーグラスをそっとかぶせます。ピンセットでも、指の腹でカバーグラスの両脇を持ってかぶせてもかまいません。カバーグラスの平らな面を触ってしまうとべっとりと指紋がついてしまいますので、これは避けましょう。

カバーグラスからはみ出た水は、三角や四角に切ったろ紙の縁をカバーグラスに当てて吸い取ります。

5. カバーグラスの上にろ紙をかぶせて、そっと押しつぶす

生物顕微鏡は光を透かして観察するので、見たいものに厚みがあると観察できません。そこで、カバーグラスの上からろ紙などをかぶせて、指でそっと押しつぶします。このとき、硬い組織だったり、砂や泥が混じっていたりするとカバーグラスが割れることがあります。もし、割れてしまったら、あわてず、やり直しましょう。カバーグラスで指を切らないように気をつけてく

ださい。押しつぶすときは硬いテーブルの上などで作業しましょう。やわらかなものの上で行うと、ガラスがたわんでかえって割れやすく危険です。

これでプレパラートの完成です。

6. プレパラートを顕微鏡のステージにセットする

カバーグラスの載っているほうが上です。当たり前のようですが、ぼーっとしてやると裏返しにセットして顕微鏡を汚してしまいます。また、メカニカルステージのクリップで留めるとき、プレパラートの側面に留まっていることを確認してください。ゆるみのあるメカニカルステージでは、クリップがプレパラート上のカバーグラスを直撃し、スライドグラスも試料も傷めることがあります。

セットしたら、ステージを操作して試料を観察視野の中央に移動させます。内蔵光源のスイッチを入れ、下からの光がステージの穴を通して試料にちゃんとあたっていれば、ほぼ視野の中に来ています。

7. 視野調節もピント合わせも低倍率から

さて、いよいよ観察を始めますが、その前にきちんと対象が見られるように顕微鏡を調整していきます。まずは低倍率（4倍など）でのぞいて視野を広くとり、それからターゲットを絞りこんでいきます。

光は明るければよいというわけではありません。光源が強すぎたり、絞りを開けすぎたりしていると目を痛めます。のぞきながら光源ライトの明るさや絞りを調整しますが、倍率を変えるたびに見やすい明るさに調節しましょう。

図8 顕微鏡観察の流れ

1. きのこを用意する

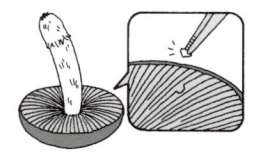

2. ヒダの一部を取る

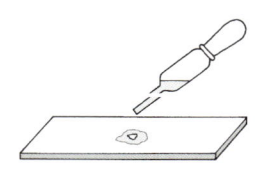

3. 試料に水を1滴落とす

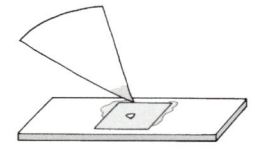

4. カバーグラスで覆う

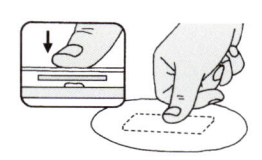

5. 押しつぶす

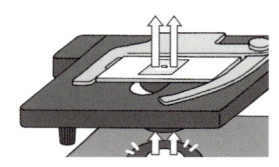

6. 顕微鏡に載せる

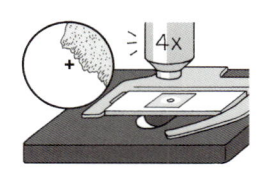

7. 低倍率で視野をとる

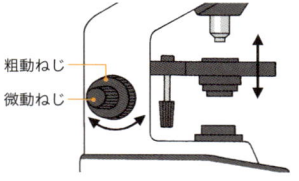

8. ピントを調整する

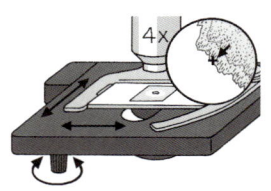

9. 観察対象を中央へ

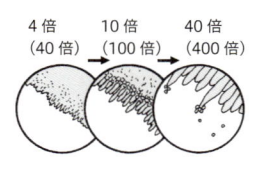

10. 低倍から観察開始

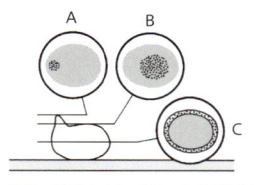

11. 微動ねじでピントを変更

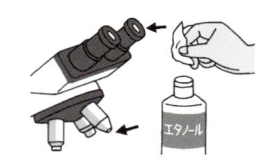

12. あとかたづけ

8. 粗動→微動の順でピントを調整

通常、4倍程度の対物レンズがプレパラートにぶつかってしまうことはありません。ステージは普通底まで上げられないでしょう。接眼レンズをのぞきながら、だいたいピントが合う場所になるまで、粗動ねじを動かして調整し、微動ねじで微調整してください。一度ピントが合えば、10倍、40倍に切り替えてもだいたいピントは合っていますので、以後は微動つまみで調整できるでしょう。

9. 見たい場所を視野の真ん中に移動

視野によい観察対象が入ってくるかどうかは時の運でもありますが、それを探そうとする努力が何より大切です。どんなテクニックがあってもよい観察対象を見つけることができなければ、目的は果たせません。

どんなレンズも中心近くがもっともくっ

きり観察できるものです。観察対象は視野の中心に置いてしっかり観察しましょう。低倍率から高倍率に切り替えるときは、視野の真ん中の部分が拡大されることを忘れずに、切り替える前にしっかり中心へ移動させておきましょう。

10. 対物レンズ 10 倍から本格観察を開始

　セットが完了したらレボルバーを回して、対物レンズを次に高い倍率（10 倍）にして、観察を始めます。それが終わったら、再びレボルバーを回して、対物レンズを次に高い倍率（40 倍）にして観察しましょう（図9）。

　観察倍率は大きくすればよい、というのではありません。低倍率の視野であれば組織全体の構造、対物 10 倍であれば数十 μm になるような大きな組織の形、40 倍であれば 10 μm 程度の胞子の形がしっかり観察できるなど、観察対象に応じて適切な倍率があります。とあるカビの師匠は対物 10 倍での観察がもっとも肝心と言います。胞子をつけたカビの分生子柄の特徴などを把握するためには広い視野で見回し、クリアな視野で観察することが重要です。

　高倍率にすれば視野は狭くなり、また暗くなります。これに応じて光源を調整しますが、余計な場所に光があたると散乱光で観察しづらくなります。視野絞りがある場合には、倍率に合わせて絞り、光を視野の範囲だけに収束させて観察のじゃまになる余分な光を散乱させないようにしましょう。こうしたちょっとした調整だけでも今まで見えなかった画が見えてきます。開口

絞りも適切に調整しましょう。絞ると視野は暗くなりますが、コントラストが上がり、はっきりと見えます。透明な組織の観察には重要な技です。ただし、絞りすぎると解像度も悪くなります。

11. 観察は、微動ねじを動かしながら

　視野の真ん中に胞子が入っていても、A. 横倒しになった胞子の一番高いところの表面にピントが合っている場合、B. 胞子のトゲや発芽孔など特定の部位にピントが合っている場合、C. 輪切り断面にピントが合っていて、胞子の縁にピントが合っている場合など、それぞれのピント位置で見え方がまったく異なります。

　顕微鏡観察に慣れた人の手元を見ていると、胞子を見つけたあとも絶えず微動ねじを調整しています。動かしながら全体像を観察しているのです。

　担子器やシスチジアでも同じです。対物 40 倍を超えるとピントがはっきりしている範囲はかなり狭いので、微動ねじを動かしながらの観察を覚えておいてください（図10）。

　あとは 9. ～ 11. の繰り返しでしっかり観察をしましょう。

12. 次に使うためにキレイにかたづける

　顕微鏡を上手に使う基本はメンテナンスです。接眼レンズをのぞきこめば自然にまつげがレンズに触れ、皮脂がつきます。そのつもりがなくても、対物レンズが汚れる場合もあります。

　汚れはレンズペーパーなどでさっと拭き取ります。必要な場合は無水エタノール

（99%エタノール）などをしみこませて、油汚れを拭き取りましょう。

　レンズにはコーティングがされていますので、下手に洗剤や有機溶剤を使うと、このコーティングを溶かしてしまいます。機種によっては指定された薬品以外は使わないほうが無難です。レンズの汚れや傷（コーティングの傷みもふくめ）は、確実に見え方に影響します。顕微鏡をのぞいて汚れが見えなくても、画像がぼやけてしまいますので要注意です。

　特に100倍油浸レンズは、使用後は必ずエマルジョンオイルを99%エタノールで拭き取ります（173ページ参照）。

5-6
薬品を使って、よりくわしく顕微鏡観察

◆ シスチジアや担子器をしっかり見たいとき

　胞子だけでなく、シスチジアや担子器をもっとしっかり見たいときは、試薬を使って試料をほぐしたり、染めたりします。

【組織をほぐす】

　シスチジアや担子器は、ヒダの表面にびっしりと並んでいます。しかし、これら

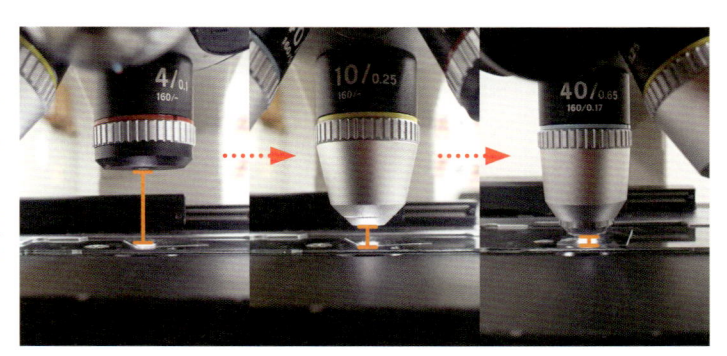

図9　対物レンズは4倍→10倍→40倍の順で切り替えて、低倍率から観察する。試料とレンズの距離（作動距離）は倍率が低いほど離れている。このため低倍率のほうが操作しやすく、レンズを汚す可能性も少ない。最初は低倍率で試料を探し、大まかな構造を理解した上で、高倍率に切り替える

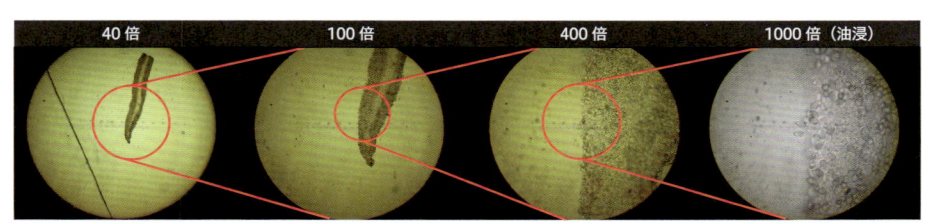

40倍	100倍	400倍	1000倍（油浸）
1mm = 1000μm	0.5mm = 500μm	0.1mm = 100μm	0.02mm = 20μm

図10　倍率による試料の見え方の違い。オオシロカラカサタケのヒダを例にした。胞子を観察するのに適した倍率と組織の観察では、適正な倍率は異なるだろう

は組織の中に半分埋まった状態になっているため、そのままではなかなか観察しづらい状態です。観察するためには、組織をばらばらにする必要があります。そのためにもっともよく使うのが、細胞同士をくっつけている糊のような部分を、アルカリ性の溶液でやわらかくして押しつぶし、ばらばらにする方法です。

　研究室などではカバーグラスをかぶせる前に、水の代わりに3〜5%の水酸化カリウム（KOH／古くは「苛性カリ」と呼ばれていました）（図11）の水溶液を1滴垂らし、ピンセットの先などで軽くもみ、裂くようにします。そして、カバーグラスをかぶせて押しつぶします。前述のようにカバーグラスの上からろ紙をかぶせ指で押してもいいですが、消しゴムでこねるようにつぶすことでよりきれいにつぶれます。きのこの組織は、「え？　こんなにぐちゃぐちゃでいいの？」と思うぐらい、思い切ってばらばらにしてしまいます。その中から、よく見えるものを探しましょう。

　このままで観察することもできますが、やわらかくしすぎることで胞子などの形が変わることがあります。そこで頃合いを見てカバーグラスの端に水を1滴垂らし、反対側にろ紙を当てて水酸化カリウム水溶液を吸い出し、代わりに水を引きこみます（図12）。水酸化カリウムはレンズのコーティングもだめにするので、顕微鏡のためにもよい方法です。水酸化カリウムは眼などに入ったらすぐによく洗い流す必要があります。慎重に使ってください。

● 水酸化カリウムの代替品

　水酸化カリウムは「劇物指定」であるために、学校や研究機関は購入できますが、個人での購入はかなり難しいです。代わりに自宅での観察には、水酸化カリウム溶液の代わりにアンモニア水（図13）を使ってやわらかくする方法があります。水酸化カリウムに比べて、やわらかくなるまでに多少時間がかかりますが、アンモニア水であれば薬局で購入可能です。ただし、アンモニアは揮発しやすいため、注意してください。

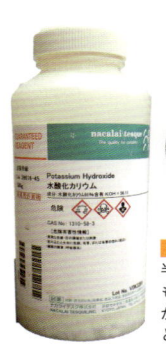

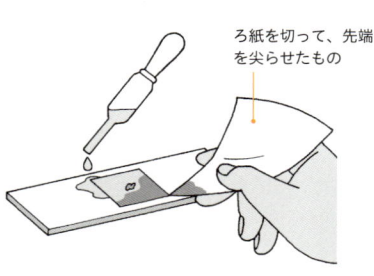
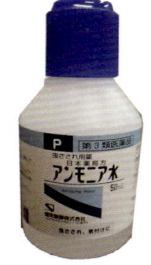

図11 水酸化カリウム。半透明の粒状（園内）のものを水に溶かして使うが、一般には購入することのできない劇物

ろ紙を切って、先端を尖らせたもの

図12 水酸化カリウムを使って組織をやわらかくしたときは、図のようにして水酸化カリウムを引き出してから観察する。フロキシンBと水の入れ替えも同様に行う

図13 アンモニア水。水酸化カリウムの代替品になる

● アルカリ性試薬の落とし穴

　水酸化カリウムの水溶液やアンモニア水はアルカリ性です。観察には便利ですが、万能ではありません。たとえばアセタケ属の一部のシスチジアの先端には結晶がつきますが、この結晶はアルカリ性の溶液で溶けてしまうのです。

　同様のことは、ラクトグリセロールなどの酸性の溶液を使っても起きてしまいますので要注意です。結晶をもつ可能性を考えるなら、まずは中性の水での観察が基本、と言えるかも知れません。

【透明な組織に色をつける】

　無色で透明な胞子や組織を水の中で観察すると透き通ってしまいよく見えません。そこで、観察しやすくするために、いろいろな試薬を使って色をつけます。試薬によって染まりやすい物質が異なるため、細胞の表面や内部構造の違いで染まり方が変わります。いろいろな色素を試し、またときには2種類の試薬を使うなどして、見やすく染色して観察してみてください。染

図14　試薬の代替品。歯磨きチェッカーはフロキシンB、観賞魚の白点病治療薬はメチレンブルー、万年筆用のブルーブラックのインクはコットンブルーの代わりになる

色薬は何十種類とありますが、以下では比較的ポピュラーで、家庭でも代用品が入手できる3種類を紹介します（図14）。

● フロキシンB

　赤色104号として食品にも使われる安全性の高い赤い色素です。0.5～1%程度の水溶液を使います。きのこの組織も比較的広範囲によく染まります。たとえば水酸化カリウム水溶液でやわらかくした後、ろ紙でこれをのぞき、濃いめの染色液でしっかり染めて、さらにろ紙で染色液を取り除き、水で封入して観察すると、組織は濃い赤、周囲は無色と、コントラストの高い観察が可能です。封入液を入れ替えても、通常胞子は組織の間にしっかり残っていますから問題なく観察できます。

　手順は水酸化カリウムと水を入れ替えるのと同様です。フロキシンをカバーグラスの端に1滴垂らし、反対側から水をろ紙で吸い出すとフロキシンが中に入り染色できます。染まったら、今度はカバーグラスの端にもう一度水を垂らし、ろ紙でフロキシンを吸い出して取り除けば連続して観察できます。

　食紅を水に薄めると代用品になりますが、薬局で「歯磨きチェッカー」として売られているものが簡便です。歯磨きチェッカーにはもちろんフロキシン以外にもたくさんのものが混ざっていますが、適当に薄めて使ってください、観察には特に支障がありません。

● メチレンブルー

　細胞膜の中までよく浸透し、青く染めま

す。観賞魚の白点病などの治療薬に使われますので、ペットショップで入手可能です。これを適度に薄めて使ってください。濃すぎると染まりすぎて、観察がしづらくなります。

● コットンブルー

コラーゲンを濃い青に染める試薬です。医学分野では、伝統的にカビの染色にコットンブルーを乳酸とフェノールの混合液に溶かしたものを使っています。上記2種に比べて保存時にも退色が少ないのがひとつの特徴です。

物質は全然違いますが、万年筆用のブルーブラックのインクを適度に薄めて使うのもおすすめです。ブルーブラックのインクはセルロースなどと反応して青黒く染まるようにできています。

墨汁や黒インクは、カーボンの微粒子なので、溶液が黒く濁るだけで、観察試料を着色してくれません。

【変色を調べるための試薬】

染色薬は観察をしやすくするだけでなく、染色薬による染まり方の違いで細胞壁の構造や成分などを知るのにも役立ちます。

● メルツァー試薬

代表的なのはメルツァー試薬による反応です。メルツァー試薬は、ヨウ素とヨウ化カリウムを水に溶かし、抱水クロラールという物質を加えたものですが、その反応はみなさんのよく知るヨウ素デンプン反応（デンプンがヨウ素によって青紫色に染まる現象）によく似ています。

きのこの胞子には、メルツァー試薬で青黒く反応するものと、まったく反応しないものなどがあり、やはり胞子の細胞壁の構成物質と関係しているようです。

白色の、特に模様のない胞子を見分けるときの手がかりとして、この反応が使われます。図鑑に「アミロイド」「非アミロイド」などと書かれているのはこの反応の結果のことなのです。アミロイドはメルツァー試薬で青黒く変色するもの、非アミロイドは変色しないもののことです。実はもうひとつ、「偽アミロイド（またはデキストリノ

図15 メルツァー試薬での反応

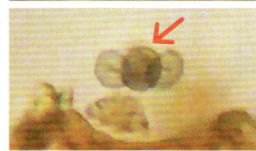
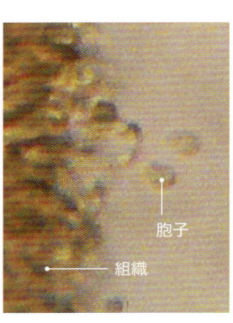
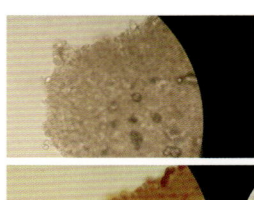

胞子

組織

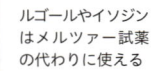
ルゴールやイソジンはメルツァー試薬の代わりに使える

アミロイド（コテングタケモドキ／上：染色前、下：染色後）

非アミロイド。組織は染まっているが、胞子は無色（ハダイロガサ）

偽アミロイド（デキストリノイド）（マントカラカサタケ／上：染色前、下：染色後）

イド）」と呼ばれる反応があり、これは赤く変色します（図15）。

　メルツァー試薬によって、胞子だけでなく組織の中の一部の菌糸にもこの偽アミロイド反応を示して赤褐色に染まるものがあります。たとえば、ベッコウタケの骨格菌糸などがそうです。

　残念ながらメルツァー試薬を売っているところはありません。抱水クロラールも通常買えません。でも、メルツァー試薬の代用品として風邪などのときにのどに塗られる「ルゴール液」が使えます。これなら薬局で買えますし、ヨウ素とヨウ化カリウムをふくんでいるため、メルツァー試薬とほとんど同じ反応を示します。同じ菌類を観察する地衣類の研究ではルゴール液をよく使っています。

「イソジン」などの名称で売られているヨウ素入りうがい薬も使用できます。これらではメルツァー試薬ほど明瞭に反応が出ない場合があるなど、完全に代用になるわけではありませんが、ベニタケの胞子のトゲなどは染まってくれます。

● 水酸化カリウム

　組織をやわらかくするのに使う水酸化カリウム（KOH）ですが、これを加えると変色する組織もあります。

　顕微鏡観察時に水酸化カリウムでマウントすると、シスチジアが黄色く変色するものがあります（「黄金シスチジア」と呼ばれます）。スギタケ属などの胞子は黄色く変色します。

　顕微鏡ではなく肉眼観察でも使えます。

たとえば子嚢菌には、2〜3％の水酸化カリウム水溶液で赤く変色するものが少なからずあります。ドクツルタケの菌糸は黄色く、ザラエノハラタケは緑色に変色します。

　便利な水酸化カリウムですが、ほかの染色液と合わせては使えません。フロキシンBやメルツァー試薬を使う前にはしっかり水に置き換えてください。アルカリ下ではそれらの試薬が染まりません。

【その他の試薬】

　顕微鏡観察用に持っておくと便利なのは、ごく薄い洗剤液です。100mlの水に合成洗剤1滴くらいの薄さです。

　どんなときに使うかというと、ホコリタケのように多量の粉状の胞子を観察する際、水をマウント液としてプレパラートを作ると、胞子が「ダマ」になって凝集してしまいます。これを避けるためにマウント液に洗剤液を使います。表面張力を弱めてくれる洗剤の作用が胞子をバラバラにしてくれて、観察しやすくなります。

5-7　胞子のみどころ

◆ どんなところに着目するか

　図鑑と照らし合わせる場合、また記録していく場合には、次のような点に着目して胞子を観察してみましょう。

● 全体の形

　丸いのか、細長い楕円なのかなど、全体の形を見ます。図鑑に図が載っていればその形と合っているのかを確かめます。球形、類球形、広楕円形、楕円形、長楕円形などの用語は順に、丸いものから長細いものに変わっていきます。楕円であれば、長径（長さ）と短径（幅）を測って、その比で表すこともあります（5-8「胞子などの大きさを測る」参照）。イグチ科の細長い胞子、イッポンシメジ属の角ばった胞子、一部のアセタケ属の金平糖のようなコブの突き出た胞子は特徴的で、それを観察しただけでグループの推定がつく手がかりです。

　多くの胞子の端には「嘴状突起」と呼ばれる尖った部分があります。丸い胞子でも一部に飛び出た部分がある場合があるので探してみましょう。これは胞子が担子器からのびた腕（担子柄）についていた部分です。この部分の形には種ごとの個性が出ます。

　カバーグラスの下のマウント液の中の胞子は、真横から観察できるとは限りません。楕円形の胞子を尖った側から観察したら丸く見えてしまいます。両端までしっかりピントの合うものを選んで観察、計測しましょう。

● 表面の模様

　胞子の表面の様子は、染色したほうがよくわかる場合があります。特にベニタケ科のトゲにはメルツァー液による染色が必須です。トゲの部分だけがアミロイドで、メルツァー試薬でトゲだけが青黒く染まるからです。ほかにフウセンタケ属やキツネタケ属、オニイグチ属なども胞子の表面の模様が特徴的です。

　また、対物40倍以上で観察していると、胞子の縁にピントがあるときには、中央部の表面はぼやけてしまいます。ピントを上下に動かしながら観察しましょう。トゲのある胞子であればその太さや長さ、密集の具合、隣のトゲとつながって翼状になっていないかなど模様のパターンにも着目してみてください。

　ホコリタケ科の胞子には、短いたくさんのトゲと、1本だけ長い突起があるものもあります。長い突起は、嘴状突起に相当するものです。

● 発芽孔

　発芽時に穴の開く場所がはっきり見えるものがあります。たとえばクリタケ属の胞子は厚膜化した壁に、発芽孔がくっきりと見えます。

● 細胞壁の厚さ

　同じように茶色く、発芽孔がある胞子でも、胞子の膜が薄いオキナタケ属に対し、クリタケ属の胞子は分厚い膜をもっています。顕微鏡で膜にピントを合わせたときに二重線に見える分厚い膜の胞子は、厚膜胞子と呼ばれることがあります。対物40倍程度では膜が厚いか、薄いかを見た目で判断する程度でしょう。膜の厚みは対物100倍の観察でなんとか測れるか、という程度です。

● 生物顕微鏡では確認できないこと

　胞子の内部の様子は、生物顕微鏡では、大きな油点（細胞の内容物が油の塊のように見える）などくらいしか確認できません。

この油点ですら、観察条件によって見え方が違うので同定形質にならないという意見もあります。

5-8

胞子などの大きさを測る

図鑑によっては胞子の大きさも記されています。胞子の大きさは、顕微鏡の下での計測と、デジタル画像上での計測方法があります。ここでは顕微鏡下の方法を紹介します(デジタル画像上での方法は177ページ)。

◆ 顕微鏡下での計測

● 接眼ミクロメーターと対物ミクロメーター

145ページでも紹介しましたが、顕微鏡の下での計測には「接眼ミクロメーター」という目盛りを刻んだガラス板を接眼レンズ内に入れて測ります。接眼ミクロメーターは接眼レンズの内径に合うものを買いましょう。数千円で購入できます。

接眼ミクロメーターを使うと、拡大像の上に目盛りが重なって見えます(図16)。この目盛りを頼りに対象物の大きさを測るのですが、実際に使用するには、1目盛りが何μmに相当するのか、あらかじめ調べておく必要があります。そのために使うのがスライドグラスに目盛りを刻んだ「対物ミクロメーター」です。

対物ミクロメーターは頻繁に使うものではないので、借用することができれば、それでもかまいません。

● 代用品での計測

接眼ミクロメーターがない場合、正確な計測はできませんが、4倍の対物レンズで視野の直径がどのくらいあるのか、スライドグラスの代わりに透明な物差しをステージに載せてのぞいてみましょう。視野の端から端まで3.3mmだとすれば、対物40倍にしたときには全視野が0.33mm、つまり330μmになります。あとはデジカメで写真を撮って胞子の大きさと全視野との比で計算すれば、だいたいの大きさは推測できます。8μmなのか10μmかの違いは難しくても、10μmか20μmかの違いは見て取れます。

◆ 数値がはずれたら違う種の可能性も

図鑑には胞子の大きさは8-10×15-18μmといったように、楕円の短径と長径についてそれぞれ幅をもたせて示しています。それぞれ測ってこの幅からはみ出てしまうようであれば、違う種かもしれないと考えたほうがよいかもしれません。

きちんと記録する場合は、成熟した胞子

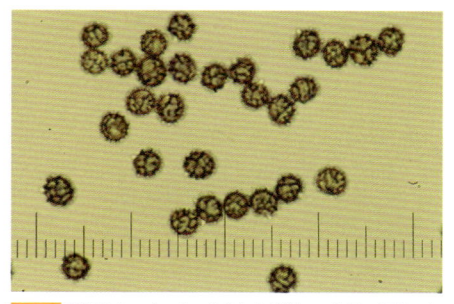

図16 接眼ミクロメーターを入れた状態での胞子の観察。あらかじめ1目盛りの長さを調べておく必要がある。写真の胞子はアシボソチチタケ

50個以上を計測して、平均と標準偏差、最大値、最小値で記録します。上記の値はその幅なのです。

5-9
担子器やシスチジアのみどころ

◆ 担子器

担子器（図17）を見つけたら最初に確認するのは「何個の胞子をつけているか」です。担子器から胞子が外れていても、ツノのような担子柄が残っているので確認できます。担子器には通常4個の胞子がつきます。最初はツノが2本しか見えなくても、ゆっくりとピント位置をずらしながら観察していくと、影に隠れていた、あるいはピントが合わずに見えなかったツノが確認できます。慎重に確認してください。

種によっては2つだけ胞子をつける二胞子性のものも、2〜4胞子とばらつきが

あるものもあります。いずれも重要な同定の手がかりです。

担子器全体の大きさ、担子柄の長さ、全体の形などを見ておきましょう。また、本格的には担子器の根元の形や、つながっている菌糸の形、つなぎ目にポコンと瘤ができたようなかすがい連結（クランプ）の有無、さらには担子器がヒダの肉の中のどこから伸び出しているのかなども、大事な手がかりになります。こうした観察には切片を切る必要があります（167ページ参照）。

◆ シスチジア

シスチジア（図18）は先端に結晶や油滴をつけている場合があります。これは水で観察したときに確認してください。

そして全体の形と大きさを測っておきましょう。シスチジアの大きさを測るのは、案外大変です。表面を覆う担子器や原生担子器よりもヒダ実質のずっと深いところから表面まで突き抜けて出てくるからです。アンモニア水などのアルカリ性のもので

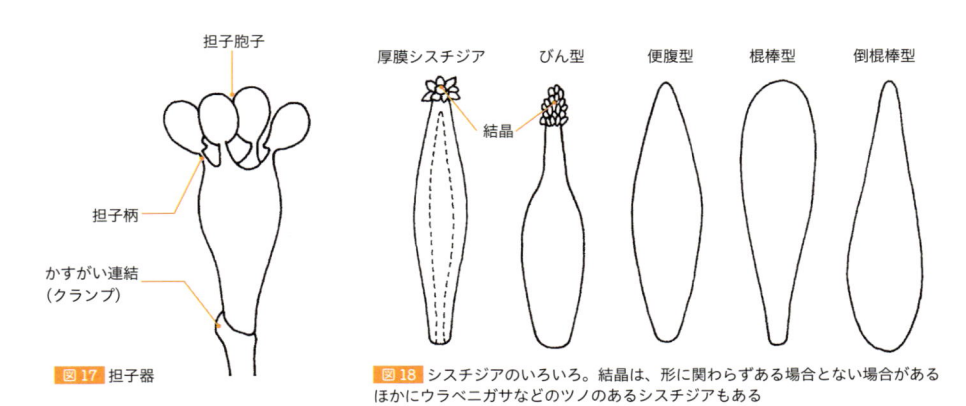

図17 担子器

担子胞子
担子柄
かすがい連結（クランプ）

図18 シスチジアのいろいろ。結晶は、形に関わらずある場合とない場合があるほかにウラベニガサなどのツノのあるシスチジアもある

厚膜シスチジア　びん型　便腹型　棍棒型　倒棍棒型
結晶

しっかりばらしてやる必要があります。大きいので視野に収めて大きさを測るためには低倍率にする必要があるかもしれません。

シスチジアの形の表現も実に多様です。ビール瓶状とか、便腹状（先が細長く、下がふくれる）、棍棒状（細長く先がやや太い）、倒棍棒状（棍棒状を逆さにしたもの）など、図鑑上の表現も実に多様です。簡単なスケッチで形を残しておくことも伝えやすくする方法でしょう。

シスチジアの細胞壁の厚さが分厚いものは「厚膜シスチジア」または「メチュロイド」（図 19）などと呼ばれます。また、シスチジアの内容物も染色液に反応する種類があります。フロキシンでシスチジアの内容物がよく染まる場合や、水酸化カリウムによる黄色い変色（黄金シスチジアと呼ばれます）（図 20）など、形だけでなくさまざまな面で特徴があり、観察しがいがあります。きのこによっては側シスチジアがない場合もありますが、縁シスチジアとの形態の違いなども観察してみましょう。

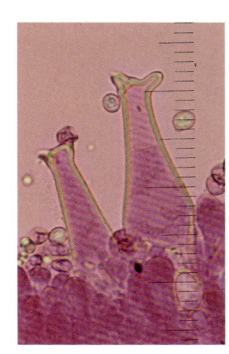

図 19 フロキシンで染色したウラベニガサのシスチジア（メチュロイド）

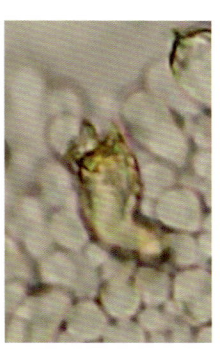

図 20 接水酸化カリウム水溶液によるモエギタケの黄金シスチジア

5-10

薄切り切片を作る

◆ なぜ薄切り切片での観察が必要か

ここまで顕微鏡観察の流れや、観察するポイントなどを紹介してきましたが、生物顕微鏡は光を透かして観察するため、光を透すくらい薄い試料しか観察ができません。きのこという分厚い組織を顕微鏡で観察するためには、実は超薄切りのテクニックが必要になります。たとえば、傘表皮とその下の組織がどういう菌糸で構成されているのか、ヒダには担子器やシスチジアがどのように並んでいるのか、またその下層でヒダ実質を構成する菌糸はどんな配列か。こうしたことを観察するには、傘肉やヒダの構造を保ったまま薄い断面を切り出して観察するのが一番確実です。そのために必要な技術が薄切りの技です。

どの程度の薄さがよいかというと大体 20 μm 以下、つまり 100 分の 2mm 以下の厚さです。コピー用紙の 5 分の 1 くらいの厚さになります。イメージとしては、お好み焼きの上で踊る透けて見える鰹節程度の厚みです。しかし、鰹節のような硬い組織を鋭い「かんな」で薄く削る以上に、やわらかいきのこの組織を薄く切るのはなかなか困難です。きのこの研究者の多くは、使い捨てのカミソリの刃（149 ページ、図 4）を使って、手作業で切片を作ります。刃はすぐに切れ味が落ちるので、常に新品

を携えています。ほかに工夫はないでしょうか？　よい切片を作るための工夫を見ていきましょう。

◆ 実体顕微鏡の下で切る

ひとつは実体顕微鏡の下で試料を目で確認しながら、薄切りにしたい部分を切り出す方法です。実体顕微鏡のレンズをのぞきながら細かい作業をするには慣れが必要ですが、コツをつかめばそれほどでもありません。一発で決めようと思わずに、削るようにたくさん切って、うまく薄切りできた切片をプレパラートにして観察します。カミソリについた薄い切片をスライドグラスに載せるには、濡らした毛先の細い面相筆などですくい取るようにすると切片を傷めにくいです。スライドグラスをまな板代わりに、もう1枚のスライドグラスを定規代わりに使って刻む猛者もいます。上に乗せるスライドグラスで試料を押しつぶさないようにする注意が必要です。

◆ ピスとハンドミクロトームを使う

もうひとつは「ピス」（149ページ、図4）と「ハンドミクロトーム」（図22）という道具を使う方法です。やわらかく薄いヒダなど、そのままでは切りにくい試料をピスというしっかりとした、しかし削りやすい材料に挟んで、ピスごと削ることで薄切りにします。

●ピス

ピスは古くから使われているのがニワトコという樹木の材の中にある「髄」で、市販もされています。林道脇に生えているキブシという樹木の髄を利用して自作する人もいます。発泡ウレタンの人工ピスも売っていますが、やわらかすぎてきのこには使いにくいという声も聞きます。ダイコンやニンジンを拍子切りにして、ピス代わりに挟みこんで使う方もいます。

ピスの使い方は簡単です。

1. ピスの先端にカッターなどで切りこみを入れ、薄くした試料を先端近くに挟みこみます。
2. 挟みこんだところまでを、なるべく平面になるようにカッターで切り落とし削る準備をします。
3. 新品のカミソリを使ってピスごと薄く削ぐように切ります。カミソリは切れ味がすぐに落ちるので、使う部分を少しずつずらしながらハラハラと舞うような削りぶしのような薄い切片を切り出します。
4. 切り出した切片は水を張ったシャーレで受けます（図21）。そして、シャーレにたまったものなかから、よい状態のものを筆や柄つき針で拾いあげ、スライドグラスに載せます。

スライドグラスに載せたあとは、押しつぶして行ったときと同様に、染色液などを使って染め、観察します。

●ハンドミクロトーム

ハンドミクロトームはこの作業を容易にしてくれる道具です。きのこを挟んだピスをハンドミクロトームにセットしてからカミソリの刃で削ぐように切ると案外簡単に

薄切りの切片が得られます（図23）。市販品もあります。もっと簡易なハンドミクロトームは、100円ショップやホームセンターで売られているような注射器とナット（カミソリの刃を滑らすガイド）と押しピン（ピスが回転しないようにとめるため）を組み合わせることで、安価に自作できます。くわしい作り方は巻末の参考サイトをご覧ください。

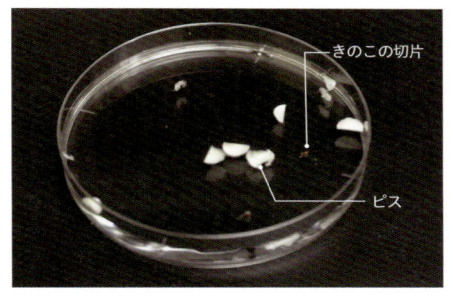
きのこの切片

ピス

図21 ピスごと薄切りにした切片は、水を張ったシャーレなどで受ける

図22 自作したハンドミクロトーム。「レーベンフック研究会」のサイト参照

図23 ハンドミクロトームにきのこの切片を挟んだピスを入れて、片刃のカミソリで切ろうとしているところ。顕微鏡観察には、十分に薄いがつぶれていない切片づくりが欠かせない。最初はうまくいかなくても、何度も切っているうちにコツがつかめる

なおハンドミクロトームを使うときは、柄つきのカミソリか、片刃の厚手のカミソリが、刃がしなりにくく作業に適しています。

◆ 表皮切片の観察

ヒダの断面ばかりではなく、傘の表皮近くや柄などでも切片を作り、観察してみましょう。特にイグチ類やヒメヒトヨタケの仲間などで、傘表皮の菌糸組織の構造が重要な特徴として重視されています。

柄の切片を見るのは、柄にもシスチジアをもつ種があるからです。表皮をふくむ傘や柄の肉をブロックで切り出し、そこから薄く削り出します。

このように、ヒダと胞子だけでなく、顕微鏡でさまざまな部位を観察することで、きのこの謎を解く手がかりは増えていきます。

5-11

いろいろなきのこの顕微鏡観察

きのこは、傘と柄があって、ヒダや管孔を備えているものばかりではありません。傘も柄もないもの、硬いもの、傘のようなものはあるのにヒダも管孔も見当たらないものなどもあります。そのような、ちょっと変わった形のきのこの顕微鏡観察の方法を紹介します。

【キクラゲ類】

キクラゲは自然乾燥した後、再び水を

吸った際に急速に胞子形成が進みます。乾物として市販されている乾燥キクラゲでも、水でもどしてやわらかくなったものを黒い紙などの上に放置しておくと、まわりに白い粉が落ちています。これをかき集めて観察すると三日月型の胞子が見られます。

乾燥したキクラゲの断面を固いままナイフで薄く削り、水にひたしてしばらく放置してから観察する方法もあります。硬いまま削るのは、やわらかいと薄切りしづらいからです。野外で見つけた乾燥キクラゲでも同様に観察できます。

【サルノコシカケ類】

硬くて、一年中、姿を見ることのできるサルノコシカケ類ですが、胞子が見られるのは、わずかな期間です。いつ胞子を作るのか、成熟を見極めながら確認していくことが必要です。

胞子の見られない時期は断面を切って傘の肉をごくわずかに削り、水酸化カリウムの水溶液でほぐし、どのような菌糸で構成されているのかを観察します。

【お団子状のきのこ】

前述の通り、かつては「腹菌類」というグループにまとめられていましたが、バラバラになり再編されたお団子状のきのこ。スッポンタケやキヌガサタケの場合、胞子は露出した頭部の粘液状のグレバにできますが、ホコリタケやニセショウロなどの場合、胞子は断面を一部つまんでプレパラートに載せ、洗剤液（161 ページ）でほぐ

してから観察します。

胞子の間にある太い菌糸（弾糸と呼びます）の太さや、菌糸にあいた「穴」なども倍率を上げて観察してみましょう。担子器は胞子が成熟した段階では消えてしまっていることが多いので、あえて未成熟のきのこを観察することも大切です。傘のあるきのこと同じように、表皮近くのトゲや皮の組織、スッポンタケ類では柄の構造も観察ポイントです。

【アミガサタケやチャワンタケ（子嚢菌類）】

春にひょっこりと出てくるアミガサタケは、傘らしきものがあってもヒダがありません。枯れ木などの上に姿を見せるチャワンタケは、全体がお椀のような形をしていて、やはりヒダがありません。

アミガサタケやチャワンタケ、そして冬虫夏草やマメザヤタケ、カエンタケ、トリュフといったきのこは子嚢菌と呼ばれ、ここまで見てきたヒダのあるきのことは、胞子の作り方がまったく異なります。

チャワンタケやアミガサタケは傘状のくぼんだお椀の表層に、子嚢という袋がびっしりと並び、その袋の中に胞子が作られます（図24）。

冬虫夏草やマメザヤタケなどの仲間は、その子嚢が束になり、さらに子嚢殻という入れ物の中に入っています。

チャワンタケなどは、そのまま椀の内側の表皮をピンセットでつまんで子嚢を観察します。薄い切片を作って観察することもおすすめです。

子嚢殻を作る種類は比較的固いものが多いため、子嚢殻をふくむ部分の断面をナイフでそっと削ぎ落とし、そこから削りだして観察します。顕微鏡をのぞいたら、まず確認すべきなのはひとつの子嚢の中にいくつの胞子があるのかということです。8個が基本ですが、種によっては16個の胞子が入っているものもあります。

子嚢はジェット風船のように細長い形をしています。染色すると、その袋の先端に蓋があるかどうかが確認できます。はっきり見える蓋がなく、裂開する種類もあります。子嚢自体の大きさや、子嚢のまわりにある「側糸」の形なども、種を特定する手がかりになります。切片を作れば、その下の組織や、お椀の裏側の表皮構造や毛も観察できるでしょう。

子嚢の中に入っている胞子の形や大きさ

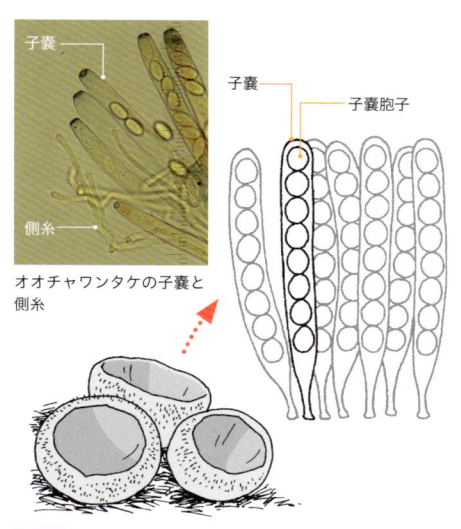

オオチャワンタケの子嚢と側糸

子嚢

子嚢

子嚢胞子

側糸

図24 チャワンタケやアミガサタケなどをふくむ子嚢菌は、子嚢という袋の中に胞子ができる

も見てみましょう。たとえばチャワンタケの胞子は、子嚢の中にあるときと、成熟して外に吹き出されたとき、および乾燥標本では、かなり大きさが異なります。さらに子嚢の中で、胞子に節ができていくつかに分割されている場合もあります。射出してから分裂するものもあります。

子嚢菌は微小なものも多く、乾燥によって大きく様子を変えてしまうこともあります。どのようなものをどうやって観察したのか、観察した状態についても、しっかり記録しておきましょう。

5-12

自宅顕微鏡観察上級編
—100倍油浸対物レンズで確認すべきこと、難しい点

◆ 対物100倍で見られる世界

胞子表面の模様の詳細な観察は、よほどよい条件でなければ40倍対物レンズ(以下、40倍)では厳しいでしょう。たとえばコザラミノシメジの胞子には低いイボがありますが、これは40倍ではほぼ見えません。100倍の油浸レンズで、メルツァー試薬で染めながら確認するのが有効です。

ベニタケ属やチチタケ属では、胞子のトゲや模様がどのようにつながっているかも重要です。細かく見る上でも40倍ではやや厳しいでしょう。

また、大きさを測るときにも視野に収まるものなら100倍の油浸レンズを用いて

計測したほうが精度は上がります。胞子の直径などもそうですが、胞子のトゲの長さや膜の厚み、発芽孔の大きさなど、微細な構造になるほど、40倍での計測では誤差がどうしても大きくなります。

◆ 100倍油浸レンズでの観察手順と留意点

では、100倍油浸レンズを使ってどんどん観察しましょう、と簡単にはいきません。ここまでは40倍の観察をメインにお話してきましたが、100倍油浸レンズは40倍に比べると扱いが格段に難しいからです。まずは何が難しいのか、いくつか例を示しながら観察の順を追って示します。

1. プレパラートは薄く作る

スライドグラスの上にきのこの組織と、水や染色液などのマウント液を載せ、カバーグラスをかける、ここまでが普通のプレパラートです。100倍の観察でもそれは変わりませんが、観察する試料を、ごく薄く用意してください。マウント液も余分なものはしっかりろ紙で吸い取り、指定された厚みのカバーグラスを使ってプレパラートを薄く作らなければなりません。

これは100倍油浸レンズの作動距離（ピントが合ったときに対象物との間にあるすき間）がほんのわずかしかないため、厚みのあるプレパラートではレンズがカバーグラスにぶつかってしまい、うまく観察できないからです。

2. エマルジョンオイルを垂らす

100倍油浸レンズでの観察には、専用のエマルジョンオイル（シリコンオイル）が必要です。比較的高額ですので、よく使うなら大きめのものが割安です。顕微鏡とオイルのメーカーが異なっていても観察にはほぼ支障がありません。ただし、古くなるとオイルが変質しますのでご注意ください。

油浸レンズ使用時は、カバーグラスの上に粘度の高いオイルを1滴垂らすことになります。40倍での観察は、その前までにしっかり済ませておいてください。100倍での観察用にオイルをつけたあとで、それをカバーグラスから拭き取って、もう一度40倍で観察するのはかなり大変です。

40倍のレンズで観察したあとは、まずは40倍のレンズのまま、観察したい部分を視野の真ん中に持ってきます（100倍で観察できる範囲は40倍の視野の真ん中付近のごく限られたエリアです）。

その後、レボルバーを半分回してレンズをカバーグラスの上からどけ、スライドグラスの上にエマルジョンオイルをカバーグラスの上から1滴垂らします。このとき、オイルに気泡ができたときは針などで全部潰してください。針をライターなどで熱しておくと簡単です。泡が残っているとそこで乱反射して観察ができません。

ここでいったんステージを下げます。カバーグラスにレンズがぶつかるのを避けるためです。それからレボルバーを回して100倍のレンズをプレパラートに向けます。そしてゆっくりとステージを近づけて、盛り上がったエマルジョンオイルがレンズにつくようにします（図25）。

3. ピント合わせも厄介

オイルとレンズがつながったら準備完了です。接眼レンズをのぞきながら、ステージと対物レンズの距離を微動調整でゆっくりと縮め、ピントの合う場所（像がはっきり見える場所）を探します。レンズの先をカバーグラスにぶつけないよう慎重にギリギリまで近づけてから、再び離していくのがいいのですが、ギリギリに近づけるのも厄介です。ピントが合ったとき、カバーグラスとレンズの先端の距離はわずかに1〜2mmです。ここで試料の分厚いプレパラートとかを載せてしまうと、この距離がさらに減ってしまいます。ついピントの合う位置を探してステージを近づけすぎてしまうと100倍油浸レンズがプレパラートに突き当たり、カバーグラスが割れてしまうことになりかねません。逆に遠ざけていくときも要注意です。レンズとカバーグラスの間のオイルの粘りでカバーグラスが試料から外れてしまうことがあるからです。

4. ピントが合う位置はごく一部

顕微鏡観察は、カバーグラスとスライドグラスの間のごく薄い空間に、試料を押しつぶして入れて平面を観察しているような気がしていますが、100倍対物レンズを使って1000倍に拡大した世界では、胞子もきのこの組織もしっかりとした厚みのある立体的な構造物として存在しています。こうした空間を顕微鏡の狭い視野でしっかり観察するためには、よく見回すことが必要です。前後左右のXY軸方向に見回すときにはメカニカルステージを、奥行方向つ

まりZ軸方向に視点をずらすには微動ねじを使います。

100倍での観察でピントが合って見える範囲は、厚みにしてほんの0.5μm程度と、ごくわずかです。人間の目にはピント調節機能がありますが、それをふくめてもしっかり見える範囲は1μmもありません。胞子1つの厚みは薄くても5μm程度ありますので、たとえばラグビーボール状の胞子の一番分厚い部分の表面にピントが合っているときに、胞子の縁の模様はぼやけて見えます。図鑑などにはクリアに胞子全体の図が描かれていますが、これは研究者がいろいろなピント位置で観察して、それを頭の中で統合して描いたものです。たとえば担子器やシスチジアなど比較的「大きなもの」は、ピントを合わせてぱっとのぞけば、図鑑に描いてあるような全体像が見られるわけではありません（図26、27）。

これはいくら高性能な顕微鏡でも一視野での観察は無理なことです。手慣れた人が

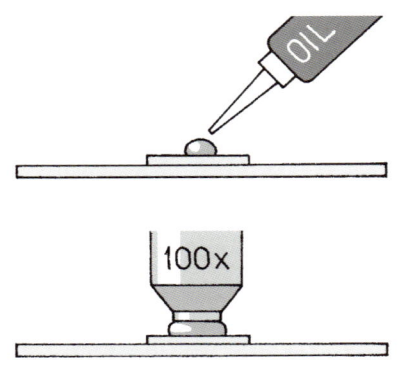

図25 カバーグラスに垂らしたオイルとレンズをくっつける

顕微鏡観察をする様子を観察すると、微動ねじを絶えず細かく動かしているのに気づくでしょう。動かしながら少しでも視野を広げ、観察しているのです。高倍率にしたら細かく視野を動かして、焦点位置をずらしながら眺め回し、頭の中で全体の形を探りながら見ていきましょう。

5. 油浸レンズの後始末

エマルジョンオイルを使うということは、レンズの先にオイルがたっぷりとついているということです。手際が悪いとカバーグラスとレンズ以外にもオイルがついているかもしれませんね。

油浸レンズは、使い終わったら、しっかりと清掃をすることが必要です。これを怠るとオイルが固まってレンズの汚れとなり、次の観察時に像がぼやけてしまいます。

メーカー指定の洗浄液もありますが、無水エタノール（99％エタノール）でしっかり洗浄することが基本です。やわらかいレンズペーパーにエタノールをしみこませたら、対物レンズを外して、レンズ先端を実体顕微鏡やルーペでのぞきながら汚れを拭き取ります（図28）（裏技としては接眼レンズを外して逆にするとルーペの代わりに使えます）。

このとき、指でレンズペーパーを扱うのではなく、ピンセットでレンズペーパーの端を挟み、ペーパーをくるくると巻きつけて筆状にしたものにエタノールをしみこませたものを使うと、細かいところも掃除が容易です。レンズペーパーの筆先で円を描くようにして、レンズを傷めないようにそっと拭きましょう。拡大してみてもレン

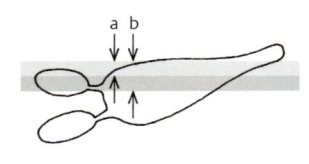
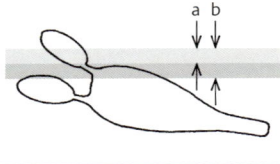
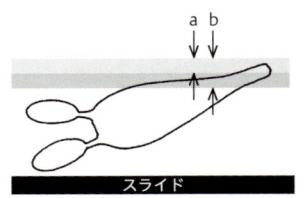

図26 担子器のような大きいものの観察では、全体にはっきりとピントが合うわけではない。左側上の胞子にピントが合っているときに左側下の胞子はボケてしまって見えない。aは写真に撮ってもピントが合っている範囲。bは目の補正でなんとか見える範囲。また中央や右のような観察対象では担子器の長さはきちんと測れない。［原図／浅井郁夫（『きのこ雑記』http://fungi.sakura.ne.jp/ax_kinoko_wadai/micro_focal_depth.htm)］

a：対物レンズのピントがきちんと合う範囲
b：対物レンズのピントがなんとか合う範囲

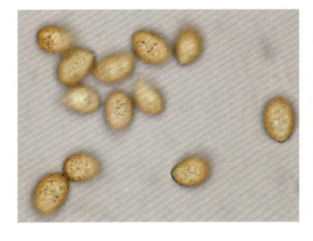
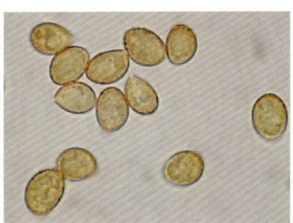

図27 焦点位置によって胞子は見え方が変わる。写真左は表面に、写真右は赤道面付近にピントが合っている。大きさの測定や嘴状突起・細胞壁の観察には後者での合焦が必要。写真はウメウスフジフウセンタケの胞子［撮影／浅井郁夫（『きのこ雑記』)］

ズが鏡のようにピカっと見えたら大丈夫です。時間があるときや、染色液がついてしまったというときは、あわてずにじっくり拭きましょう。

清掃には、メガネ洗浄液などは使わないでください。かえって余計な被膜が残る場合があります。汚れを広げないためにレンズペーパーは使い捨てします。

接眼レンズは通常の観察時同様に拭き、ブロワなどでホコリを飛ばします。これで後始末終了です。

このように油浸レンズの観察は、使うときもあとかたづけにも手間がかかります。しかし、100 倍のレンズを使うと見られる世界はずっと広がります。プレパラートの作成から清掃までの過程をめんどうと思わない人は、是非、油浸レンズでの観察にチャレンジしてください。

5-13

顕微鏡観察の記録

◆ 写真は万能ではない

顕微鏡で見た胞子やシスチジアの形を言葉で記録するのは難しいものです。見てわかったことはスケッチで残すことが大切です。微動ねじを動かしながら観察したようなことは、理解した本人にしか書き表せない内容です。次の項で顕微鏡写真の撮影を紹介しますが、写真では残すことが困難な内容もたくさんあります。カメラは人間の眼とは違って、そこに見えていることしか写すことができません。

見て、理解したことを紙に描き残す訓練をしましょう。最初は、のぞいて観察し、記憶してから紙に向かって描き留め、もう一度顕微鏡をのぞいて確認して、という作業を繰り返すことになるかもしれませんが、慣れると片目で顕微鏡をのぞき、片目でスケッチを描くということもできるようになります。こうした作業を助けてくれる描画用の投影装置という顕微鏡用のオプションパーツもありますが、ある程度高級機種のオプションです。本郷氏の胞子やシスチジアの図はこの装置で描かれています。初期には 15 倍の投影レンズを、のちには 20 倍を用いていたようです。100 倍の対物 ×15 倍投影レンズで 1500 倍というわけです。

ともかく、顕微鏡で見たこと、理解したことを、きのこの外見の記録と一緒に、観察ノートに記録する習慣をつけましょう。

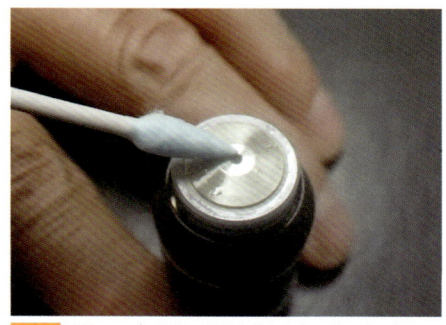

図 28 油浸レンズの清掃。綿棒を使うときは先の尖ったものを利用する

◆ 顕微鏡の写真撮影のポイント

接眼レンズから見えているものを写し撮るだけなら、顕微鏡での写真撮影は、それ自体はあまり難しいことではありません。コリメート法といって、接眼レンズをスマホやレンズの小さなコンパクトデジタルカメラでのぞきこんで撮影するだけで、それなりの写真が撮れます（図29）。ポイントは顕微鏡の光軸に、まっすぐカメラのレンズを合わせることです。

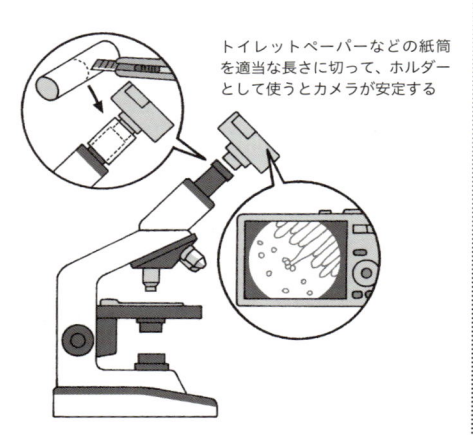

トイレットペーパーなどの紙筒を適当な長さに切って、ホルダーとして使うとカメラが安定する

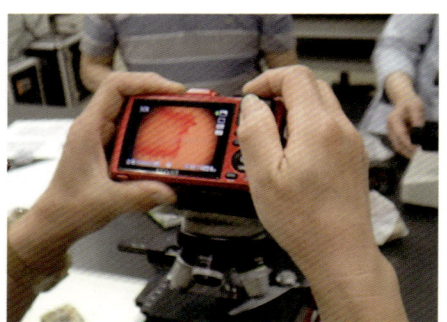

図29 コンパクトデジタルカメラのレンズを顕微鏡の接眼レンズに合わせれば、顕微鏡写真の撮影ができる（コリメート法）

2眼3眼など複数のレンズをもつスマホなどでは、どのレンズを使うか指定できるカメラアプリでレンズを決めてから試してください。

コリメート法の手順を簡単に書くと、以下のようになります。

1. 肉眼で試料がきっちりと見えている

肉眼でピントがぼけていたら、カメラでも絶対にぼけます。しっかりピントを合わせましょう。

2. カメラの位置を調整

カメラのレンズの中心を顕微鏡の接眼レンズの真ん中に合わせます。光軸を合わせて多少ズームで調整します。軸が合えばレンズに光が入ってくるので、明るくなる場所を真ん中に持ってきます。ただ、調整は上下左右が逆になるので少し慣れが必要です。

3. アダプタの利用

カメラが接眼レンズにピッタリくっついているのが正解とは限りません。カメラの特性によって違いますが、少し間を空けたほうが、視野全体がうまく写ることもよくあります。

大体このあたりの位置、というのがわかったら、撮影のときに光軸を合わせやすくするためにも、横から余計な光が入らないようにするためにも、紙筒などを使って簡易な接続アダプタを作るとよいでしょう。これにはトイレットペーパーの芯などが利用できます。

4. カメラの設定

フラッシュは使わないので発光禁止にします。ピントは顕微鏡側で合わるので、カ

メラのピントは無限遠（∞または山のマーク。その設定がない場合は自動にしておく）にします。マクロモード（お花マークまたは顕微鏡マーク）にはしません。測光方式は中央重点方式がいいでしょう。オートブラケットで露出を暗め、明るめと3枚セットで撮れる機能がある場合には、利用することをおすすめします。

5. 手ぶれに注意

　コリメート法での写真の失敗の多くは、手ぶれが原因です。野外の場合同様、セルフタイマーを使うとよいでしょう。10秒ではなく、2秒のセルフタイマーを使います。設定をしたらシャッターを押してから2秒間、カメラの位置をキープして、しっかり視野を保持してください。

6. レンズをきれいに

　カメラも顕微鏡もレンズの清掃は大切です。コリメート法ではカメラのレンズや接眼レンズの汚れがよく写りこんでしまうので、しっかり拭いて常にきれいにおきましょう。

　清掃しているのにゴミが写りこんでしまうとき、そのゴミがどこにあるのかわからずに悩むこともあります。そんなときは、下記を順番に試してみましょう。どれを試したときにゴミが動くかで、汚れのある場所が特定できます。

　　①標本を動かす
　　②対物レンズを換える
　　③接眼レンズを少し回す
　　④カメラを縦位置にしてみる
　カメラの汚れはレンズの表面だけとは限

りません。プレパラートを変えても汚れが同じ位置に写り、カメラの位置を変えてもゴミがついてくる場合、カメラ内部に入りこんだゴミかもしれません。その場合は、メーカーに相談してみましょう。保証期間内であれば分解清掃してくれる場合があります。

　コリメート法は大口径の一眼レフカメラでもできないことはありませんが、軸合わせはなかなか大変です。

　コンパクトデジカメや一眼レフカメラのレンズのまわりにフィルター用のねじが切ってある場合、またレンズ交換ができるカメラの場合は、専用の接続アダプタを入手して、顕微鏡とカメラをつなげることもできます。顕微鏡にカメラ用の接続場所がついている3眼鏡筒用のアダプタもあります。3眼鏡筒用より接眼レンズ接続用アダプタのほうが安価ですが、いずれにしろ、ある程度の価格にはなってしまいます。くわしくはメーカーなどに尋ねてみてください。

5-14
CCD カメラで観察をする

　接眼レンズの代わりに顕微鏡に取りつけて使う CCD カメラやそのアダプタも市販されています。これも高性能を求めればきりがありませんが、3〜5万円くらいでも十分な性能なものが買えると思います。パソコンの USB 端子に接続すれば、パソコンのモニター上で顕微鏡の視野を確認する

ことができ、撮影も可能です。

　接眼レンズをカメラとパソコンを使えば、顕微鏡をのぞきこむのに比べ、モニターで観察できるので圧倒的に楽です。長時間、大量の観察をするのであれば、なおさらです。何よりも撮影時に、手ぶれもなく、画像を確認しながら撮影できることがメリットです。また、パソコンに直接接続するので、ソフトウェアを利用した測定や画像処理をしやすいという利点があります。

　しかし、私はまずは肉眼で顕微鏡をのぞきこみ、手を動かしながら理解することをおすすめしています。目で見て手を動かして理解する、というのは古典的ですが、一番記憶に残る方法だからです。また人間の眼には自動補正が備わっているので、CCD カメラより観察できる焦点深度の幅が大きいからです。

　また、ステージや微動焦点ねじを動かしたときに画像の追随が遅れるので、直感的操作がしづらいのです。

　それでも CCD カメラならではの利点もたくさんあります。以下 3 つ紹介します。

1. みんなで観察できる

　部活やクラブなどで、何人もが一緒に眺めながら議論できるのも利点です。パソコンから大型のテレビやプロジェクターにつなげばさらに効果的でしょう。何を探せばいいか、どう動かしてどこを見ればいいのかがわかることで、自分で顕微鏡をのぞくときにイメージしやすくなります。

2. 長さや大きさの測定

　胞子の大きさの測定方法は 163 ページの通り、対物ミクロメーターで較正（精度を正すこと）した接眼ミクロメーターで行うのですが、デジタル画像上で測定することで、もっと簡単に行うことができます。固定したカメラで対物ミクロメーターを一度撮影しておくと、画面の中で何ピクセルが 1 μm に相当するかが計算できてしまいます。コンピューター上のソフトでそれを覚えこませておけば、あとは端と端をクリックするだけで長さが測れたり、楕円の長径と短径が測れたりと便利です。

　Windows 用のフリーソフト Photo Ruler（http://www.inocybe.info/_userdata/ruler/PhotoRuler.html）は、胞子計測用に大西誠司さんが作成したものです（図 30）。

　Mac でも Windows でも使える計測ソフトとしては ImageJ（https://imagej.nih.gov/ij/）、またはその強化版とも言える Fiji（https://fiji.sc/）が定番でしょうか。

　いずれも解説サイトがたくさんありますので、それらを参考に比較的簡単に使えるのではないかと思います。

　胞子やシスチジアは 1 つだけ計測するのでなく、20 ～ 50 個くらいを計測して平均することが大切です。この際、マウント液中で奥行方向に傾いている胞子（どちらか片方の端にしかピントが合っていない）や未成熟なもの（色などが異なる）は選ばず、長径がきちんと見えている（両端にピントが合う）成熟した胞子を測定するように気をつけてください。測定した部分を画像で保存できる機能もあります。こう

した作業プロセスを残しておくことも大事です。

◆ 深度合成写真

野外での写真撮影でもカメラ内蔵の深度合成撮影について少し触れましたが、顕微鏡撮影にも深度合成は有効です。深度合成とは簡単に言えば、何枚も撮った写真からピントが合ったところだけをつなぎ合わせて1枚の画像に合成してしまうソフトです。胞子やシスチジアを100倍油浸レンズなどで観察したときには、ごく一部にしかピントが合わないことは172ページで解説しました。一番手前の表面にピントが合ったもの、もう少し奥にピントが合ったもの、という具合に何枚も撮っておき、外縁部にピントが合ったものまでの複数枚を重ね合わせ、自動でよいとこどりで全体にピントの合った部分をつぎはぎしてくれます。Photoshop やフリーウェアの GIMP などでも可能ですが、2018 年時点でもっ

とも一般的なのは、CombineZM（https://combinezm.en.lo4d.com/windows）という Windows 用のソフトです（もう5年位更新されていないのがやや不安ですが）。

その他、Mac でも Windows でも使える ImageJ のプラグインも開発されています。

さまざまな組織が絡み合っているような画像での深度合成は、しばしば失敗を起こします。深度合成画像はできるだけ見たいものだけが写っている画像を用いて作成したほうがいいでしょう。また、深度合成で作成した画像を何かに使うときは、何枚くらいの画像を使ってどのようにしたのか、手法を明示しておいたほうがいいと思います。

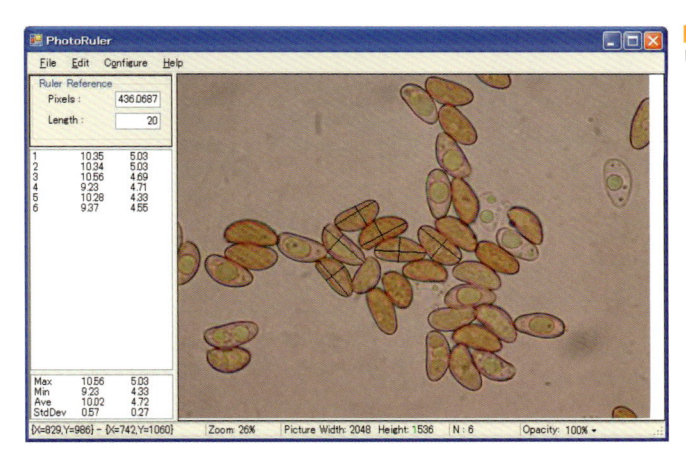

図30 胞子計測ソフト PhotoRuler の使用画面

人々を結びつけた稀代のコーディネーター

今関六也
(いま ぜき ろく や)
(1904 ～ 1991 年)

　きのこの研究といっても、さまざまな分野から研究を始める人がいます。今関六也氏の場合、東京帝国大学農学部・草野俊介門下での植物病理学が出発点でした。けれどもその出自を超えて、多方面の研究者やアマチュアと連携した今関氏のスタイルには眼を見はるものがあります。

　東京大学で副手を務めたのち、1932 年に東京科学博物館（現在の国立科学博物館。以下、科博）に勤めます。科博での今関氏は、現代の自然史系博物館の学芸員のあり方の始祖とも言える活躍をします。資料の収集では安田篤の菌類標本 1 万点余を科博へ移管し（199 ページ）、さらに戦火から標本を守るため疎開をすすめます。一方、1943 年に『日本産サルノコシカケ科の所属』を発表するなど、困難ななかでも研究を進めています。教育面でも科博の普及誌『自然科学と博物館』に菌類の基礎から標本作りまで精力的に執筆し、『日本隠花植物図鑑』『原色きのこ』（ともに三省堂）を出版、展示活動も行います。研究し、標本を集め、教育の拠点とする。そんな欧米型の基礎研究を重視した科博研究部のあり方を定めた中心人物が今関氏でした。

　1947 年に農林省林業試験場（現在の森林総合研究所）に請われて移り、活動を森林保護分野へと広げます。きのこを病害と片付けるのではなく、森林更新の中での役割を見つめ、明らかにしていく。『森の生命学』と今関氏が呼んだ生態学的な菌類観は多くの若手を刺激しました。

　1956 年には、全国の研究者と協力し日本菌学会を設立します。初代会長は恩師、草野氏。今関氏は設立総会議長、初代幹事を務めます。一方、本郷氏と組んで『原色日本菌類図鑑』(保育社)など多くの図鑑を世に送り、アマチュアを支援します（222 ページ）。その過程で藤島淳三氏ら多くのボタニカルアート関係者とも交流しています。「菌食論」では「食」という、身近な観点から生活者に菌学を説きます。研究者、アマチュア、芸術家、生活者など、非常に幅広く菌類を通じて交流した今関氏は自身が要（かなめ）となって多くの人をつなぎ、今日の市民参加型きのこ研究の基礎を作ったと言えます。

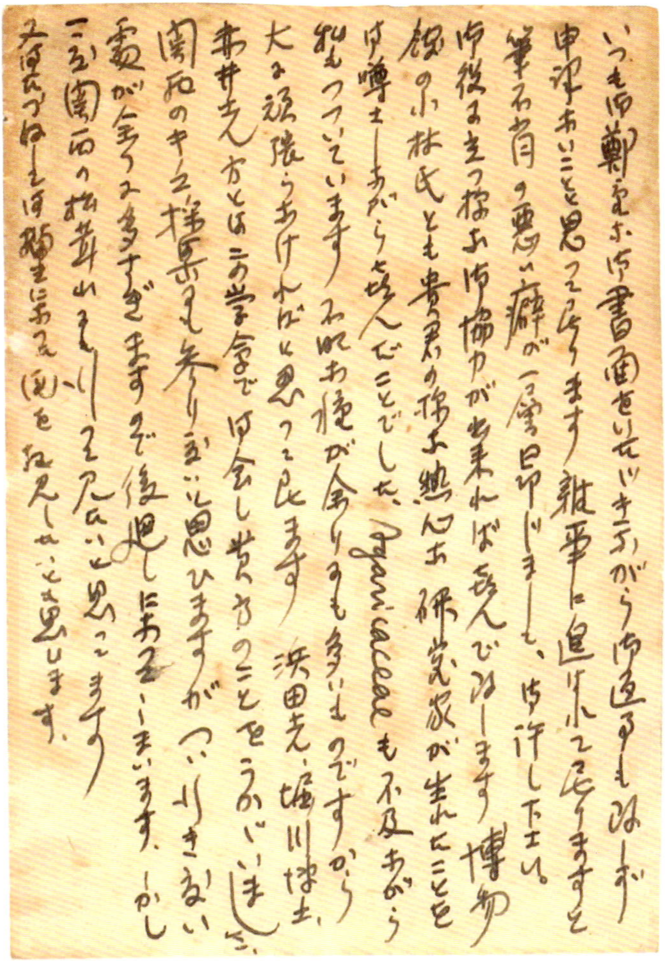
いつも御鄭重な御書面をいただきながら御返事も致さず
申訳ないことと思って居ります 雑事に追はれて居りますと
筆不精の悪い癖が一層昂じました、御許し下さい。
御役に立つ様な御協力が出来れば喜んで致します 博物
館の小林氏とも貴君の様な熱心な研究家が生れたことを
お噂しながら喜んだことでした。Agaricaceae も不及ながら
纏めつついます 私の能が余りにも多いものですから
大いに頑張らなければと思って居ます 浜田先生、堀川博士
赤井さん方とはこの学会では会いし貴方のことを伺いました
関西のキノコ採集会にも参りたいと思ひますが つい行きそびれ
雑用が余りに多すぎますので後廻しになってしまいます。しかし
一度関西の松茸山を見たいと思っています
又御気づきのことは随時に御知らせ下さる様御願いします。

図31 1949年4月、今関氏が目黒にあった林業試験場から本郷氏に宛てた手紙。
「博物館の小林（義雄）氏とも貴君の様な熱心な研究家が生まれたことをお噂さしながら喜んだことでした」とあり、後段には「浜田さん（浜田稔：京都大学教授、関西菌類談話会創設者）、堀川博士（堀川芳雄：広島大学での本郷の指導教官）、赤井さん（赤井重恭：京都大学教授）とはこの学会で御会いし、貴方のことを伺いました」とあり、広島大、京大の教授陣からの後押しもあったことがわかる

顕微鏡観察はいつする？
生のきのこ or 乾燥標本

　採集してきた標本の外部形態の観察だけではなく、顕微鏡観察まで、その日のうちにしてしまう、というのはひとつの理想型です。状態がよいものを、顕微鏡観察までできるくらいの数だけに限って持ち帰る、というのがよいのかもしれません。

　生のきのこを用いた顕微鏡観察は、乾燥標本を用いた観察と比べて以下のような利点があります。

● **組織の色がよくわかる**

　乾燥させてしまうと色が失われたり変色したりするのが通例です。特徴的な色素をもつものなどは生で観察したほうがいいでしょう。切片などで傘表皮などを観察すると、どこの細胞に色がついているのか、生の試料ならよくわかります。

● **粘性物質や乳管細胞が観察できる**

　表皮の粘性物質など、乾燥してしまうと構造が失われるものは生で観察するしかありません。乳液の入った乳管細胞なども同様です。

● **縮んで元にもどらないものもある**

　胞子の大きさも生と乾燥標本では、測定値は異なってしまいます。通常は乾燥標本で計測したことを明記すればそれで問題ないのですが、細長い糸状の胞子をもつセミタケなどの子嚢菌などでは、生の試料でないと意味のある値が測れないものもあります。

　逆に乾燥標本のほうが条件がそろえやすいという場合もあります。たとえば『原色日本新菌類図鑑』（保育社）のきのこ類の記載は乾燥標本を基本に、水などでマウントして計測した値です。

　乾燥標本にして少し硬くしたほうが薄い切片が切り出しやすく、組織の構造を観察する場合にはかえってやりやすい、という場合もあります。

　生のきのこのヒダの下にスライドグラスを置き、落下した胞子を観察すると、成熟した胞子を観察することができます。ただし、空中で乾燥状態にある胞子の様子は、溶液中の胞子とは大きさも、また表面の模様の見え方も違っています。比較したり計測したりする場合には条件をそろえたほうがよいでしょう。いずれにせよ観察結果を記録したり、だれかに伝えたりする際には、どういう材料を用いてどういう状態の胞子を観察したのかを明記することが大切です。生の試料で見ることがすべてよい、とも言い切れないのです。

•••• Part

6

わからないきのことの格闘

　やっぱりきのこは難しい、そんな声をよく聞きます。いろいろなきのこの特徴を見ても、どうもよくわからない。わからないと、つまらなくなってしまう。

　でも、「理科」には正解はあるけど、「科学」には必ずしも正解は用意されていません。21世紀の今もまだわからない謎は、きのこに限らず身近なところにもいっぱいあります。「わからないから、おもしろい」。そんな楽しみ方をしているのが、今も昔も科学者という人たちです。科学者はそれで収入を得ている人のことではなく、科学を楽しむ人の呼称だと私は思います。

　わからないことを楽しめると、「時間を使ってくわしく観察したのに、顕微鏡を使って入念に調べたのに、うまく当てはまる種類が図鑑にない。ああ、無駄になった」ということにはなりません。わからないきのこの記録だからこそおもしろく、価値があると思えるようになります。わかった経験とわからない宿題を積み重ねていくと、謎だったきのこの正体がおぼろげに見えてくることもあるかもしれません。このパートでは、そうしたアマチュア研究の入り口を少し書いてみたいと思います。

記録を残す・標本を残すことの価値

◆ ゲームは「セーブ」しないと続けられない

　ロールプレイングゲームをしたことがありますか？　夢中になって夜中までやっても終わらない。でも明日は学校が（仕事が）ある。そんなとき「冒険の書」に記録をして、続きは今度の休みに、としますよね。

　研究はどうでしょう。謎解きが一気に終わらないとき、続きを後日楽しむために大切なのが記録と標本です。

　すぐに続きができなくて、未解決の課題が溜まることも悪いことでは決してありません。図鑑で見た記憶が「どこかで見たことがある！」という直感につながるように、じっくり観察した積み重ねは、自分だけの「謎のきのこ図鑑」になるはずです。これは他の人は持っていない、自分だけの重要参考資料です。幸運にも同じきのこに2回出会うことができれば、理解は深まり、だれかと情報交換や議論をする上でもより有用なものになるでしょう。

　自分にとって価値のある観察記録ですが、きのこ仲間と記録や標本を見せ合う機会があればよりよく活用できます。別の見方をすることで、突然、解答が得られるかもしれません。それができるのも、観察記録と標本があるからです。

　自分で謎を解いた過去の記録も、「わかったからもういらない」ということではありません。自分がわかったことを書き残すとき、その記録は動かぬ証拠となります。わかったつもりでも、のちの時代に、より詳細な研究でくつがえされるかもしれません。それでも証拠が残っていたら、わかったつもりでいたきのこは何者であったのか、再検証することもできるでしょう。

　もしかすると続きをプレイするのは標本や記録を見た、別のだれかもしれません。南方熊楠も、ずっと若い菌学者・今井三子に標本を譲り、研究の完成を手助けしていました。きちんと記録された手がかりは、だれかの道標になります。自分が見たものと、ほかのだれかが見たものが一致すれば、科学としては繰り返してその特徴を証明できたことにもなります。自分がわかること以上に、わからないものを他人にもわかるように、しっかり記録し、標本に留めることは意義のあることなのです（図1）。

標本は観察記録の物的証拠

◆ 標本の価値は美しさにあらず

　昆虫や貝、鉱物の標本は、集めたものを見て楽しむ「コレクターズアイテム」的な側面があります。押し花も、キレイに作ればそれなりに美しいものができます。けれども、きのこの標本は、あまりコレクショ

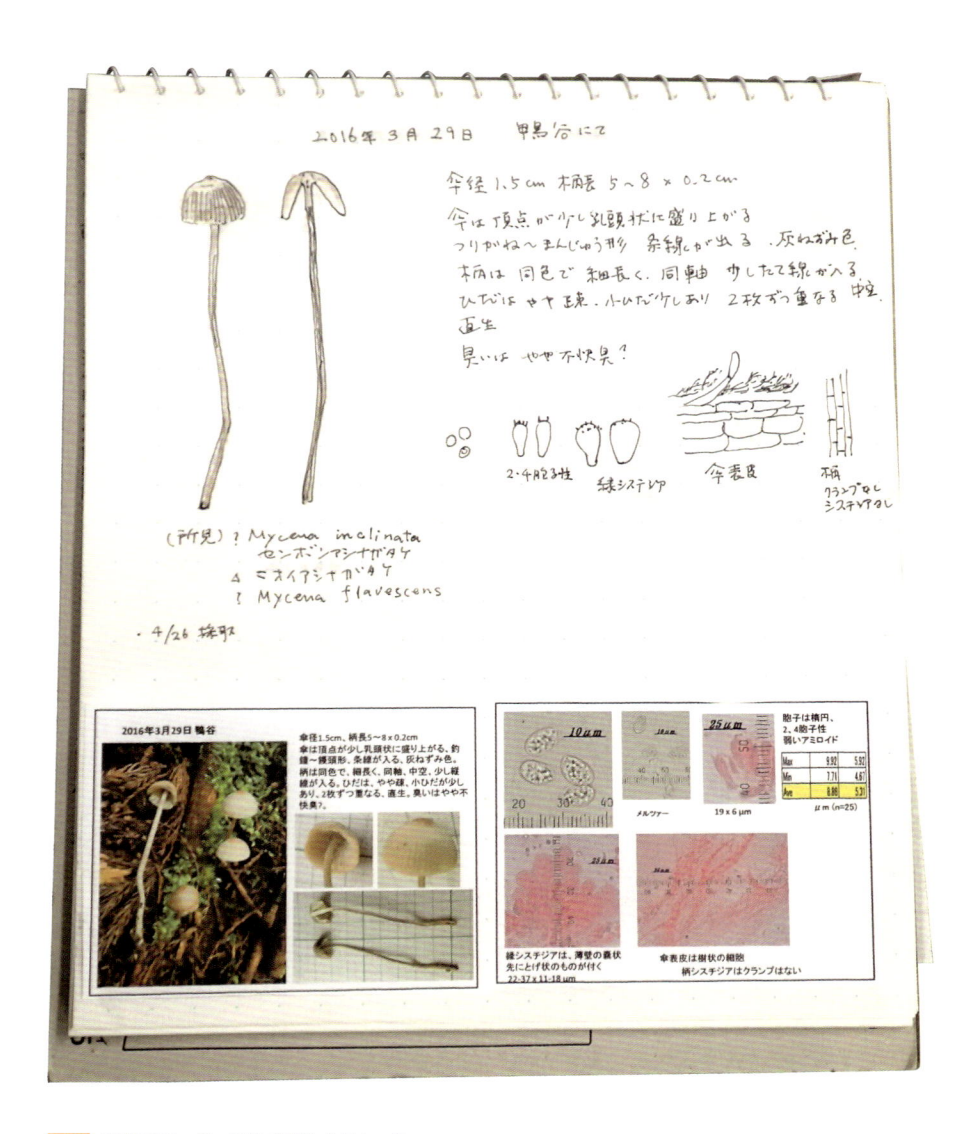

図1 観察記録の一例。肉眼で観察したスケッチ、特徴、サイズに加えて、顕微鏡観察したことが記されている。どちらにも写真が貼付され証拠能力は高い。調べた結果として、種名の所見もメモされているが、「？」や「△」がつけられている

ン心をくすぐらないでしょう。見た目は干し椎茸なのに「これがあのベニテングタケだよ」といっても、乾燥した標本には鮮やかな赤も、愛らしいフォルムも残りません。

しかし、記録と標本を作ることには意義があります。どんなことに役立つのか、以下に確認してみましょう。

1. 自分の将来の観察のために

図鑑に載っているのと少し違うきのこに巡り合うことは少なくありません。特に、特定のグループに興味を持って調べるようになると、このきのこが、この前見たあのきのこと同じなのか違うのか、気になるようになります。こうしたときに過去に採集した標本を比較のために持ち出して、胞子やシスチジア、表皮構造などの違いを検討

図2 イボテングダケ。以前からテングタケとは違う種なのではないかとの指摘はあったが、正式に学名がついたのは2002年だった

することができます。

乾燥したきのこの観察も、パート5で紹介した生のきのこの観察と基本的に同じです。ヒダをごく少量切り取り、スライドグラス上に少し垂らした水酸化カリウム（KOH）水溶液やアンモニア水、あるいは70〜95%のエタノールをふくませ、その後、水に置き換えてしばらく置くと、乾いた組織が少しやわらかくなります。これをピンセットで崩してカバーグラスをかけ、溶液を染色液に置き換えて顕微鏡観察をしてみましょう。乾いたままの標本で薄切片を切り出すのもおすすめです。切片にしてから吸水させます。

吸水させると乾いた胞子や細胞が再び水分を吸収して、ほぼ元通りとなり、胞子のイボや表面構造、シスチジアが十分観察できます。ただし、胞子などの大きさは少し変わるため、乾燥標本を用いた観察であることは記録しておいたほうがいいでしょう。表皮や菌糸構造なども生の試料同様に確認することが可能です。

2. ほかのアマチュアや研究者に意見を求めるために

このきのこはどうも変だ、顕微鏡を見たけどわからん、だれかに聞いてみたい、ということはよくあります。経験的に言って、よくわからないから人に聞く、というのは決して初心者だけの行動ではなく、少しきのこにくわしくなると、より人に聞きたくなります。「このきのこ何だと思う？」と聞くとき、生のきのこだとタイミングが合わなければ渡せません。送ったらどろどろ

に溶けていたということもしばしばです。乾燥標本にして、しかも小分けにしてあれば、自分にも残せますし、いつでも、何人にでも聞くことができます。小分けの方法はあとで改めて説明します。

形態観察をしたあと、DNAを用いた解析を研究者に依頼することも、あまり古い標本でなければ可能かもしれません。

3. 自分の観察の証拠として

ある場所でテングタケの観察を続けていたとします。「図鑑にも必ず載っているあのテングタケ。間違いないだろう」と簡単なメモだけで終わらせました。

ところが2002年になって今までテングタケとして扱われていたきのこが、実は大型のイボテングタケ（図2）と、テングタケの2種が混在していたことが明らかにされました。イボテングタケのほうが松林を好みますが混在します。さて、あなたが記録していたのはどちらだったでしょう？

研究の進んだ植物と異なり、きのこには、こんなことはまだまだ日常茶飯事なのです。あなたの記録を後世の研究で再検証するためには、再検証可能な証拠、標本が重要になるのです。

4. 人に見せたい、教育用の資料としたい

きのこを残したい、という場合には、愛らしいその姿を人に見せたいといった動機もあるでしょう。きのこの形を残すためには、それなりの技術と工夫が必要です。たとえば手芸・クラフトの世界には押し花アートという分野があり、それをきのこで行う「押葺」と呼ばれる作品を作る人もい

ます。押葺では、見えない部分の肉はそいで捨ててしまいます（188ページに後述しますが、同じ技術で標本も作ることができます）。

小さなきのこであれば、脱水したあとシリコンオイルに浸して「ハーバリウム」などの手法で置いておくことも可能でしょう。同様に水溶性樹脂（乾燥後だったら樹脂）を染みこませるとか、アクリル樹脂に埋めこんでしまうなどの手法もあります。けれどこうした標本では、顕微鏡観察やDNA抽出は困難です。これは飾るためで、あとで研究に使えなくてもよい、と割り切ることも必要になるかもしれません。

5. このきのこを調べているAさんのために

きのこ仲間ができると、このきのこのグループはAさんが調べていたから欲しがるだろう、というようなこともわかってきます。Aさんに渡すために標本にする、というのも標本を作る動機になるでしょう。

研究はいろいろな形できのこを分析します。手早く乾かした標本からは十分にDNAを抽出できますし、そのきのこがどんなものを分解して成長したのかを示す安定同位体を分析する研究にも使えます。研究によっては、標本の作り方のリクエストもあるかもしれません。

個人で標本を作る動機の中心になるのは1.～3.でしょうか。しかし、体系的に収集作成し記録された標本の価値は、個人に留まりません。長期に保存することで、のちの世のさまざまな研究を可能にする実物

証拠として、何ものにも代えがたい情報を秘めていることにあると思います。こうした価値をもつ標本は個人の動機を超え、社会的に保存する必要が生じてきます。

6-3
標本の作り方

◆ 標本の敵はカビと虫

標本とは、その生きものの分布や存在の証拠となるように、科学的な手順で長期間の保存に耐えられるように処理されたものです。

科学的に記録する手順はすでに書いた通りです。では長期保存を可能にする標本は、どうやって作ればよいでしょうか。

標本をだめにしてしまう要因には、さまざまなものがありますが、もっとも多いのが腐敗（カビ害をふくむ）と虫害です。生物の標本のなかでも、きのこの標本は特にカビや虫に弱いもののひとつとして知られています。もともと、きのこの重量の9割以上が水分です。水分の多いものを乾燥標本として維持する難しさ、と言えるかもしれません。ですから、きのこの標本作りの基本は「いかに水分をしっかり取り除くか」にあります。実践論として、家庭でも実現可能な方法を紹介します。

◆ 必要なのは加熱ではなく、脱水

きのこが上手く乾いて標本になるか、そ

れとも腐ってしまうかは、そこにふくまれている水分の量次第です。湿っていることによってバクテリアもカビも生えてきます。ヒトヨタケなどは自らがもっている酵素のはたらきで溶けてしまいます。

しかし、すみやかに水分を奪う、という基本原則さえ守ればよい標本が作れます。標本を作るために乾かそうとして加熱しても、水分を取り除かないで加熱すると、酵素がはたらいて溶けるのが進んでしまったり、煮えてしまったりします。

よい標本を作るためには加熱以上に通気性が大事なのです。昔からの火鉢や「ヒヨコ電球」でじっくり乾かす方法は、下手をすると内部が煮えたり、標本が焦げたりしてしまいます。対流によってしっかり空気が動き、乾燥が進むよう配慮する必要があります。煮えてしまうと細胞が壊れて、内部の組織がぐちゃぐちゃになってしまいます。焦げてしまっても炭化が進み、やはり顕微鏡で組織を調べることができません。

◆ フードデハイドレーター

比較的、安心して使えるのはフードデハイドレーターと呼ばれる機械です（図3）。ドライフルーツメーカーも同じ機械の別名です。これはドライフルーツやビーフジャーキーを作るための機械で、スライスしたマッシュルームの乾燥チップも作れるとあって、きのこの乾燥はお手の物です。

フードデハイドレーターは一番下に温風を吹き出す装置があり、網になったトレイを積み重ねた間を温風が抜けて外部へ放出

されます。この網の上にきのこを載せ、量にもよりますが、8〜20時間かけて乾燥させます。

フードデハイドレーターのメリットは、

● 加熱ではなく、温風を送りこむので効率的に乾燥が進む
● 機種にもよるが、温度調節ができたり、連続運転時間をセットできる
● 家庭電化製品なので温度ヒューズなどの安全装置もある
● 安いものだと数千円で買える

難点は、きのこを乾燥させているので必然的に「炊きこみご飯」のようなにおいが充満することです。室内での稼働や、ベランダなどでの稼働の際は、近所の家の窓の配置などに留意しましょう。逆に屋外用の製品ではないので、雨がかかったり結露したりする状況での使用は危険です。使用場所や状況を工夫してください。

フードデハイドレーターは各段の高さがそれほどありません。乾きにくそうな大きな標本は断面の観察同様スライスしてセットしましょう（そのほうがよい標本ができます）。筆者は裏技として、トレイのアミを切り落としたものを1段作り、トレイの間の高さを確保しています。

温風ヒーターやふとん乾燥器と段ボールを組み合わせて、乾燥装置を自作することもできます（図4）。くれぐれも火事だけは起こさないようにしてください。

◆ 封筒や茶こしパックを活用

たくさんのきのこを各段に置いて乾かしていると、どのきのこをどの場所で採ったかわからなくなりがちです。乾燥前と乾燥後では見てくれがまったく変わってしまう

フードデハイドレーター

小さなものは茶こしパックに入れる

図3 フードデハイドレーターでの乾燥。小さなきのこは茶こしパックに入れると紛失を防ぐことができる

ことも少なくなく、取り違える危険もあります。

　小さな乾きやすいものであれば、データを書いた封筒に入れたまま乾燥させましょう。肉質のきのこは封筒に入れてしまうと、蒸れて傷む危険もあります。そういう場合は、「茶こしパック」や三角コーナー用の水切りネットに、きのことラベルを入れて乾燥させましょう（図3）。これらは通気性がよく、封筒に比べて、きのこがはりつきにくく扱いやすいのです。しつこいようですが、火事には十分注意してください。

　乾燥標本を作るときは、状態が良好なものを選んで、しっかり入念に乾かします。もう乾いた、と思っても水分が残っているとすぐにカビてしまうからです。乾いたものは吸湿しないように、チャックつきポリ袋などに乾燥剤とともに入れて保存します。

◆ きのこの「押し葉」

　熱を使わない標本作製の方法のひとつに「押し葉」があります（図5）。小型のきのこならそのまま、肉質のきのこなら断面を薄切りにして、できれば押し花用の乾燥ボードで挟んでしっかり乾燥させます。

　専用のものがないときは、吸い取り紙でも大丈夫ですが、肉質のきのこを紙で挟む場合は、こまめに様子を見て紙を交換し、カビが発生しないようにします。裏技として、クッキングシートに挟んで紙や乾燥ボードに挟むと、紙がきのこにくっつきません。肉質のきのこはスライスして挟みましょう。

　押し葉は、もっとも古典的な標本のひとつで、イギリスのキュー王立植物園などにも19世紀に作られた、押し葉状のきのこ標本が保管されています（図6）。

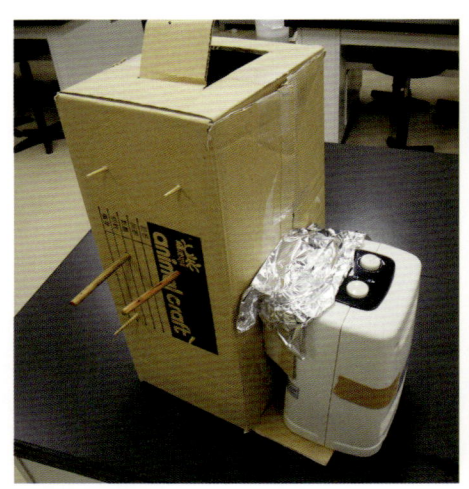

図4　自作の乾燥機の例。これは採集旅行用に小型に作ったもの。左：外側。乾燥機に段ボールを組み合わせた。飛びだしているのは網を支えるための棒（さいばしを利用）。天井部分には蒸気の抜けていく穴を開けた

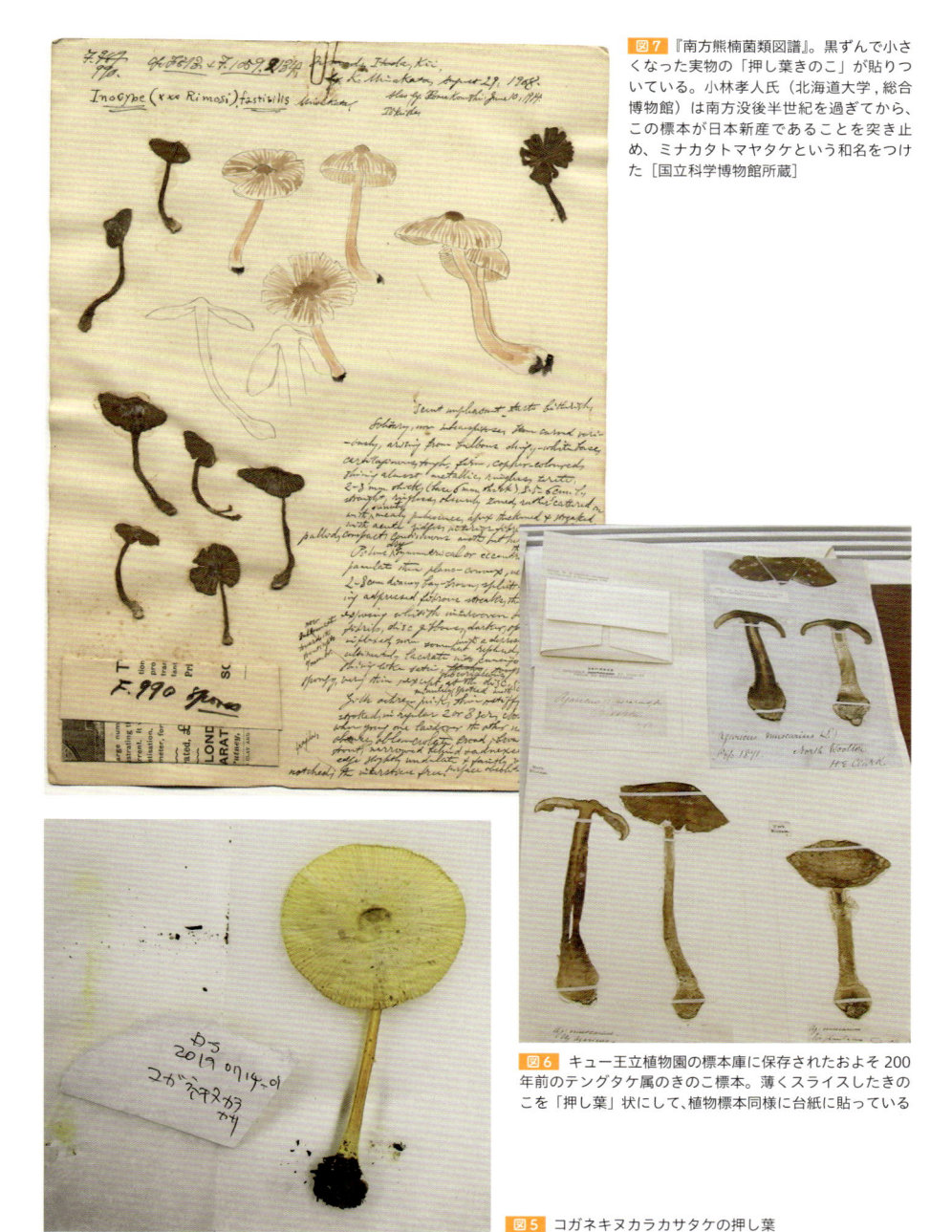

図7 『南方熊楠菌類図譜』。黒ずんで小さくなった実物の「押し葉きのこ」が貼りついている。小林孝人氏（北海道大学，総合博物館）は南方没後半世紀を過ぎてから、この標本が日本新産であることを突き止め、ミナカタトマヤタケという和名をつけた［国立科学博物館所蔵］

図6 キュー王立植物園の標本庫に保存されたおよそ200年前のテングタケ属のきのこ標本。薄くスライスしたきのこを「押し葉」状にして、植物標本同様に台紙に貼っている

図5 コガネキヌカラカサタケの押し葉

『南方熊楠菌類図譜』として知られているものにも、黒ずんで小さくなった実物の「押し葉きのこ」が貼りついています（図7）。一緒に描かれている図は、標本の解説図だったというわけです。

薄く切って乾燥ボードに挟んで乾かす方法は、意外ときれいな標本ができますし、きのこの絵や記録を書いた自分のスケッチブックに貼りつけて保存することもできます。あとで見返すことも簡単で、おすすめの方法のひとつです。

旅先でも「押し葉」なら、乾燥ボードには小型のものもあるので、旅先にも持ち出せます。記録までしっかり取るとなると、こなせる数はごく少量に限られるので、欲張らなければ「押し葉」で十分かもしれません。

◆ シリカゲルを使う方法

シリカゲルはお煎餅などに入っている、お馴染みの乾燥剤です。密閉できる容器にシリカゲルとともにきのこを入れる、というだけの簡単なやり方です（図8）。シリカゲルはある程度の量を使うのですが、薬局などで手に入ります。

最初にシリカゲルをフライパンなどで加熱して、よく乾かしてから使うとよいでしょう。3〜4cmぐらいまでのきのこなら、比較的早く乾きます。10cmを超えるものなら縦に割って（56ページ、図8）おいたほうが、やはりよいでしょう。

きのこを入れてしばらくは、急速に水分を吸います。様子を見て、シリカゲルをこまめに交換してください。

シリカゲルはフライパンなどで乾かせば、何度も繰り返し利用できます。電子レンジでシリカゲルを乾かすときは、少量ずつ、短時間で様子を見ながら乾かしてください。レンジにかけた直後は相当に熱いので、やけどをしないように気をつけます。

◆ ポイントは少数精鋭主義

大型の乾燥機などの装置がない場合、大量の標本を作るのは、まず無理だと思ってください。また、「干し椎茸」状になるのですから、大きさも縮み、色合いなどの外観もほとんど残りません。パート2で書いたように、まず記録をしっかり取ったものを標本にするのが原則です。この労力を考えると、おのずと標本にしたいきのこの

図8 シリカゲルを使った標本制作。（左）密閉容器にシリカゲルときのこを入れる。きのこはティッシュペーパーで軽く包んでおくと、シリカゲルが付着しにくい。粘性の強いきのこは、粘液が乾くのを待つ。（右）しばらくして、からからに乾いたきのこ（この写真は梅雨時に撮影したが、約1週間で乾燥した。きのこはオキナクサハツ）

点数は限られると思います。標本にする数が限られれば、そのきのこを採った場所の記録などにも時間が割けるというものです。

◆ 縦に分割して標本を作る利点

観察時に断面を見ることで、肉、ヒダ、柄のつくりや中空かどうかなどを現場で観察できます。また、乾燥もさせやすくなるので、縦に裂いて標本にするのは、まったくもって一石二鳥です。乾燥したあとの標本で気軽に断面観察ができ、断面からなら切片を取ることもしやすいことを考えると、一石三鳥、四鳥とも言えるでしょう。

あとの処理のことを考えても、乾きにくい大型のきのこやボール状のきのこは、スライスして乾かすことで傷むリスクが減少します。縦に割れば、どちらの半分でも傘からヒダ、根元まですべての観察ができます。ショートケーキ状に4分割、8分割にするときもあります。スライスにすることは標本の価値を下げるのではなく、かえって情報を増やし、また人と分けることを可能にする有用な手段なのです。

菌糸培養サンプル（無菌の培地上に切り出した肉片を植えます）やDNAサンプル（最近は専用のシートを利用したり、専用の溶媒を入れたチューブに肉片を保存したりする）を取るためにも分割して一部の肉を取るので、残りを縦に裂いた標本として保存するとよいでしょう。

6-4
標本の保管と寄贈

「観察をする」そして「標本を乾かす」という工程のあとに待ち受ける難問が、標本の保管と管理です。標本はよく乾かしてあれば、長期に保存ができます。実際、イギリスのキュー王立植物園などには、200年前の標本が空調も殺虫設備もない煉瓦造りの建物にしっかり保管されています。

しかし、それは日本でいえば北海道クラスの高緯度にある涼しく湿度の低いイギリスでの話。日本の温度と湿気の中での標本管理は、カビや虫との戦いになります。きのこの標本は、シバンムシ類などの標本害虫を引き寄せます。個別にチャックつきポリ袋などで包装しても、食い破られることも少なくありません。文化財級の保管条件であってもしばしばカビが問題になるこの国では、個人での長期の保存管理は相当な困難をともないます。

それでも、被害を軽くしながら、標本を維持することは不可能ではありません。まずは自分が使うことを前提としながら、友人と交換して観察する種類や標本を増やし、そして最終的には活用してもらえる機関への寄贈をも考慮して、整理、保管、維持することについて書いていきます。

◆ 整理しやすい形

ラベルと乾燥標本を、必ず1点ずつセットして保管しましょう。ラベルは紙袋なら

貼ってもいいですし、透明な袋なら標本とともに袋に入れても構いません。ただしラベルを貼る場合にセロハンテープなどはすぐに劣化するので厳禁です。採集に使った紙袋にいろいろ書きこんだ場合、それも大事な情報源です。そうしたメモも標本とともに保管します。

探しやすくするためには、ラベルに自分なりの標本番号をふっておくことが必要です。

【例1】

SAKUMA-1676

（佐久間の1676番目の採集標本）

というような形式でもいいですし、

【例2】

DS20180622-002

（佐久間大輔が2018年6月22日に採集した2つ目の標本）

という方式でもよいでしょう。自分なりにやりやすい方法でいいと思います。

袋は、10年程度の保管であればチャックつきポリ袋をまずはおすすめします。しかし、こうした化学製品は圧着した部分から裂けやすいので、100年単位の本当に長期の保管を考えるのであれば、紙で包む

のが基本になります（図9）。

ラベルのついた標本は、防虫剤と湿気取りを効かせた、密閉できる衣装箱やコンテナなどを用いて保管します。これは虫などの侵入を防ぐことが目的ですが、もうひとつ、防臭という目的もあります。乾かしたきのこ標本は、ときにかなりにおってしまうからです。

衣装箱やコンテナにどういう順で標本を入れるかは、ノートに対応して採集日別にしてもいいですし、分類群ごとでもかまいません。探せる形であれば、自分の都合のよい形で整理すればいいでしょう。

◆ 自宅での標本維持のためのコツ

標本と標本記録、スケッチや写真は、セットにしておいてこそ価値があるものです。記録や写真は、根拠となる標本をともなって、はじめて再検証可能な科学的記録になります。標本も、生のときの記録や写真がともなっていれば、より価値の高いものになります。これらを結びつけられるのは、1点ずつつけた標本番号であり、なにより採集者本人個人の管理努力です。自分で見たものをいつでも取り出せ、追記や再確認できるという意味では、その管理まで個人でしている方が有利です。ただ、自宅での維持はやはり虫やカビとの戦いが、もっとも難しいところです。

◆ 防虫剤・乾燥剤

一番基本的な対策は、防虫剤と乾燥剤です。一戸建て・マンションを問わず、押し

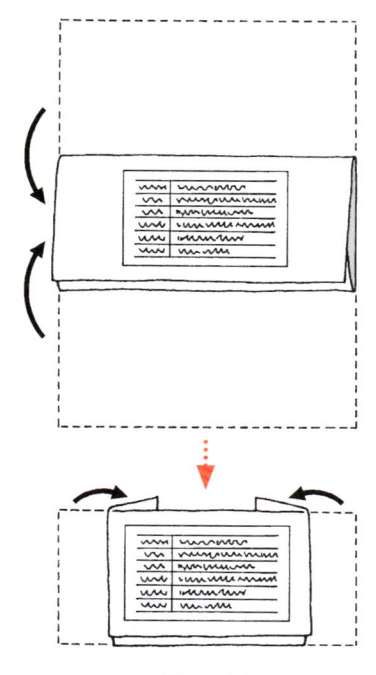

紙包みの方法

標本番号	SAKUMA-1676
学　名	Chlorophyllum molybdites
和　名	オオシロカラカサタケ
採集地	大阪市立自然史博物館敷地
採集日	2018年5月12日
採集者	佐久間大輔

チャックつきポリ袋に標本とシリカゲルを入れ、ラベルをつける

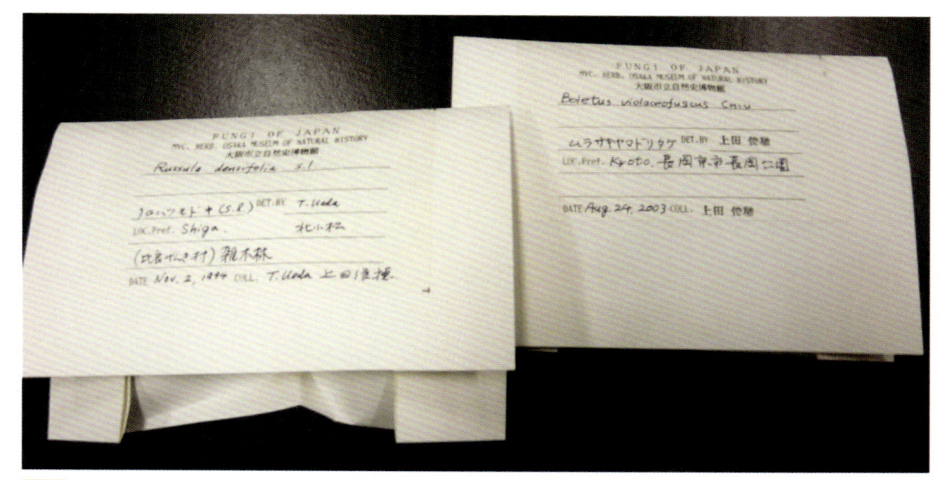

図9 ラベルをつけ、紙包みに入れた標本。チャックつきポリ袋に乾燥剤とともに入れて、さらに紙で包むとよい。これを密閉コンテナに入れて防虫する

入れなどは結露しやすい環境です。気がつかないうちに乾燥剤の効き目が切れ、カビて傷んでしまうことが少なくありません。

シバンムシなどの害虫は、増殖スピードがまだあまり早くない発生初期（たいていは初夏まで）の処理が明暗を分けます。虫自身を発見するより、食害されて落ちた粉などで気づくことが多いでしょう。虫が出たときにすぐに気づき、すかさず対応すれば、対処は十分に可能です。けれども、よく使うものであれば異変に気づいても、しまいこんだ標本の害虫発見はなかなか困難です。被害を早期発見するためには、梅雨前に虫干し、6月4日はムシの点検などという昔からの風習などを利用したルーチン化は案外有効です。

◆ 薬剤燻蒸

虫害発生の初期段階であれば、バルサンなどの殺虫用の薬剤燻蒸でとりあえず被害は止められます（広い範囲の虫に効くもの

図10 ▸ シバンムシに食い荒らされた標本

がよいでしょう）。ただ、チャック袋を閉じたまま燻蒸しても意味がありません。標本にも薬煙がきちんと到達できるようにしましょう。数匹出てきていたら、もう卵をどこかに産みつけられていると覚悟して、すぐさま燻蒸してください。その卵が孵化して幼虫となり、食い荒らしたら被害はすぐに10倍になります。卵で生き残るケースもあるので、理想的には一月程あいだを開けてもう一度燻蒸するとよいでしょう。家庭用の燻蒸剤は標本のDNAを傷める心配はあまりないようです。

残念ながら食い荒らされてぼろぼろになったり（図10）、カビて原型を失った標本は、よほどでない限り処分するよりほかはありません。ノートの記録は、それ自体は価値をもちますが、ペアとなる標本は失われたことを書きこんで、傷んだ標本は処分しましょう。

◆ リストで管理

ある程度標本が増えてきたら、リストを作って管理しましょう（表1）。パソコンを用いてエクセルなどの表計算ソフトやデータベースソフトで作るのが、もっとも融通が利きます。

種ごとではなく、標本1点ごとに1行を使うリストとします。記入するのは個人でつけた標本番号、採集年月日、採集場所、その詳細、採集者、同定者の名前などが必要なデータで、さらに、学名や同定した人の名前、同定の根拠となるノートなどの参照ページ、引用した報告の情報などがあれ

ばさらによいでしょう。これらがリストデータとしてまとまっていれば、標本の寄贈などにもとても便利です。

◆ 標本の交換

自分の標本を十分に活用するようになったら、きのこ仲間と交換をしてみましょう。こうした交換や贈呈は、昆虫や植物の世界では、ごく当たり前に行われています。交換は、より必要とする人のもとに、ふさわしい標本を集めるための手段として大切です。これによって互いにコレクションが充実していきます。きのこ研究でも、標本を顕微鏡で観察するアマチュアが増えることで、こうした交換が活発化するかもしれません。

自分が観察したものと、ほかの人が採った同種と思われるものでも、産地が違うと多少異なる部分も見えてきます。どこまでが同じ種類か、どこからが違う種類と考えるべきか迷うかもしれません。実際、その迷いは常につきまといます。だからこそ、標本には採集地情報が必要ですし、各地の試料が保管され、比較する目を養うことが重要なのです。こうした研究ができるよう

にするために、同じきのこを半分にしたりして、分けられるようにすること、交換を進めることが大切です。

なお、標本をあげたりもらったりするときは、だれが、いつどこで採ったものなのか、しっかりと記録が伝わるようにしましょう。自分が観察した記録も、コピーなどと一緒に渡してあげるとよりよいでしょう。

標本をもらったら、データを管理し、そこに自分なりの観察記録を足しておくのがよいでしょう。たとえば同定を修正するなどの場合にも、古いラベルを破棄するのではなく、新たなラベルをさらにつけ、古いラベルを保存するなど、履歴が残るようにしましょう。

表1 整理リストの例

標本番号	種名	採集年月日	採集場所			採集者	同定者	同定の根拠	備考
1676	オオシロカラカサタケ	2018年5月12日	大阪府	大阪市	大阪市立自然史博物館敷地	佐久間	佐久間	新菌類図鑑 p.143	
1677	クヌギタケの仲間？	2018年5月12日	大阪府	大阪市	大阪市立自然史博物館敷地	佐久間	佐久間		2個体をMさんに送付
1678	シバフタケ	2018年5月12日	大阪府	大阪市	大阪市立自然史博物館敷地	佐久間	佐久間		写真有顕微鏡写真有

アマチュアの巨人たち

青木実・吉見昭一
（あお　き　みのる）　（よし　み　しょう　いち）
（1924年～没年不詳）　　（1928～2003年）

　日本のきのこ研究は、大学や研究所の研究者だけの業績だけではできていません。きのこに興味を持ち、給料のためでなく好奇心としてきのこを追求した数多くのアマチュアの努力によって、現在のきのこの知識は積み重ねられているのです。

『日本きのこ図版』を編纂・青木実

　なかでも記念碑的な業績が「日本きのこ同好会」によって積み重ねられ、再編集され、発行された全6巻にわたる『日本きのこ図版』（図11）です。そのボリュームはトータルで厚さ50cmに近く、まさに大作です。この図版を作った日本きのこ同好会の中心にいたのが、東京にいた青木実氏と京都の吉見昭一氏でした。

　青木実氏は専門教育を受けず、アマチュアとしてきのこに取り組みました。初期には本郷次雄氏と連絡を取りながら、共著で『武蔵野のきのこ』などの論文の発表などもしています。本郷氏は青木氏が材料提供したきのこを新種発表し、たとえばヒメコウジタケ *Boletus aokii* などに献名しています。のちには青木氏は独自の路線を行き、研究者と距離を取る様子もありましたが、きのこに向けた情熱は変わりません。

　青木氏の研究は、きのこを観察し、顕微鏡をのぞいて図を書き、徹底して記載を取るスタイルでした。ていねいに切片を作り、観察を重ねて細部まで記録しています。観察記録は「日本きのこ同好会」会員の全国のアマチュアに配布されました。

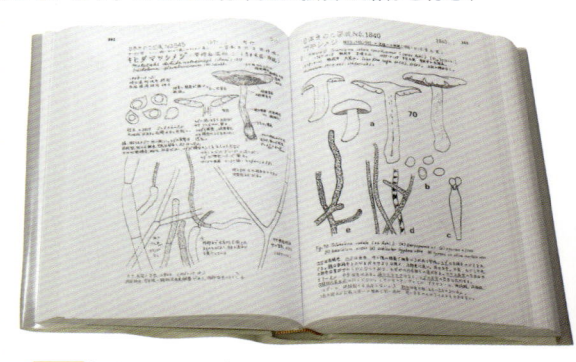

図11　『日本きのこ図版』（全6巻）。吉見昭一氏を中心とする「日本きのこ同好会」の編纂で、さまざまな会員の研究成果が掲載されたが、9割以上は青木実氏の業績

写真絵本を数々出版・吉見昭一

　一方、吉見昭一氏は小学校教員となってからきのこに取り組んだアマチュアです。やはり生物学や菌類学を学んだわけではありませんでしたが、質問を通じて巡りあった京都大学の浜田稔教授や本郷次雄氏など関西菌類談話会の関係者、先にきのこに興味を持っていた一子夫人らに刺激を受け、きのこに取り組みます。教員として『たおされたカシの木―キノコの力』（文研出版）、『おどるきのこ―イカタケのひみつ』（岩崎書店）、『小さなコップのひみつ−ハタケチャダイゴケの研究』（大日本図書）など数々の科学教育絵本を執筆する一方で、あまり調べる人のいなかった腹菌類（お団子状のきのこ）を専門に研究しました。教員時代の一年間の研修期間にはそれまでに書き溜めた原稿を元に『京都のキノコ図鑑』（京都新聞社）まで発行します。

　青木氏、吉見氏の二人が中心になった活動は、全国のアマチュア研究者の刺激になり、その後の活性化につながるものでした。蓄積された『日本きのこ図版』には基礎となった写真や標本などもあり、重要な研究資料です。博物館では未公表の資料もふくめて分析し、研究への活用を試みています。

　前述のように、DNA を用いる時代になり、あらたな発見も相次ぎ、腹菌類の分類体系も大きく変わりました。なかには青木氏や吉見氏の研究を覆す発見も多いのですが、のちの研究者に検討する材料をいろいろと提供してきた功績は大きいものがあります。

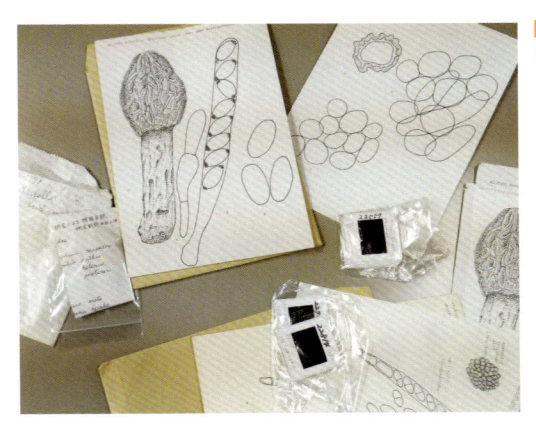

図12 吉見昭一氏の顕微鏡観察図など。これらとは別に標本や原稿がある

地方の博物学研究者を牽引した菌学者

安田篤
やす　だ　あつし

（1868 ～ 1924 年）

　東京大学の理学部植物教室は明治の開学直後のかなり早い時期に高等植物研究者だけでなく、菌類学研究者を輩出しはじめます。最初期に活躍した田中延次郎（1864 ～ 1905 年）は早逝しますが、その後も日本産菌類目録を編纂した白井光太郎（1863 ～ 1932 年）、ハラタケ目を研究した川村清一（1881 ～ 1946 年）（136 ページ）とともに、サルノコシカケ類を中心に広く隠花植物を研究した安田篤もその一人です。それぞれに、菌類学の普及教育に大変貢献のあった人物です。

　安田氏は東大で大学院を出たあと、旧制第二高等学校（現在の東北大学の前身のひとつ）で植物学を教えます。特に蘚苔類、地衣類、そしてサルノコシカケなど硬いきのこをふくむ菌類の研究に力を注ぎ、精力的に研究をします。

　安田氏の研究スタイルは非常に興味深いものでした。安田氏は全国各地の博物学愛好家から質問として寄せられた、記録がしっかりついた標本をていねいに同定して返信しています。これらの標本を元に、それまで未解明であったきのこや蘚苔類、地衣類について、次々に日本新産の報告をします。既知種についても各地の分布範囲をふくめた詳細な報告を、次々と植物学雑誌に発表していったのです。なかでも 1905 ～ 1924 年の間に合計 147 回連載し国内の各種のきのこの新産報告となった「菌類雑記」は、日本の菌類相解明に大きな貢献がありました。

　同時にその編纂過程において人材育成がなされたことも指摘すべきでしょう。そのなかには「岩手博物界の太陽」と呼ばれ陸前高田市立博物館の基礎を作った鳥羽源藏（1872 ～ 1946 年）、滋賀県植物誌を編纂した橋本忠太郎（1886 ～ 1960 年）、後述の大上宇市（1865 ～ 1941 年）（200 ページ）など各地で活躍した多士済々の博物学者がふくまれています。

　安田氏も 56 歳で早逝してしまいますが、功績はこれで終わりませんでした。安田の精力的な研究の結果、安田コレクションは国内の硬質菌研究の最重要資料となり、その後の研究にもつながっていきます。

　国立科学博物館（当時は東京科学博物館）の初代の菌類担当者であった今関六也氏

（178ページ）は博物館に就職する前に、東大の副手として硬質菌を研究するため、東北大学に残されていた安田コレクションを訪ねます。これを仔細に検討して自らの研究の基礎としました。それが縁となり、今関氏は東北大学に交渉をして国立科学博物館に安田コレクションを譲り受け、博物館の基礎コレクションとしたのです。安田コレクションは規模だけでなく、全国の産地をふくみ、鳥羽や橋本、大上ら採集者の顔ぶれを見ても国の基本となるコレクションとしてまったくふさわしいものでした。貴重な資料が残ったのは安田氏の、そして今関氏の功績と言えます。

　安田氏の標本は、後進として今関を育て、日本の硬質菌研究の基礎となったのです。

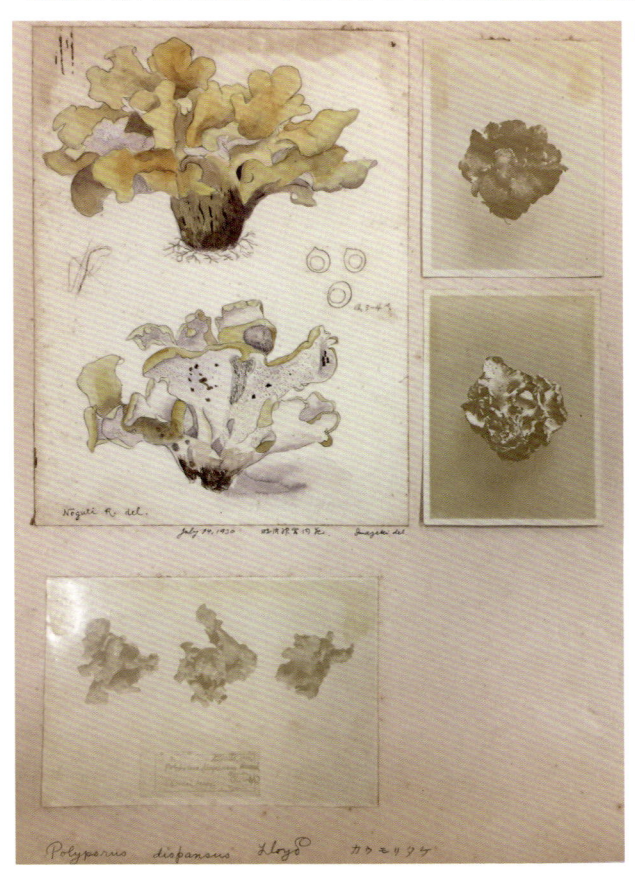

図13 今関六也氏の描いたコウモリタケ図譜。安田コレクションの写真3点が貼られている［神奈川県立生命の星・地球博物館所蔵］

きのこ人物伝

わからないものとわかったもので記録

大上宇市
（1865 ～ 1941 年）

　兵庫県たつの市で明治から大正期に活躍したナチュラリスト大上宇市（資料により宇一と名乗ることもあり）もまた、記録と標本の人でした。植物、昆虫、貝、そしてきのことさまざまな対象に取り組んだ大上氏は、出版したきのこの著作はありませんが、「二千菌譜」「菌類彙考」などの自筆本を残しています。大上氏の研究のスタイルを眺めると、研究者と地方ナチュラリストの関係が見えてきます。

　大上氏の菌類研究は特に安田篤氏（198 ページ）の研究に大きく影響を受けています。私が調べた大上氏の自筆本「大阪附近ニ於ル菌類」を見ると、そこに載っていた50 種のうち 32 種が安田氏の用いた名でした。和名や学名の用法（属への帰属解釈や命名者の表記法、スペリングの誤記もふくめ）は、明らかに安田氏の見解に従っていました。ほかにも牧野（富太郎）、岩崎（灌園）、川村（清一）、白井（光太郎）など、本草学者から近代植物学者、菌類学者の名が並び、そのはざまで学んでいたことがよくわかります。

　やわらかいきのこに比べ、特徴が少なく見分けることが難しい硬質菌ですが、標本が残しやすいことは大きな利点です。大上氏は積極的に標本を採集し、それを分割して半分は手元に残し、番号をつけて半分を安田氏に送付していました。安田氏からは標本の番号に名前を付してハガキで返信しています。くわしい説明は書かれず、大上氏は同定された名を文献にあたり、さらに標本を見なおして学習したと思われます。そうした学習の成果が『二千菌譜』と『菌類彙考』という大上氏の自筆本に記録されました。前出の「大阪附近ニ於ル菌類」にもこれら 2 冊は言及され、安田氏から教えられたなど判明した種を記録し、参考にする資料が「二千菌譜」、未解決の菌を今後の検討するため記録するノートが「菌類彙考」、となっていました。とりためた記録を活用するという研究のスタイルは今も昔も変わらないようです。

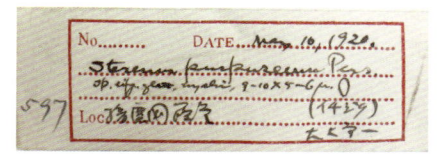

図14 国立科学博物館に保存されている大上採集のムラサキウロコタケの標本ラベル（安田コレクション）

• • • • Part 7

巨人の肩に立つ

Googleの論文検索サイト、Google Scholarのトップ画面には「巨人の肩に立つ」という言葉が掲載されています。これは科学の営みを表すのによく使われる言葉です。科学者は、天才的なひらめきで新発見や新開発をするのではなく、過去の研究者たちの膨大な積み重ねを紐解き、その上に立って新たな視点を得るのだ、ということを示しています。

私たちがわからないきのこを眺め、取り組む上でも過去の研究に学び、残された資産を活かしていくことが大切です。

ここでは、以下の3つの点を挙げてみます。

- ● 図鑑に表現されたことを読み取る

今関六也、本郷次雄が残した図鑑を、今一度読み解いて見たいと思います。

- ● 論文を読んでみる

きのこに関する情報は、図鑑や書籍でも得られますが、それ以上に膨大な情報が論文として数多くの研究者によって残されています。そのうち、日本語のものだけでも利用してみましょう。

そして

- ● 標本を活かす

博物館の標本について紹介してみます。

では、巨人の肩に立つべく、次のダンジョンへ進みましょう。

7-1

図鑑の絵を読み取る

◆ 図鑑に載せる絵を選び取る

　図鑑は、きのこを解説する文章と図版で構成されますが、文章として書かれた記載についてはパート4や5で紹介してきました。ここでは絵のほうをくわしく見ていきたいと思います。

　保育社から『原色日本新菌類図鑑Ⅰ・Ⅱ』として刊行された今関六也氏と本郷次雄氏の図鑑の驚くべきところは、その描画のほとんどを研究者自らが行っているところです。一部、藤島淳三氏ら植物画家の絵が使われていますが、それらも研究者のしっかりとした監修が行われています。

　これらの絵は、たまたま採集された個体を描いたというよりは、研究者の認識がその種類の特徴として描きこまれた絵と考えるべきでしょう。これらを表現するためには「卓越した描画技法」と「すぐれた観察力」と「その種の特徴への深い理解」のどれもが必要です。上記の藤島淳三氏ら植物画家の絵で言えば、画家ですから表現技法は確かなわけですが、盛りこみたい情報が研究者とでは違います。このため、必要な情報を盛りこんで欲しいという修正要求が徹底して出されたようです。神奈川県立生命の星・地球博物館には、そうしたやり取りの過程がわかる絵が残されています。ほかにもこの図鑑には吉見昭一氏や高校教員

であり、かつ地元の昆虫ときのこを必死に研究した豊嶋弘氏、同僚の横山和正氏、さらに当時若手の長澤栄史氏の描画が採用されていますが、同様の要求・指導がかなり行われたそうです。『北陸のきのこ図鑑』(橋本確文堂)を執筆・描画した池田良幸氏も、監修した本郷氏の指導について厳しいやり取りを巻末に記しています。こうしたやり取りは写真でも同様で、伊沢正名氏も種の特徴を写し取った写真を要求され、『山溪カラー名鑑　日本のきのこ』(山と溪谷社)の制作時には、膨大な写真から選抜したことを語っておられます。これらの指導からは、本郷氏が自身の絵に求めていたこともうかがい知ることができます。

◆ 種認識が深まれば絵も変わる

　本郷氏自身の描画スタイルも年代によって変化しています。自身の技術的な向上も、きのこの分類認識の深まりも影響しているのではないかと思います。一連の保育社の図鑑では、あとになるにつれ、本郷次雄氏自身が描いた図の割合が増えています。過去の図鑑に掲載された種も、『新菌類図鑑』ではわざわざ描きなおし、その時点での彼の認識にもっとも沿った図版を用いているものと思われます。図鑑の記載図版は、本郷氏が論文報告に用いた標本の描画である場合も、論文報告に用いた図はあるのに、わざわざ異なる図を用いている場合もあります。

　さらに、図鑑に複数の図が載っているコオニイグチなどで、図ごとに別の種である

ことが研究で明らかになりました。当時の種概念としては変異幅のある1つの種と認識したもののなかに、それでも複数のタイプがあると捉えている場合は、なるべく複数の絵を掲載して、種内の多様性を示していたのではないかと思います。あえて複数の図を載せていた本郷氏の態度に真摯な姿を感じます。

◆ 白色と質感表現へのこだわり

本郷氏の彩色図は、驚くことに水をほとんど吸わないケント紙に描かれています。この点は同じく自身でも絵を描く菌類学者でも、高級水彩用紙として知られたワットマンを好み、また推奨していた川村清一氏や今関六也氏とは大きく異なります。

本郷氏は学童用のサクラクレパスの半透明水彩絵の具を用い、ごく細い筆を用いて、太陽光の下で色を確認しながら描きこんでいます。これもホルベインなどを好むほかの描き手とは大きく異なっています。作業が夜半におよぶ場合も、翌朝色を確認して仕上げていたそうです。描かれた絵は切り抜かれ、裏面に鉛筆書きで標本番号が書かれています。これに顕微鏡観察で描いた胞子やシスチジアの図が組み合わされ、標本番号、産地など簡単な情報が付されてはがきサイズの台紙に配置され、整理されています。

何人かの水彩画を描く人にケント紙に描かれていることを話すと一様に驚かれます。なぜケント紙なのか、いくつかの理由を推察してみました。

1. きのこを詳細に描くために、紙の肌理（きめ）が細かいほうがよかった

本郷氏の原図を見ると、必ず等倍できのこを描いています。このために必然的に細かい表現が必要になったのかもしれません。

2. 水彩の特性である、塗り残しで白い色を表現するため、より白い紙を選択した

ベニタケ属のヒダなどで、白の微妙な違いを表現することは、種類の特徴を示す上で重要なポイントです。より白い紙であれば、薄く色をつけることで表現できる白の幅が広がります。

3. 傘の質感を表現するために、紙の表面をわざと荒らしたり引っかいたりすることがあった

このためには元が平板な紙のほうがよかったのかもしれません。

4. 半透明水彩の特色を活かせた

水を少なくして不透明の濃い輪郭線を塗ったり、薄い透明な色も細かい塗りを繰り返したりして、水を吸いにくいケント紙のデメリットを克服したことも考えられます。

5. 安定して同じ質のものが入手できた

用紙が変わることにより、同じように描いても、仕上がりが違ってしまうこともあるでしょう。その点ケント紙は安価で入手しやすい利点があったでしょう。

筆者は特に1.と2.が重要なのではないかと推測しています。

◆ 描画の実際

本郷氏の描画過程については多くの研究者、アマチュアが証言しています。描画は採集当日午後に、特に興味を持ったきのこを1点選んで行われます。ひとつのきのこにじっくり向き合って観察をしつつ、数時間以上をかけて描きこんでいたそうです。

千葉菌類談話会で行われた講座資料には、本郷氏の描き方の一端を示す、「きのこ写生図作成にあたっての諸注意」という7点の注意が書かれていました。この注意に沿って本郷氏の絵を眺めてみたいと思います。

1.「なるべく実物大に描く。ごく小形のきのこや大形のきのこは拡大、縮小してもよいが、その際は必ず「×2」とか「×1/2」とかのように倍率を記入すること」

描かれた絵を実体顕微鏡で見ると、高さや最大幅の頂点に小さな穴が空いていることがあります。ディバイダと呼ばれる両端が針になっているコンパスを使って大きさを測り、実物大に描いているのです。

2.「はじめは鉛筆で軽く外形を描き、のち細い明瞭な線で輪郭を描く。不用の線は消しゴムで消す。細かい点にいたるまで見落とさないよう正確に描写すること（鱗片や微細な毛など）。なるべく断面図も添えるよう」

ヒダの細かさや管孔の疎密、ヒダの途切れ方、有色の胞子による変色の表現など、実際のきのこを観察するように絵で観察ができるほど細やかに表現されています。

柄や基部の表現では特にツバの上下での柄の模様の違い、根元のふくらみ方、細まり方、微毛、菌糸などの付着のしかたなど細かな部分に配慮をしています。

図鑑に断面を描いた図を採用しているきのこは、断面から読み取って欲しい何かしらの特徴があるはずです。それが中空の柄なのか、傘肉と柄の肉での色の違い、変色性（場所によって変色性がないことを示すことも）なのか。ヒダと柄のつながり方、ヒダの厚みや傘肉の厚み、傘縁などでのツバの破片の付着のしかたなど、本郷氏の標本画に描きこんだ意図を、注意深く読み取ってみましょう。

3.「着色に当たっては、淡色を何度も塗り重ねて色を出すことが肝要で、最初から濃い絵の具をべたべた塗りつけないこと」

傘表面の質感表現を見てみましょう。粘性があるのか（ゴミの付着）、光沢はどうなのか。

繊維状の傘は、実際に色を重ねて地の肉の色とその上の繊維状の付着物を描きこんでそれらしく見せていることが多いようです。ヒダも、特に白色の微妙な多様性を、ごく薄い単色の重ね塗りや塗り残しで表現しています。管孔では穴の中の色と異なる孔口の色合いを表現しながら描いています。

4.「傘や柄の表面が繊維状とか粉状のものは、細い筆先でその感じを出す。はじめ鉛筆で輪郭を描いた際にそのような感じを出しておいて、着色にあたって鉛筆での線や点を生かすのもよい」

溝線の表現（立体として描いている）、

ツボの破片の形や厚み（白い色は描き残しだが鉛筆線を陰として厚みを表現している）など、細かな工夫のなかで何を表現しているのかが読み取れます。

5. 「変色性のあるきのこは、色の変化がよくわかるように表現すること。ことに断面図において表すとよい」

組図で幼菌から成菌、老菌と成長を示している場合もあります。傷を見せて乳液やその変色、肉の変色性を見せている場合があります。

6. 「淡色を出すために絵の具の「白」を用いるのはよくない。できるだけ水で溶いて薄めること。また「黒」を用いて陰影をつけないこと」

陰影については川村清一氏の描き方と重なる部分があります。水彩では白は色を濁らすということもありますが、表現の上で紙の白を重視しているのかもしれません。ケント紙へのこだわりに書いたこととも重なります。

7. 「最後の段階で、輪郭を細い筆先で修正するとよい」

絵を細かく眺めると鉛筆の黒い輪郭線でなく、そのきのこの縁部の色で輪郭が描かれ、キリッと強調されているに気がつきます。

◆ 研究のための描画

本郷次雄氏によるきのこの描画は、彼が図鑑制作に取り組むはるか前から始まっています。その描画は単なるデッサンではなく、菌類を調べ観察するためのものでした。各部のディテールを描きこむことで細部の特徴を確認する。学生時代から描き継がれたノート「菌類写生帳」に描かれた絵が1951年に『植物分類、地理』に投稿された論文に使われているなど、その成果は本郷氏の研究の基礎となっています。

本郷氏は本格的な観察を始め、65冊の大学ノートに6500点余の標本について観察記録を取っています。ノートの一番最初に記録されたのはコンイロイッポンシメジであり記載のためにスケッチが作られています。この標本も翌1951年の論文に引用されています。このコンイロイッポンシメジのスケッチは採集時に水彩で描かれています。実際の論文には、この水彩画とまったく同じ構図の「線画」が使われています。水彩着色図が先に作成され、そこからのトレースで線画が作成されたのです。すべての標本が描画されたわけではないと思われますが、描画の総数は2000〜3000点にのぼります。本郷氏にとって、きのこの描画は観察と一体のものであったと言えそうです。神奈川県立生命の星・地球博物館に所蔵されている今関六也氏の遺した菌類図譜のなかにも本郷氏の描画がふくまれており、かなりの量を描いていたと思われます。

本郷菌類図譜と記録ノート、標本の関係を読み解く

◆ 図譜は2000点以上

本郷氏の死後、標本を記録したノートと図譜2000点以上は自宅の研究室に保管されていました。晩年まで本郷氏自身の研究に、そして本郷氏の自宅を尋ねる研究者たちとの議論に活用されていたからです。図譜の数を「2000点以上」としているのは、台紙に貼られ、整理されているもののほかに、描いたきのこをケント紙から切り抜き、その裏に標本番号のみを書いて、ノートに挟んだだけの図がたくさんあるからです。さらに近年、封筒に入ってどこかから返却されたと思われる図版も新たに自宅から見つかっています。これらのなかには未発表のものも相当ふくまれていると思います。

◆ 記載スタイル統一のわけ

通常、こうした同定されていないきのこの絵は、ほとんど研究上役に立たないものかもしれません。しかし、本郷氏の絵はほとんどの場合、標本が保存され、しかもノートにはていねいに産地の状況、外部形態の記載、顕微鏡的所見までが取られています。未記載、未報告ではありますが、その手前まで準備ができている標本も数多いように感じています。ノートの記載は、ていねいな筆記体の英文で書かれ、その構文スタイルはそのままで図鑑に転記できるような整

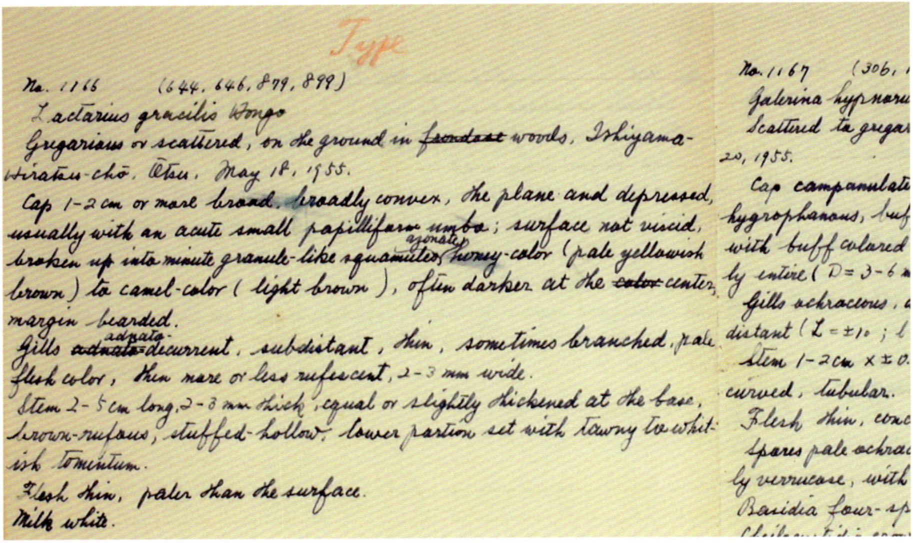
Type
No. 1166 (644, 646, 879, 899)
Lactarius gracilis Hongo
Gregarious or scattered, on the ground in ~~frondoat~~ woods, Ishiyama-Hiratsu-chō, Ōtsu, May 18, 1955.
Cap 1-2 cm or more broad, broadly convex, the plane and depressed, usually with an acute small papilliform umbo; surface not viscid, broken up into minute granule-like squamules, zonate honey-color (pale yellowish brown) to camel-color (light brown), often darker at the ~~color~~ center, margin bearded.
Gills ~~adnate~~ adnate-decurrent, subdistant, thin, sometimes branched, pale flesh color, then more or less rufescent, 2-3 mm wide.
Stem 2-5 cm long, 2-3 mm thick, equal or slightly thickened at the base, brown-rufous, stuffed-hollow, lower portion set with tawny to whitish tomentum.
Flesh thin, paler than the surface.
Milk white.

No. 1167

図1 本郷氏の標本調査ノート。左ページ上に［Type］の文字が認められる

然としたものとなっています。これは記録をする際に書式を統一するために、英国菌学会会長も務めたコリンズが作ったきのこ図鑑を参考としていたためだと聞きます。発表を前提としていたという点もあるでしょうが、もうひとつには欧米の種と比較する上で、スタイルの統一を図ったほうが研究上の利便性が高かったこともあるのでしょう。

◆ 書き加えながら研究を進める

ノートに記載する際には学名が空欄のものや、属名のみが書かれているものが多く、学名はおそらくあとから、記載を取り終えて検討をしてから書きこまれています。ノートには肉眼的記載だけでなく、胞子などの顕微鏡的所見も書きこまれていることから、現場での記録ではなく、帰宅してからのまとめ作業によって書かれたのでしょう。ときに次の標本との間に大きく余白が取られ、あとからの書きこみの余地を確保しています。実際、後日に同種と判断された標本の番号が参照先として書きこまれ、研究の結果、種名が判明した場合には異なるインクで記された追記、訂正が見られます。新種となりそうなきのこの記録には、［Type］と朱書されています（図1）。そしてその番号の標本が実際にタイプ標本として論文に引用されていることがしばしばです。なお初期のものを除き、和名はノートにはほとんど書かれていません。

このように本郷氏の残した資料は観察のための描画とノートがあり、その証拠とし

ての標本があります。そしてさらにこれらをまとめたものが論文、図鑑となって私たちの前にあるわけです。図鑑の背景にはこれだけの資料の積み重ねがあるのです。

研究者の残した論文を見る

◆ 学術論文を読むメリット

アマチュア研究者にとっては図鑑がほとんど唯一の情報源だった一昔前に比べ、きのこについての情報は随分と充実しました。いろいろな書籍も出ています。インターネットのブログや掲示板にもさまざまな情報が出ています。しかし、本当なのかな？と思う情報もときにはありますし、どうやって確かめられたのだろうと思うこともなかにはあります。そうしたなかにあって学術論文は、これまでの背景や課題になっているポイントを引用文献とともに示し、方法を明示した上で証拠となるデータや写真、図、判断の根拠となる論理を示し、客観的に筋が通っているか審査を経て公表されるものです。論文の信頼性は「○○大学の△が書いているから信用できる」のではなく、内容や審査の手続きによって担保されているものです（もちろん、完全ではありませんが）。

◆ 論文のスタイルに慣れる

ここでは、日本語で書かれた論文の読み

方、探し方を紹介します。科学の世界では国際的に通用する重要な成果は英語の論文にして発表することが通例ですが、日本語の論文は国内のアマチュアや違う分野の研究者にも読んで欲しいという意図で書いたものが多く、理解しやすいものもたくさんあります。

日本語であっても、多くの論文は目的や研究手法が明確にされ、データや記録とともに、参考にした別の論文についての引用情報が載っています。日本語の論文を読み慣れることで、英語の論文の読み方もわかってくるでしょう。自分で何か記録や報告を書かないといけないときに参考にもできます。難しい、と思っても書かれているのは日本語です。じっくり読みこなしてみませんか？

しかも、こうした文献が大学図書館まで行かずとも、家でソファに座って探したり読んだりできる時代になりました。インターネットなどでの情報公開が進んだおかげで「無料で」「だれでも」見られる論文の数は桁違いに増えています。特に古い論文は過去の研究成果を知る上で宝箱のような存在です。これをのぞいてみることで、みなさんのきのこ観察にも何か新しいヒントが見つかるかもしれません。

論文を読むことで、図鑑の読み方も変わってくるでしょう。たとえば、保育社の図鑑に掲載されたきのこには本郷氏が新種、あるいは日本新産として論文に報告したきのこが多くふくまれています。従来から知られたきのこも改めて記載が取られ、論文に報告され、それらを基礎として本郷氏が総合的に再解釈することで図鑑は編纂されています。もとになった論文を読み、

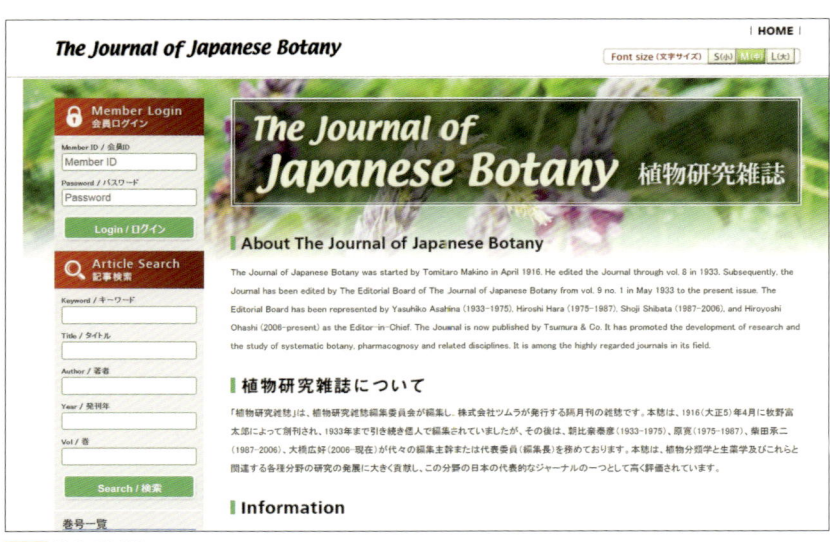

図2 植物研究雑誌の HP

図鑑と比較することで、本郷氏が何を大事にしていたのか、どこを重視していたのかに気づくことができるかもしれません。

まずは、本郷次雄氏が書いた日本語論文を読んでみましょう。

◆ 本郷氏の論文を読む

『植物研究雑誌』（http://www.jjbotany.com/）は、本郷氏がたくさんのきのこの記録を書いていた雑誌です。この雑誌での論文はすべて日本語で書かれているので、初心者でもそれ程臆さず読むことができるでしょう。2018年から、この雑誌はバックナンバーの古い号を無料公開してくれました。なので、本郷氏が書いていた年代の論文は自由に読むことができます。

まずは検索サイトで「植物研究雑誌」と入力してみましょう。すぐにサイト（図2）が見つかると思います。ページのなかの「著者」の検索ボックスに「本郷次雄」と入れると、本郷氏が書いた論文が一覧表示されます。どのような論文を書いていたのか、どれでもクリックすればすぐに表示され、読めます。ダウンロードも、プリントすることもできます。場合によっては、図鑑の記載よりくわしく書かれています。また、図鑑に載った学名とは違う学名で載っていることもしばしばあります。このあたりは本郷氏の考え方の変遷を感じられるところでもあります（日本語抄訳付き英文も多い）。

ただ、この探し方では、たとえばニオイコベニタケがどこに載っているのかがわからない、といったことが起きてしまいます。

次の項でそのあたりの探し方を少し解説します。

7-4
論文の探し方

インターネットのあちこちにある論文。どこにあるかを予め知っていれば楽ですが、どこにあるかも、だれのなんという論文かもわからないときに、それを探す「入り口」をご紹介しましょう。

◆ 国立情報学研究所CiNii

最初にご紹介するのは、日本の大学のインターネットの要を担っている国立情報学研究所が運営する CiNii（サイニィ）です。https://ci.nii.ac.jp/ と打ちこんでも、検索エンジンで「CiNii」とか「サイニィ」とかで検索してもすぐに出てきます。画面は非常にシンプルです（図3）。中央の検索ボックスに何か言葉を入れて、リターンキーを押すか、論文検索ボタンを押してみましょう。たとえば「ベニタケ」と入れて検索すると、たくさんの論文が出てきます（図4）。

初期設定では検索ボックス左上の「論文検索」が選択されていて、論文タイトル、要旨、著者、キーワード、雑誌名などにふくまれている語でヒットした文献が表示されてきます。論文タイトルをクリックすると論文についての情報がもう少しくわしく読めます。

◆ CiNiiから別の情報へアクセス

　雑誌名などが書かれた下に黄色いボックスで書かれた「CiNii オープンアクセス」とか、「機関リポジトリ」「日本農学文献記事索引」「CiNii 外部リンク」「J-STAGE」と書かれた部分に着目してください。これらは無料で公開されている論文です。CiNii オープンアクセスは各学会から許可を受けて CiNii サーバーから無償公開されているもの、その他は各大学、機関や農水省など、ほかの機関で公開されているものへのリンクになっています。黄色いボックスを直接クリックしても詳細画面（図5）から、上記の文字が書かれたリンクボタン

を押しても本文が表示されます。どんどんクリックしてざっと見て、気になる論文は印刷したりダウンロードしたりしてじっくり読むといいでしょう。

◆ 有料公開もある

　でも、すべての論文が無料公開されているわけではありません。「有料公開」とされた論文は文字通り、有料で公開されている論文です。ただ、間違ってクリックしても手続きはそれなりに複雑でいきなり請求という事態にはなりませんのでご安心を。有料でも読みたい、というときには画面に従って手続きしてください。

　また、有償公開もされていない紙でしか読

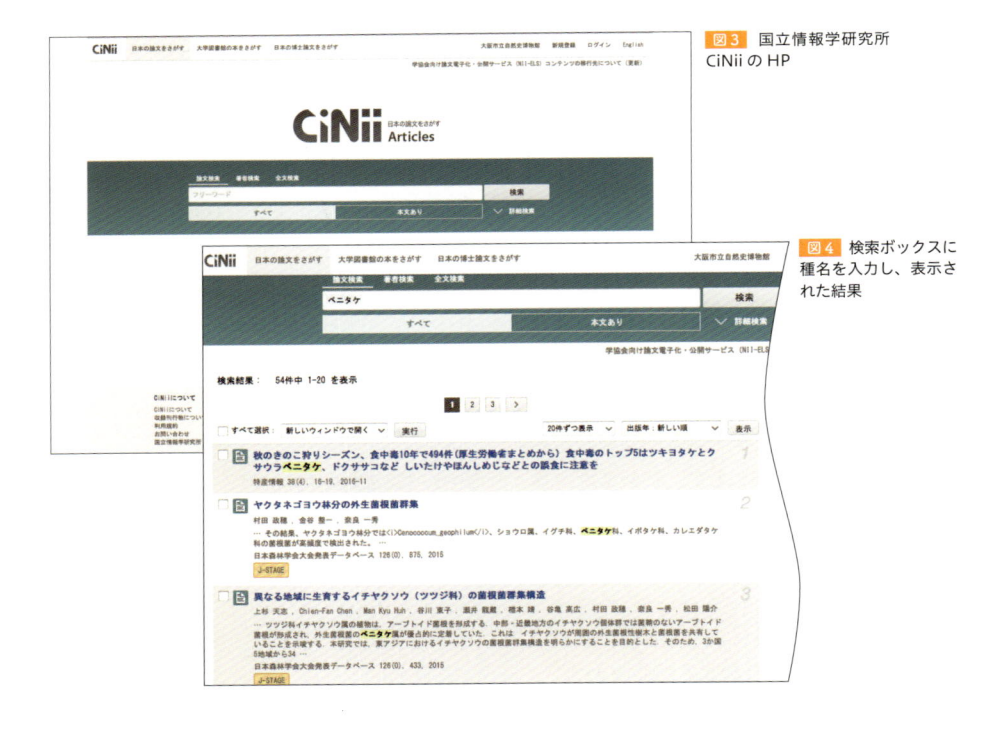

図3 国立情報学研究所 CiNii の HP

図4 検索ボックスに種名を入力し、表示された結果

むことのできない論文はまだまだあります。

◆ CiNiiのプラスアルファの使い方

CiNii のおもしろいのは、ほかの論文に引用されていた論文や本もデータとして集めて検索対象にしていることです。なので、こんな論文があるんだ、と気づかせてくれる効果があります。だれがいつどこにかいた論文かがわかれば、大学図書館などで取り寄せることも可能で、入手への道が開けてきます。

検索ボックス上の「著者検索」と書かれた部分をクリックすると著者名での検索だけに機能を絞ります。「全文検索」で検索すると（全文の文章入力ができているものを対象に）本文全体を対象とした検索ができます。このため同じベニタケで検索しても、論文検索と全文検索では出てくる論文がだいぶ違います。検索語を入力するとき「ベニタケ 本郷」など、スペースで区切って入力すればその両方がふくまれている検索結果だけを見つけることができます。おもしろい論文を見つけたら、その論文に引用されている論文を探してみるのもよいでしょう。まずは習うより慣れろ、いろいろと試してみてください。

◆ その他の論文サイト

このほかにも J-STAGE（https://www.jstage.jst.go.jp/）と呼ばれる日本語論文検索サイト、英文の論文も探せる Google Scholar（https://scholar.google.co.jp/）があります。

きのこの論文がよく載る日本語の論文誌について表 1 に載せておきます。

◆ 見つけられない場合は

ただし、サイトでは、タイトルと載っている雑誌、著者はわかっても本文が見つからないことは多々あります。

本文が見つからない場合は、

1. タイトルで普通の検索サイトで探してみる

大学などで本人が公開している場合などがあります。

2. 著者の名前で検索してみる

自分の論文を草稿などの形で公開している場合があります。

3. 国立国会図書館から取り寄せる

国立国会図書館のデータベース（http://dl.ndl.go.jp/）もなかなかに強力

📄 **ヤクタネゴヨウ林分の外生菌根菌群集**
Ectomycorrhizal fungal communities in *Pinus amamiana* forests

👤 村田 政穂
Murata Masao
東京大学大学院新領域創成科学研究科
東京大学大学院新領域創成科学研究科

👤 金谷 整一
Kanetani Seiichi
森林総合研究所九州支所
森林総合研究所九州支所

👤 奈良 一秀
Nara Kazuhide
東京大学大学院新領域創成科学研究科
東京大学大学院新領域創成科学研究科

図5 論文の 1 つを選んでクリックすると内容が表示される

です。一般書籍、一般雑誌の記事から報告書まで多様な「本」の中から検索できます。反面、検索キーワードをうまく絞りこまないと求めるものにたどり着かないかもしれません。著作権が切れた古い文献や他のサイトで公開されているものはオンラインで閲覧できます。しかし、国立国会図書館の一番の強みは、実際の本を所蔵する「図書館」であるということです。

タイトルと著者、雑誌名、ページ番号などがあれば、日本の雑誌であれば国立国会図書館から取り寄せることができる可能性があります。

日本で出版された ISBN 番号のついた雑誌、ISBN 番号のついた書籍は、すべて国会図書館に納本される制度になっています。このデータを検索できるのがこのサイトです。そしてこの文献は、すべて東京本館（東京メトロ永田町駅、国会議事堂駅）もしくは関西館（JR 祝園駅、近鉄新祝園駅）

表1 CiNii、J-Stage で検索できるきのこ関連の和文論文誌

	CiNii	J-Stage	本文閲覧	備考
日本菌学会会報	△	△	○	菌学会がＤＶＤ販売、近年のものと学会発表要旨は J-Stage で公開
日本きのこ学会会報（旧応用きのこ学会）	○	○	○	
植物・分類地理	○	○	○	
日本森林学会誌（旧日本林学会会報）	○	○	○	本文は J-Stage へのリンク学会発表要旨は J-Stage
植物学雑誌	△	○	○	
植物研究雑誌	○	×	△	CiNii からはリンクされていないが、全論文を自サイトで公開している
日本生態学会誌	○	○	◎	学会発表要旨は独自サイトで公開
森林総合研究所（旧林業試験場）研究報告	○	○	○	近年のものは日本農学文献記事索引で公開、林業試験場時代のものは森林総研サイトで公開
化学と生物	○	○	○	本文は J-Stage へのリンク
真菌と真菌症（後続誌 日本医真菌学会雑誌、現在は Medical Mycology Journal）	○	○	○	本文は J-Stage へのリンク
日本医真菌学会雑誌	○	○	○	本文は J-Stage へのリンク
日本植物病理学会報	○	○	◎	本文は J-Stage へのリンク
菌蕈研究所研究報告	△	×	△	日本農学文献記事索引へのリンクで公開（一部）2016 年以降は自サイトで公開
滋賀大学教育紀要ほか	○	×	◎	リンクで公開
国立科学博物館研究報告 B 類	△	×	△	CiNii 公開は 2006 年までそれ以降は科博サイトで公開
千葉県立中央博物館	△	×	×	一部論文のみ中央博サイトで公開
大阪市立自然史博物館研究報告	○	×	◎	リンクで公開

（注）
CiNii、J-Stage 欄：○検索可能、△引用された情報など一部が検索可能、×検索不可
本文閲覧欄：◎当該年度内に公開、○発行後 1 年または 2 年後に公開、△一部が公開、×表題情報のみで、本文は公開されていない

で閲覧・複写が可能です。

　国立国会図書館は、図書館といっても貸し出しはしていません。利用方法は前記サイトを参照してください。なお国立国会図書館では「個人の登録利用者」に登録をしておくと、「遠隔複写サービス」を利用してインターネットから国立国会図書館に所蔵されている資料の複写を郵送で取り寄せることができます。さらに近くの図書館で、画面で閲覧したり、プリントアウトできたりする「図書館向けデジタル化資料送信サービス」というサービスも始まっています。たとえば大阪では、大阪市立図書館や大阪府立図書館などの主要図書館で、このサービスを受けられます。

　論文でなく書籍を探せるサイトとしては、ほかに CiNii Books があります。

4. 有料公開を探す

　出版社で論文の有料公開をしている場合もあります。カード支払いが通例です。その場でダウンロードできることを考えれば、有料とはいえ便利なサービスです。

5. 執筆者と連絡を取る

　連絡先が公開されている場合、メールなどで論文執筆者本人と直接連絡をとってみるという最終手段もあります。自分の研究の目的、なぜその論文を読みたいかを説明することで、PDF などを提供してくれるかもしれません。提供を受けた論文のPDF の公開は、執筆者から許可を受けた範囲に限ります。誰にでも公開してよいわけではありません。完全に個人的な好意に甘える形なので、返信を受けたときには、

お礼をお忘れなく。

　英文論文もほぼ同じです。まずはGoogle Scholor などから検索してみましょう。論文によっては論文雑誌出版社のサイトで無料公開されている場合もありますし、雑誌そのものが無料公開の方針をとっているサイトもあります。日本語の論文に比べれば少々ハードルは高いかもしれませんが、日本語の論文を読み慣れてくれば、図表などの理解だけでもだいぶ楽になるかもしれません。

7-5
標本を活用するために

　過去に研究をしてきた人々の残した最大の資産は標本でしょう。標本は繰り返し観察することで多くの発見を追体験できます。新発見が潜んでいる場合もあります。絶滅していない種であれば、標本はいくらでも新しく入手できるのに何故大切にとっておくのかと思う人もいるかも知れません。しかし、たとえば1950 年に滋賀県大津市瀬田南大萱で採られた標本は、一度失われてしまったらタイムマシンがない限り再取得できません。古い標本は多くの文化財同様、それ自体の価値をもちます。博物館の標本庫はこの資産を活用し、後世に引き継ぐためにあると言えます。

　ここでは、なぜ博物館に保存するのがよいのか、どういったものを博物館に保存す

べきなのか、博物館資料の活用の実例、博物館資料の利用法を順にたどっていきましょう。

◆ 博物館に保存する意義

博物館とは展示室があっていろいろなものを眺めることができ、講座や観察会があっていろいろ教えてくれる……だけではありません。資料を扱うスペシャリストがいて資料の保存を図り、資料の価値を高める研究を行う研究機関でもあります。博物館の本質は、むしろこうしたバックヤードにあります。研究利用に比べ保存にかなり比重のある文化系や美術系の博物館と、自然史系の博物館とでは資料の性質も異なるため大きな違いもあります。大阪市立自然史博物館を例として自然史系博物館の資料の運用とあわせ、博物館に保存するメリットを検討してみます。

1. 個人での保管に比べ安全

残念ながら個人の家での保管ではどうしても温湿度管理が難しく、虫害が発生したり、カビが生えたりします。特にカビはよく乾燥させたつもりでも冬場のわずかな結露から、きのこの表面で繁殖してしまいます。実際、本郷氏の標本や吉見氏の標本も、自宅で保管されていた影響でしょう、乾いた環境にも生えるコウジカビの一種が入りこんでいました。博物館の自然史系収蔵庫は通常湿度55％程度に抑えられていますので、結露のリスクはかなり下がります。収蔵庫内のカビ胞子を検査したところ、生きた胞子はほとんど検出されませんでし

た。温湿度管理は虫害のリスクも下げてくれます。博物館のほうがより安全に試料を保管できる場だと言えます。

2. たくさんの資料が集まっているので利用されやすい

ほかの文化財の場合と異なり、自然系標本は研究に使われることで価値が上がります。無傷の乾燥標本であるよりは、一部を取り出され胞子観察が行われ、標本に確認された胞子の図が付されることによって標本の同定精度は上がり、価値が高まるのです。確認されて論文に引用されれば、さらに重要な標本となります。自分しか使わない個人での保管に比べ、多くの人が利用する標本庫では利用される確率が高まります。

3. 公的施設なのでアクセスできる

2. とも関連しますが、特に論文引用された標本などは多くの人に利用が可能な状態に置かれるべきです。博物館の資料はデータベースでの公開などをふくめ、利用者に開かれています。また、長期の保存を前提としていますので、後世のユーザーたちにも開かれていると言えるでしょう。

4. 科学的成果を社会の共有財産にする

科学的に詳細な記載がなされ、あるいは報告などに引用された標本は、「科学的証拠」です。その証拠は将来の研究者が活用・再検証するために保存しなければなりません。「私の記録など役に立たない」という個人の判断ではなく、専門家である学芸員の判断を仰いでください。

こうした原則は、国際博物館会議自然史

博物館委員会による「自然史博物館のための博物館倫理規定」にも明記されており、博物館は公共のための施設として活動しています。ただし、一方でこうした保存と運用のためには多大な経費と人的コストがかかっていることも事実です。むやみに集めるのではなく、収蔵標本の質と規模を適正に保つための学芸員らの努力も重要です。保存について、価値を伝えた上で学芸員の取捨選択に任せることが大切です。博物館が標本を残すということへの理解を社会のなかに広げていくこと、博物館への有形・無形の支援も欠かせません。

7-6
博物館に保管すべき菌類標本とは

◆ 標本の価値とは

多くの博物館は、限られた収蔵スペースの中で、将来にわたって残すべき標本を選別して、溜めていく不断の努力を続けています。菌類でも同様であり、「いらなくなった」標本を博物館に送るのでなく、自分の研究をまとめた成果として寄贈するのが基本です。学術論文に引用した標本でなくとも、この地域の標本をこのようにまとめて整理した、という目的を持って形成されたコレクションも高い価値を持っています。こうした場合には博物館に入れる過程で整理を進めて、目録（その地域産のきのこのこの記録）などの形でまとめるのもよい方法です。標本の価値を高めるのは、テーマを持った研究に活用することであり、詳細な観察や顕微鏡観察の記録がともなっていることです。自分が研究に「使った」標本、であれば他の人の研究にも「使える」ものになるでしょう。もちろん、ほかの人でもわかるようなラベルなどがきちんと書かれていることが前提です。

◆ 満たすべき条件

博物館で将来的に保存を図っていくべき標本を選別するチェックポイントを書いてみます。このすべてのポイントを満たしていることが必要なのではありませんが、ひとつも該当しないのであれば、受け入れは難しいかも知れません。

特に1.の要件は必須です。1.が満たされていないものは(研究者の資料であっても)博物館で科学的な資料として扱うことはできません。1.に不備があるときは、教育や学習に標本を活かしてくれそうな知人や後輩へ引き継ぐこともひとつの方法です。

1. データがしっかりしている

採集年月日、場所、採集者などの記録はもちろん、すべてではなくても同定がきちんとされているか、同定の根拠となる観察記録（ノートやスケッチ、写真など）があることが大切です。同定が合っているかどうか、はそれほど大きな問題ではありません。

2. 何らかの研究の根拠となった標本

研究のために分割した跡など、活用に際

してついた履歴は問題になりません。

3. 何らかのテーマをもった、まとまったコレクション

成果になっていなくても「すべて生駒山のきのこ」というような、成果にすることを前提としたコレクションであることが必要です。

4. 再確認が可能である

大阪市立自然史博物館では、分割したきのこ、微小菌のプレパラートや培養プレートの乾燥品は受け入れますが、DNA サンプルだけのチューブや「かけら」だけの菌類標本は、標本として受け入れていません。

それは形態などをふくめた多角的な再検証が不可能だからです。

5. アピールポイントがある

古くて貴重、保存状態がよく美しい、めずらしい種をふくむ、などのアピールポイントがあると受け入れの可能性が高くなります。たとえば大阪市立自然史博物館の菌類標本では 1980 年以前のものが極端に減ります。

表2 菌学会などで活動する菌類研究者が在籍する博物館（2018 年 8 月現在）

博物館	コメント
北海道大学総合博物館	今井三子、伊藤誠哉などのコレクションが収蔵されている。常勤の菌類スタッフはいない
茨城県自然博物館	過去 2 回の菌類展など活動は盛ん。県内の菌類相調査も積極的に行っている
国立科学博物館	標本庫は筑波にある。菌類スタッフ 3 人を擁する、文字通り日本の中心的菌類コレクションを有する
森林総合研究所	旧林業試験場。今関六也氏の標本を中心に、硬質菌などに特徴がある
埼玉県立自然の博物館	埼玉きのこ研究会をふくめ、研究された標本を持つ
栃木県立博物館	菌類・地衣の担当者がいる
千葉県立中央博物館	千葉県内の菌類相調査をはじめ、利用は活発。全国の標本を受け入れる
平塚市博物館	神奈川キノコの会を中心に標本は充実。近年神奈川県立に移管された
横須賀市自然・人文博物館	今関六也や大谷吉雄の同定標本がある
神奈川県立生命の星・地球博物館	丹沢総合調査の成果をふくめ、ここにも神奈川県の重要標本が集積
鳳来寺山自然科学博物館	小規模館だが、きのこに関しては活発に活動
福井総合植物園	変形菌研究者がいる。紀要は菌類相なども載る
大阪市立自然史博物館	関西菌類談話会などと連携。上田俊穂氏の標本が中核
和歌山県立自然博物館	変形菌研究者が在籍、きのこについても期待
南方熊楠顕彰館	南方熊楠の資料を集めている。ただし、変形菌と菌類標本は国立科学博物館に所蔵されている
愛媛県総合科学博物館	愛媛県の菌類相に関して情報が集積されている
菌蕈研究所	鳥取大学と連携。国内最大級のきのこ標本を擁する。栽培きのこだけでなく、野生種も新種記載を活発に行っている
宮崎県総合博物館	照葉樹林域のきのこに関して特に充実

博物館への
菌類標本寄贈の実際

◆ 菌類の専門スタッフがいる博物館を選ぶ

標本は、その標本が作られた目的によって、どのような場所で保管してもらうべきか変わります。新種記載された標本などをふくむ場合は、菌類の専門スタッフがいる博物館に寄贈すべきです。標本を研究活用できる体制が必要だからです。

残念ながらすべての自然史系博物館に菌類の専門スタッフがいるわけではありません。表2には菌学会などで活動する菌類研究者が在籍する主要な博物館を示しておきます。

一方で地域の生物資料はその地域に残すことが原則です。将来的な活用のためにも、たとえば近畿の資料は近畿圏内に保存できるほうが、ふさわしいでしょう。ただし、専門スタッフのいない博物館の場合には、寄贈後の再同定などがあまり期待できません。寄贈後の活用のためには、地元の研究者やアマチュアでしっかりと体制を取る必要があるでしょう。

◆ 寄贈までの流れ

実際の博物館への寄贈に際しては、まずは学芸員にしっかりと連絡を取り、調整をするところから始めたほうがよいでしょ

う。学芸員は、標本の価値、状態、記録などを把握した上で、博物館として保管すべきかどうかの検討に入ります。

博物館は、施設の状況や将来的な活用可能性を示して、寄贈されるにふさわしいかを寄贈者に判断してもらう、という流れになるでしょう。

◆ 打診先がわからないときは

地元の博物館に専門家がおらず、だれにどう打診していいかわからない、という場合には、どこの地域からでも、筆者である大阪市立自然史博物館の佐久間へ相談してもらっていただいて構いません。西日本自然史系博物館ネットワークの「標本救済ネット」を通じての相談・斡旋も可能です。

博物館へ寄贈する際は、標本だけではなく、標本を記録したノートや写真データ(複写でも構いません)がセットであるとよいでしょう。採集行動を記録した地図や手帳(フィールドノート)などが役に立つ場合もあります。また、標本の目録リスト(できればエクセルやアクセスなどのデータつき)ができていれば、寄贈後の標本登録の流れなどがスムーズになります。

博物館の標本を活用しよう

自然史標本(図6、7)は保存すると同時に活用することが重要です。美術品などと違って自然史標本は研究用が中心です。

このため、研究活用目的での活用が原則になっています。

◆ 利用時はまずはスタッフに相談

大阪市立自然史博物館では明確な研究目的を持った者でなければ標本の利用はできません。利用を希望する場合は、きちんと「自分の研究テーマ」と興味を説明し、「何を見たいのか」を明らかにして博物館学芸員に事前に相談をしてみてください。

研究利用のために必要な手続きは博物館によって異なります。必要な書類も異なります。基本的には管理責任者は学芸員ですから、まずは学芸員に連絡を取って相談するのが先決です。大阪市立自然史博物館では書面の必要書類よりも研究の目的や手法をきちんと話していただくことのほうが大切です。

利用を制限しているのは権威主義だからではありません。博物館の研究用学術標本は、多くの場合乾燥標本ですから、ふだんから標本を使って観察をしている人でなければ、単に茶色くなった古い塊にしか見え

ないでしょう。標本を価値のあるものとして利用できるのは、観察スキルを持った方に限られてしまうのです。一方、標本は壊れやすく、収蔵庫は防虫、防カビ管理のデリケートな空間であるため、「将来の利用者」の活用の可能性を確保するためにも、保存と活用のバランスをとるために最大限価値をあげる活用ができる開示方法に限っているのです。

利用形態は、標本の貸し出しをしてもらう場合もあれば、博物館内の別室に標本を出してもらって、そこで閲覧というケースもあるでしょう。学生や初めてその博物館を利用する人は、指導教官やだれか自分のきのこ観察についてよく知ってくれている人に紹介してもらうとよいでしょう。標本は破損の危険も大きく、貸し出しは閲覧に比べてハードルが高いことをご理解ください。

閉架式の図書館のようなイメージですが、標本の場合には保存状態が資料によって大きく異なります。実際に利用可能かどうかは、収蔵状況、整理の進捗などもふく

図6 大阪市立自然史博物館菌類標本庫。現在大型菌類約1万5千点、変形菌4千点、地衣類2千点が収蔵されている

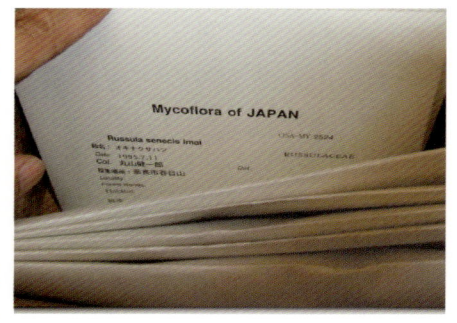

図7 標本庫の引き出しの中。標本番号がつけられた乾燥標本が並ぶ

めて学芸員の判断になります。こうした対応は収蔵庫が日常的に機能している、学芸員が専門性に基づいて判断可能な博物館に限られてしまいます。専門の学芸員がいないため、きのこの標本が整理されていない状況では難しい場合も多いでしょう。大阪市立自然史博物館の場合でも、標本の整理が追いついていないこともあり、どの標本でもすぐに出せるという状況にはないのが偽らざる状況です。

◆ 「宝の山」を利用できるスキルを身につけよう

そうはいっても博物館にとって、自分の手のおよばない標本を「パートナー」として自主的に整理活用してくれる利用者は、本質的にありがたい存在です。利用する側にとっても、意欲を持ってきのこを眺め、調べ、記載を取り始めたアマチュア研究者であれば、収蔵資料は宝の山になるはずです。うまく Win-Win な関係を築けることが理想でしょう。実際、博物館の資料収集にも活用にとってもアマチュアとの連携は重要です。いくつかの博物館のコレクションを調査しましたが、中規模以上のコレクションを持っている博物館では、アマチュアの会関係者が標本の多数寄贈者のトップ 10 入りしているケースがほとんどでした。

標本の活用には研究テーマとスキルが重要です。自宅で標本を作り、それを顕微鏡観察されている方であれば、スキルはまず問題ないでしょう。

◆ 利用のルールはケースバイケース

標本庫の利用ルールや顕微鏡など、利用に際して使える道具、標本の扱いのうち、行ってよいこと（胞子の確認のしかた、組織観察の手順、DNA 用サンプルの採取の可否）などは個別に学芸員と協議してください。特に最初に利用する場合、その場ですべてができると思わないほうがよいでしょう。

観察のために切片を作りたい場合、DNA サンプルを取りたい場合は、事前に相談してください。どこからどのように取るかについてもその場で確認を取りましょう。野外採集の場合にはもっともよい場所をサンプリングすることが基本ですが、博物館標本を利用する場合には、のちの利用者のためにも、なるべく標本の価値を減じない手法でのサンプリングが基本です。たとえば袋の中の壊れたかけらや、既にサンプリングされているヒダの残りからなどが推奨されます。無断でのサンプル採取は利用ルール違反です。

◆ のちの利用者のために

そして、のちの標本利用者のために、標本に関して気づいたことはメモを残しましょう。自分の同定意見も「アノテーション（注釈）」として書きこんでください。また、研究成果を標本に還元することも標本庫利用のマナーです。研究論文や報告書などが刷り上ったら、別刷りなどを博物館に寄贈しましょう。利用することで標本を

傷めるのでなく、価値を高める利用を心がけてください。

7-9

本郷標本の現代菌学上の重要性

研究者が残した資料は「過去の」研究者の努力の跡を示すだけではありません。現在の、そして今後の菌類研究に役立つ重要な資料となります。本郷次雄氏の残した資料を例に考えてみましょう。

◆ 未来の基礎研究に役立った本郷氏の仕事

現在、分子生物学的手法の発達によって日本産菌類はより詳細な検討が可能になりました。本郷氏の観察をベースに、現代的に種概念を再検証することで新たな研究成果が生まれています。本郷氏の研究資料は「過去の成果」ではなく現在の菌類学によって検証すべき対象なのです。

鳥取大学の遠藤直樹氏の博士論文ではチャタマゴタケ、キタマゴタケ、タマゴタケなどを再検討する上で、野外で新たに得た標本を材料とするだけでなく、過去に日本でチャタマゴタケとされていたものは何だったのか、本郷標本の胞子サイズなどを再計測して確認し、学名変更の根拠としています。

京都大学の佐藤博俊氏のコオニイグチとアミアシオニイグチに関する研究は、先に述べた図鑑に書かれた2つのタイプのコオニイグチを、採集した標本と国立科学博物館に所蔵された本郷氏採集のタイプ標本などを用いて再検討したものです。

これらの研究は最近の標本を用いた分子生物学的な手法も組み合わせて研究を進め、必要に応じて本郷氏の標本や記録を確認しながら行っています。過去の研究を基礎として参照しながら新しい手法を用いて研究を深める、まさに「巨人の肩に立つ」研究と言えるでしょう。

本郷コレクションをはじめとする古い標本からDNAを採取し、研究に活用する試みもなされています。保育社の原色図鑑シリーズに描かれた、日本の研究者の共通認識を問い直す研究でもあります。こうした重要業績の紐づいた証拠標本が保存されており、検証が可能になっているということは極めて大切なことです。改めて研究における標本保管の重要性を認識するところです。

◆ 標本は時間も国境も越える

本郷コレクションはタイプ標本および国立科学博物館との合同調査によるものや共同研究により寄贈されたもの約500点が国立科学博物館に、また菌蕈研究所（鳥取県）の長澤栄史氏との共同研究などにより菌蕈研究所にも約300点、前述のように京都大学総合博物館に数点が保管されています。このほかにも各研究者との寄贈交換によって世界各地の標本庫に本郷氏の採集同定した標本が所蔵されています。たとえ

ば北米の標本庫を検索できる Mycology Collections Portal（http://mycoportal.org）で採集者 Hongo を検索すると 132 件の標本が見つかります。標本はこのように海外の研究者にも活用されることで、世界の菌類学を進める材料となっているのです。

アマチュア参加が多い菌類研究

　今関六也氏、本郷次雄氏らは各地のアマチュアを精力的に支援しました。日本菌学会を中心とした講習や観察会、各地のアマチュアの会の招きに応じた普及講演にでかけ、さらに各地で刊行された地方図鑑の監修も引き受けていました。北海道から九州まで、まさに全国規模の活動です。そうしたなかで、各地のアマチュア研究者が力をつけ、地域のきのこ会の活動も盛り上がっていきました。大阪では、大阪市立自然史博物館ともゆかりの深い上田俊穂氏が薫陶を受け、関西菌類談話会とともに当館のコレクションの基礎を築きました。吉見昭一氏（197ページ）や、『北陸のきのこ図鑑』の著者である池田良幸氏、高校教員であり、かつ地元の昆虫ときのこを必死に研究した豊嶋弘氏（香川県）ら、本当に多くのアマチュアが影響を受けていました。

　特に本郷氏の活躍ぶりは関西菌類談話会会報（27号）や千葉菌類談話会会報（23号）などに、多くの追悼文が寄セられている様子からもわかります。こうして養成された各地のアマチュアが研究した標本の多くは各地の博物館や国立科学博物館に保存されています。

　地域で得られたきのこの研究成果をどのように地域に還元し、そして活用していくのか。近くに適切な博物館などがない場合には、どのようにほかの地域の博物館がカバーしたらよいか。難しいケースもありますが、博物館同士のネットワークで相互に活用しながら菌学関係者みんなで、世界の共有学術資産として、そしてまた地域でも活用していくための知恵を絞りたいと思います。

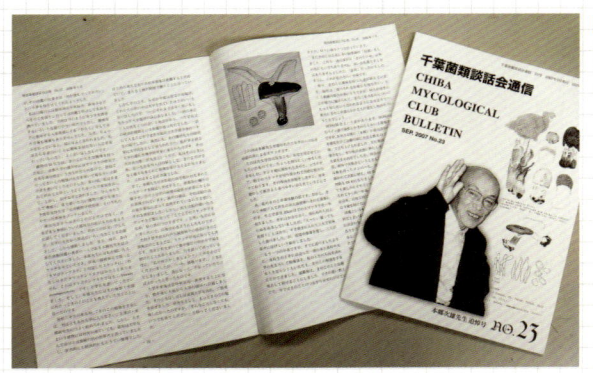

図8　本郷氏の追悼号となった関西菌類談話会会報（左）と千葉菌類談話会会報

•••• Part

8

きのこの名前調べを越えて

　きのこは調べてもなかなかわからない、そんな声をよく聞きます。その通りです。「いえいえ、簡単にわかるようになりますよ」とはとても言えません。でも、わからないことは楽しいことなのです。大事なことなので繰り返して書いておきます。「科学」には簡単にわかる答えはありません。観察を重ね、仮説を立てて研究をしていきます。正体不明のきのこの正体を見極めることですら、標本を溜め、論文を読み、既知種と比較する、という作業の先には、新種発見という答えのひとつが待っているかもしれません。

　新種の「記載」の手順は、論文の書き方の指導にも近いところです。そこは、本書のような「マニュアル本」を読んで進めるのではなく、実際の研究者に連絡を取り、意見を聞きながら指導を仰ぐほうがよいと思います。

　しかし、新種を記載して論文に書くだけがきのこの研究ではありません。名前が当たり前によくわかっている種をじっくり見つめることで新たにわかることもあれば、名前がわからないままでも、じっくり見つめることにより、わかることもあります。

名前をよく知っている
きのこの観察からわかること

◆ 既知種から生まれる新種もある

実は新種の記載は、結構地道な作業です。採った瞬間に「新種だ！」というきのこも、ないわけではありませんが、そうした新種は、再びそのきのこ採れるまでに長い時間がかかったり、ほかの場所では見つからなかったりという、まれにしか発生しないものの場合がほとんどです。そのために、十分な記載ができないものも少なくありません。

一方でこれまで同種と思われていたけど、丹念に調べていったら「これは結構違うぞ」ということがわかり、新種記載につながるというケースもよくあります。ナラタケがキツブナラタケ、オニナラタケ、ワタゲナラタケなど、なんと9種に分けられたり（図1）、ツエタケもオキナツエタケ、ブナノモリツエタケなどに細分化されたりもしています。こうした研究は、名前がついたきのこもしっかり観察し、さらにはDNAを用いた研究でやはり違うという証拠をそろえて完成した研究です。DNAの時代ではあってもスタートには、既知種も丹念に調べる、という地道なアプローチが重要になります。

◆ 知っているつもりにならない

それには、自分の地域のきのこについて「図鑑でわかったつもり」のものでも自分で図鑑を書くつもりで、一から記載を取ってみるというのが、ひとつの方法です。図鑑に書いてあるスタイルは真似しても、内容は「自分でしっかり見て書く」というスタンスが大事です。

たとえば、自分が「ニセクロハツ」と認識しているきのこは、本郷氏が観察したニセクロハツと同じなのだろうか。関西で「コブタケ」とされているきのこと九州のコブタケは同じだろうか。ドクベニタケには Russula emetica という、ヨーロッパのベニタケと同じ学名がついているけど、詳細な特徴に違いはないのだろうか、などです。

◆ 観察はデータを集めること

こうした地道な観察の積み重ねで、新たな発見は生まれます。観察したきのこが新種になるまでの道程はそれなりに長く、経験やセンスも必要ですが、観察した記録はそのための材料として肥やしとなって積み重なり、のちになっても活かされるものです。

神奈川県立生命の星・地球博物館が実施している『入生田菌類誌』は、既知種研究のひとつの雛形でしょう。各地のアマチュアによるホームページでも丹念な記録を取り、掲載している取り組みを見かけます。こうした延長に不明な種もふくめて記録した神奈川キノコの会による『平塚市博物館

資料 46 キノコ類標本目録』（平塚市）等の成果があります。竹橋誠司さんらの労作『Micro graphic きのこ解体図譜』『石狩砂丘と砂浜のきのこ』（北方菌類フォーラム）など、アマチュアが主体となった詳細な記録は書籍として発行されています。さらに、近年には『南西日本菌類誌』（東海大学出版部）など、観察の結果得られた新分類群を発表する書籍も刊行されています。

　かつては、よい写真を撮って、地方のきのこ図鑑を制作するというブームがありましたが、現在は写真よりも記載し、アマチュアでもしっかりと学術的に積み上げたものにしていこうという動きが強まっています。最初は公開するつもりではなくても、自分のための観察記録を積み重ねた延長線上に、「わかっているはずのきのこ」の記録と「やはり疑問なきのこ」のリストができあがっていきます。

8-2 植物好きな人への きのこ研究のすすめ そしてきのこ好きの人には 植物のすすめ

　私は、もっともっと多くの人にきのこに興味を持って欲しいと思っています。すでにほかの分野に興味を持って学び始めている人にも、それにプラスして、きのこに興味を持って欲しいと思っています。たとえば植物が得意な人がきのこを学ぶのは、ほかの人よりもだいぶ有利だと思います。

◆ きのこに影響を与える森の植物

　きのこのうち、少なく見積もっても3分の1ぐらいのものが、共生や寄生など、何らかの関係を植物ともっていると思われます。でも、そうした関係はわかっているようで、まだまだはっきりとはわかってい

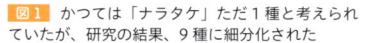

図1 かつては「ナラタケ」ただ1種と考えられていたが、研究の結果、9種に細分化された

ナラタケ　　キツブナラタケ　　オニナラタケ　　ワタゲナラタケ

ません。きのこの観察をするときに、どのような植物が生えていたかをしっかりと意識した調査が重要です。

たとえば、ヤマイグチ属には、ヤマナラシ、ヤナギ、カバノキ属など、少し変わった宿主に共生するきのこがいます。オニイグチの仲間にも、暖かい照葉樹林の種と、冷温帯のミズナラと共生する別の種が見つかっています。

このように共生する植物の違いから、きのこの微妙な違いに気がつく研究も増えてきました。きのこの研究をするのに植物をよく知っていることは非常に大切です。地域の植生をよく知り、植物の生態を知っている人は、是非きのこの研究もすべきです。

図2 ツバキキンカクチャワンタケは、枯れたツバキの花弁から発生する

採集した場所の植物の詳細な記録とともに、きのこの標本を残すだけでも案外重要な記録になります。

特に、シデ類、ハンノキ、ヤナギ、カシワなどの林は、もっときのこの研究をしたらおもしろいことがわかるように思います。クリの林やナラガシワの林も丹念な研究はなされていませんから、おもしろいかもしれません。

外来樹種のまわりのきのこも案外盲点です。外来のきのこが、樹木とともにやってきているかもしれません。たとえば、ユーカリのまわりに、オーストラリアのきのこが見つかることがしばしばあります。身近にそうした場所があれば、よい定点観察の場所になるでしょう。

◆ 葉や松ぼっくりだけで 植物の種類がわかれば

植物が重要なのは、共生するきのこだけではありません。腐生菌や寄生菌のなかにも特定の植物しか利用しないものがたくさんあります。

たとえばチャワンタケの仲間には、ツバキの花びらにつくツバキキンカクチャワンタケ（図2）をはじめ、イチリンソウなどのアネモネ類、モクレン、クリのいが、ブナの殻斗、モミの球果など、それぞれ特殊な資源の上に決まったものが発生します。こうした例は、ハラタケ目のきのこにもあって、ニセマツカサシメジは松ぼっくりから生えますし、アオキオチバタケはアオキの落ち葉や枯れ枝などから生えます。こう

した「特化した」きのこの研究には、葉や果実の一部からでも植物を同定できる能力が必要です。さらにこうした関係を知れば、菌類はいつ植物体に感染するのかなど、さまざまな疑問もわいてきます。そのためには植物の生活史を理解していることが有利にはたらきます。

きのこと関係しているのは高等植物だけではありません。コケから生えるものもありますし、地衣類は菌類と藻類の共生体です。シラウオタケやアリノタイマツなどの担子菌類、きのこをつくる子嚢菌類にも地衣類として生活するものもあります。

◆ きのこの栄養を奪う植物

近年は「菌従属栄養植物」の研究が大きく進んでいます。糖分を菌類に依存している植物のことで、身近なところでは葉緑体をもたず完全に菌類依存のギンリョウソウなどの無葉緑植物や、林床で暮らすラン科植物などのように自分でも光合成するが菌類からも糖分を得ている植物が知られています。ラン科植物は種子から芽生えた直後に特に大きく菌類に依存しているようです。こうした植物のパートナーになっているきのこは何であるかの調査には、植物の根の中に入っている菌糸のDNAを調べるなどのテクニックが必要とされます。しかし、DNAで依存されている側のきのこの名前はわかっても、どんな生活をしているかは、わかりません。きのこをよく観察することで得られるヒントも多いでしょう。

きのこの存在が重要なのは、別にこうした特殊な植物だけではありません。2018年英国菌学会は「生態系のいろいろな過程を進め、調整するのは菌根菌だ」という特集をしています。きのこを見ていくことで、自然の見方がわかるという主張は、もはや比喩やスローガンではなく現実のようです。

いずれにしろ、植物好きな人には、きのこは足を踏み入れやすい分野だと思います。

3-2
昆虫が好きな人のための きのこ研究のすすめ

昆虫にくわしい人、好きな人も多いでしょう。昆虫好きな人にも、是非、きのこも覚えて欲しいと思います。昆虫を探す目線は、きのこにもきっとつながります。

◆ 冬虫夏草を探す

冬虫夏草類（昆虫寄生菌、虫草とも言います）という、昆虫に寄生するきのこについて深く知るには、昆虫の知識が欠かせません。たとえば蛹や幼虫から発生する冬虫夏草を探すには、どこに蛹や幼虫がいるか、虫の生態の知識が必要です。通常の越冬場所のうち、きのこになっている場所が限定されているような状況があるのであれば、あるいはきのこが見つかる場所が通常の幼虫と何か違いがあるのなら、そこにはおもしろそうな探求の糸口がありそうです。冬虫夏草類の多くは感染経路などもふくめ、未知の部分の多い生物です。昆虫寄生菌は

増えすぎた昆虫を密度依存的に減らす調節機能を生態系の中でもつとも言われ、チャレンジする価値のある課題です。

　冬虫夏草類は、感染した昆虫の正体を正確に見極めることが大切です。ほとんどが菌糸に覆われた蛹など虫体の一部だけ、あるいは前あしだけでも同定ができるような眼力の持ち主は、大変重宝されます。実際、クモタケを研究した畑守有紀氏は、クモの大アゴだけで寄生されたクモの種類を見分け、ジグモには寄生せずキシノウエトタテグモが主な寄主であることを明らかにしました。

◆ **きのこに集まる虫は
　何をしているのか**

　きのこを食べる昆虫類（図3）の研究にも、豊かな探求の沃野が広がっています。きのこに産卵をする昆虫は多く、その多くは、オス、メスともにきのこに引き寄せられて繁殖しています。その誘引メカニズムはどのようになっているのか、きのこの少ない時期はどうしているのか、きのこの毒の影響は受けないのかなど、謎はいっぱいです。きのこに集まる虫のなかには、産卵に集まった昆虫や、孵化した幼虫を食べる肉食の昆虫もいます。こうした研究をする上で、昆虫の同定や研究はもちろん、資源となるきのこの種類や生態の記録も欠かせません。両方がわかることのハードルは大変高いですが、おもしろい世界です。きのこの研究のサイドワークに昆虫を、あるいは昆虫研究の2つ目の専門にきのこはいかがでしょうか。

◆ **きのこも植物も昆虫もわかると
　きっと楽しい**

　サトイモの仲間やチャルメルソウの花には、きのこで育つキノコバエが集まり、花粉を運びます。においを巡る共進化やキノコバエが生き続けていくためには、どんなきのこや花が関わっているのか、森のなかの生物同士の見えないつながりに興味がわきます。

図3　1本のオオシロカラカサタケから採集された昆虫など。ほかにもトビムシ類など1mm以下の小さな虫がついていた

カビにまで視野を広げれば、花の蜜を発酵させてにおいを強め、蜜と一緒に運ばれる酵母や、雄しべに寄生して花粉ではなく胞子を作り、虫をだまして胞子を運ばせる菌などまでいます。マツに寄生するマツこぶ病菌は蜜を出して虫や鳥を呼びます。動物の力を借りて受精をさせているのでしょう。さび病菌の仲間らしい実に複雑な生活史です。きのこや菌と植物と、昆虫や動物とを巡る物語には、たくさんの奇想天外で複雑な生態現象がいっぱいです。うまく料理すればどれもよい研究課題になりそうです。もちろん研究として携わろうと思うと難しい面はたくさんありますが、一番最初は、どれも興味とルーペとノートと鉛筆とを持った、観察と記録から始まるのです。「おもしろそう」を越えて研究に持ちこむときは、計画をしっかり立てる必要があります。過去には何がわかっていて、何を目的に調べ、どういう手法でどうやって何を検証するのかなど、成果を出すことを前提に取り組む必要があります。特に学生の研究は短期で完結させる必要があるので難しいかもしれませんが、研究の前提として好奇心の幅を広く持つことや、明らかにしたいことの興味の種を持っておくことが重要です。こうした興味の種も、標本や観察記録と同じく、溜めておくことで、だれかに引き継ぐこともできるのです。

エピローグに代えて
—— きのこから自然を見る

◆ きのこは生態系をコントロールする

きのこは森の木々の一生に深く関わっています。種子から発芽したばかりの幼植物は菌根菌により成長を助けられますが、きのこのなかには病原菌として実生を枯らしてしまうものもいます。巨木の根系とともに菌根菌の菌糸も広がりますが、1個体だけと共生するわけではなく、ほかの樹木とも共生を結んで、ネットワークのように森の地下を菌糸のパッチワークが広がっています。腐生菌は枯れた植物などを分解して栄養を吸収し、さらに無機化して土壌中に広げています。「木材腐朽菌」や「落葉分解菌」などはそれぞれ得意とする基質を分解し、さらに心材腐朽菌は巨木に洞を作ったりもします。

ナラタケなどは生きている樹木の根株に入って、枯死させることもあります。ナラタケだけでなく多様な木材腐朽菌が分解を始めますが、同時に腐朽途中の倒木の上にも変形菌が生じ、コケが生え、倒木上にまた新たな芽生えが生じたりします。

洞ができれば、そこに動物がすむこともありますし、小さな虫たちの暮らしの場ともなります。落ち葉が分解されれば土が豊かになっていきます。落ち葉を細かくするのは落ち葉を食べる土壌動物のようにも見

えますが、トビムシやダニのような土壌動物は落ち葉を食べているようで、実際にはそこに生えているきのこの菌糸を食べているものも多いようです。きのこ自体もいろいろな虫や小動物の餌となり、繁殖の場となり、そしてきのこ自体の胞子もそうした動物たちによっても運ばれます。

森林の土壌は、静かなように見えても地中ではさまざまなきのこの菌糸がひしめき、競争し、新たな胞子の入りこむ余地などないように見えて、それでいて動物たちがかき乱したり、新たな枯れ木や根が現れることでバランスが変わり、菌糸を広げます。そして勝ち残ったものは蓄えた栄養をもとにきのこを掲げ、胞子を飛ばすのです。

さて、ここでは見てきたように書いてきましたが、これらひとつひとつのストーリーは半ば研究者達によって実証され、半ば解明されていない将来の研究の種です。こうした現象や相互作用を魅力と感じたら、それをどのようにしたら明らかにできるか、研究計画を是非、立ててみてください。

◆ きのこは人間の生活とも関わっている

きのこのなかには、材や落ち葉が分解されてできた肥えた土では競争に勝てず、人間が利用するなか作り出した痩せ山・はげ山などの厳しい場所で生き延びてきたものも少なくありません。そのよく知られている代表がマツタケです。かつて関西に広く見られた「松茸山」は、人が燃料となる落ち葉や枯れ枝を日常的に掃き集めたため

に、土中へもどっていく栄養がとぼしいはげ山であり、これがマツタケにとってはかっこうのすみかとなったのでした。しかし、ガスなどの普及にともなって、山での燃料集めは行われなくなり、土中にもどる栄養は増え、その結果、マツタケはあまり生えなくなりました。

かつての松茸山の分布とその衰退は、人間の山の利用の変化を端的に示しています。白砂青松の松林に生えたショウロもまた同じような運命をたどっています。

人間もまた自然を変化させるプレーヤーの一人であり、きのこから人間活動の変化を読み取ることも可能です。こちらは環境社会学や菌類民俗学とでもいうべきフィールドワークが待っています。

◆ きのこと環境問題

もちろん環境問題にも関係しています。絶滅危惧種や外来種問題は、ほかの生物と同じようにおろそかにできない問題です。それだけではありません。たとえば鉱山周辺など、重金属汚染された地域では、その後の植林のために重金属を体内に蓄積し、植物への影響を緩和する菌根性の菌類の存在が重要といわれます。どこかに消えてなくなるわけではありません。菌糸が集めた重金属を菌体内に蓄積しているのです。放射性物質のなかにも金属イオンと同様にふるまうものも少なくありません。チェルノブイリ原発事故や福島第一原子力発電所事故の影響を受けた地域の特に菌根菌のきのこからは、事故後しばらく高い濃度の放射

性物質が検出されていました。被災地域の生態系を考えていく上で、こうした菌類の挙動や年次変化は重要な要素です。

また、菌類は有機物を分解して二酸化炭素とする重要な分解者です。特に北方の森林では地中に大量の有機物を蓄積していることから、温暖化によって菌類の挙動がどう変わるか、地球温暖化とも深い関わりがあります。

きのこは工業化した現代社会とも深い関係があります。きのこの分解能力の研究を深め、ダイオキシンやマイクロプラスティックの問題に貢献できるのではないかと研究している人もいるのです。

しかし、同時にこれらのすべての研究は、それぞれのきのこがどんな生活をしているのかなど種の基本情報という土台がしっかりしていないと発展することができないのです。

きのこは決して生態系の脇役ではありません。筆者が研究を始めたころに読んだ本のなかに、『Plant Roots：The Hidden Half』という生態学の教科書がありました。「この世の事象の半分である地上のことに比べ、もう半分の地下のことは未解明なテーマがたくさんある」という魅力的な本でした。

◆ DNAを読み解くために

21世紀になり、次世代シーケンサーのような強力なツールが登場し、たとえば「環境DNA」などコップ一杯ほどの水に溶けこんだ遺伝子で森の生きものまるごとの情報を得るような解析が進められていますが、そこで得られるのは結局、膨大なDNAの羅列でしかありません。そのDNAがどんな生活をするどの生きもののものなのか理解するためには、観察とデータ、標本を積み重ねて生態系の謎を解いていくしかないのです。生物学の基本は実は現代も変わっていないと思います。データは急激に増えていますが、それを解釈する観察をする目、具体的な資料や記録が、これからますます重要になっていくのではないかと思います。

きのこのDNAが検出されたとして、そのきのこはどんな生活をしているのか、どんな植物と、虫と、あるいはほかの菌と具体的にどんな関係をもっているのか。そこにそのDNAがあったという事実をヒントにしながらパズルのピースを組み合わせていく作業です。そのためには、観察の結果の積み重ねがまだまだ圧倒的に足りていません。

ノートと鉛筆による記録は、環境DNA研究まできちんとつながるのです。しっかりした観察と科学的な証拠保全、綿密な記録にはこれからも広大な沃野が広がっていると感じています。

◆ 知識も技術も高めて

ここまで述べてきたように、観察のレベルアップのためには顕微鏡を使いこなしたり、過去の観察を知るために論文を参照したりと、野外での楽しいきのこ狩りの時間だけでなく、知識を深めたり技術を磨く時

間も必要です。この本では、入り口を広く取るために、特に生物学の知識を前提とせずにスタートさせてきました。それでも理解を深め、的確な観察をするためには、さまざまな知識の側もやはり高めていく必要があります。生物学だけでなく、統計学や情報科学といった過去の菌学者たちが思いもよらなかった基礎知識が重要になっています。しかし、専門書を読みこむためには経験の裏打ちや、動機が高まっていないと挫折しがちです。

そうした専門書や図鑑にとりかかるまでの橋渡しとなる入門書として、ここまで本書を書き進めてきました。もっときのこを学びたいという欲求は高まってきたでしょうか？　それではそろそろ、この本を卒業して、きのこ、菌類学の入門書に挑戦すべき時期が来たようです。もちろん次のステージへ行っても、あなたが溜めたきのこ観察の「けいけんち」や「ぼうけんのきろく」「かくとくしたアイテム（標本）」は、そのまま持ち越せるシステムになっています。いろいろわからなくなったり、学術用語の呪文に「こんらんしている」状態になったりしたら、観察の基本にもどりましょう。

この本で示したここまでのダンジョンで「きのこがわかった」という状態になるのは無理だと思っています。しかし、「何か引っかかる」ものを、この先追求したいきのこについての謎として持てたなら、「もっときのこを知りたい、学びたい」という動機が高まってきたなら、きっとそれがこのダンジョンで見つけたあなたの宝物です。

次のダンジョンへの挑戦に参考となるきのこの参考書は巻末に示してあります。それでは、いつかあなたのための記録や標本を見せていただき、挑んだ謎についての冒険譚をお聞かせいただけることを楽しみにしつつ、ひとまず、おしまいにします。この先も謎解きを。私もがんばります。

◆初心者　◆◆中級者　と便宜的に分けています。でも初心者向けの本は中級者以上もたいてい持っていますし、使います。中級者向きは、顕微鏡観察にも使えるものを基準にしています。ただしほとんどが、大型なので野外携帯には不向きです。

これらのほかに、図鑑 . jp などのクラウド型きのこ図版があります。

＊取り上げている書籍のなかには絶版もふくめ、入手困難本もあります。

【おすすめのきのこ図鑑】
＜最初の一冊に＞

◆『きのこ（新装版山溪フィールドブックス）』本郷 . 次雄・上田俊穂（監修・解説），伊沢正名（写真）（2006）山と溪谷社

小さくても 1000 種を超えるきのこが掲載されている。野外に持ち出せる図鑑としてはみんなが持っているもっともスタンダードなものでしょう。版を重ねており、古書もそれなりに出ているが、特に最終版は高騰しており、入手が難しくなってきている。Kindle 版やその他の電子出版版なら 2,000 円以下で入手できる。

◆『しっかり見わけ観察を楽しむきのこ図鑑』中島淳志（著）吹春俊光（監修），大作晃一（写真）（2017）ナツメ社

300 種あまりと、掲載種数が多いわけではないが、色の表現や手触りなど、ほかの図鑑にはない工夫があり、きのこを見た目で区別せず、しっかり観察してみようというしかけに富んでいる。

◆『ポケット図鑑日本のキノコ 262』柳沢まきよし（著）（2009）文一総合出版

全部把握するのにちょうどいいサイズかも。

◆『検索入門きのこ図鑑』上田俊穂（著），伊沢正名（写真）（1985）保育社

きのこのグループがわからなくても、ヒダや傘の特徴で探すことができる。比較的入手できるようだ。

◆『小学館の図鑑 NEO きのこ［改訂版］』保坂健太郎（著），大作晃一（写真）（2017）小学館

◆『くらべてわかるきのこ』吹春俊光（監修）、大作晃一（写真）（2015）山と溪谷社

実物大の写真で、きのこの美しさを感じることのできる本。図鑑、というよりきのこの特徴の見方を学ぶ本、としてよい。

◆◆『原色日本新菌類図鑑 I』・『同 II』今関六也・本郷次雄（編著）（1987, 1989）保育社

菌類図鑑としてはもっともスタンダード。I 巻には古い分類体系でのハラタケ目のうち、イグチ科・ベニタケ科をのぞく各種を掲載。II 巻にはこの 2 科と、ヒダナシタケ目、腹菌類、キクラゲ類、子嚢菌類を掲載。顕微鏡を使った同定の基本文献。オンデマンド版は 12,000 円するが比較的安定して入手可能。オンデマンド版でない旧版の古書でも内容は同じなので問題ないが、新がつかない『原色日本菌類図鑑』、『続原色日本菌類図鑑』は相当古い内容なので、間違わないように。

◆◆『新版　北陸のきのこ図鑑』池田良幸（著），本郷次雄（監修）（2013）橋本確文堂

地方図鑑の体裁をとっているが、全種に顕微鏡観察図が載り、美しい図版で構成された最新（2013）の図鑑。本郷氏の監修により信頼度も高い。近畿であれば照葉樹林性のものを除き、十分参考になる。『追補北陸のきのこ図鑑』を合本した特別版もある。

◆『日本の毒きのこ（フィールドベスト図鑑）』長沢栄史（監修）（2009）学習研究社

最新の知見が反映された図鑑。毒きのこに限ったことから、中毒時の医療機関での対策マニュアルなども載っている。

◆『増補改訂新版　日本のきのこ（山溪カラー名鑑）』今関六也・本郷次雄・大谷吉雄（編著）（2011）山と溪谷社

フィールド版の山溪図鑑とほぼ同じ構成だが、それぞれの種の写真や解説はこちらのほうが豊富。また、どちらかにしか載っていない種も多い。分類体系に関する説明は最近のものとなっている。

◆『カラー版きのこ図鑑』本郷次雄（監修）、幼菌の会（編）（2001）家の光協会

関西を中心に活動する幼菌の会は、京都の清水山や伏見稲荷、朽木村が主な活動地であり、特に関西のきのこを見ていくときには参考になる。

<限定分野のきのこ図鑑>
◆『冬虫夏草ハンドブック』盛口満（文）、安田守（写真）（2009）文一総合出版
コンパクトな冬虫夏草図鑑は唯一。探し方のポイントも載る。

◆◆『冬虫夏草生態図鑑』日本冬虫夏草の会（著）（2014）誠文堂新光社
最新の見解で、網羅的に240種を掲載。

◆『森のふしぎな生きもの変形菌ずかん』川上新一（著），伊沢正名（写真）（2013）平凡社
写真で生態の解説もある。ただし、掲載されている種は限られる。

◆◆『図説日本の変形菌』山本幸憲（著）（1998）東洋書林
専門用語で書かれた、中級者以上向け。変形菌研究会からこの図鑑の増補冊子も出ている。やや入手困難。

◆◆『猿の腰掛け類きのこ図鑑』城川四郎（著）、神奈川キノコの会（編）（1996）地球社

◆◆『地下生菌識別図鑑』佐々木廣海・木下晃彦・奈良一秀（著）（2016）誠文堂新光社

このほかに『日本キノコ図版』青木実（自主出版）、『吉見昭一菌類資料集』関西菌類談話会など、たくさんの本を見比べながら同定を進めることが多い。

【きのこの観察の基本】
◆『（きのこファンのための）はじめての菌類学 1、2』中島淳志（著）（2013）Amazon Service
連続講座形式でパワーポイントを見ているように気軽に読み進む。1巻は菌類の基礎、2巻は「きのこの名前を調べよう」と肉眼的形態を、細かく見ていく、本書とも共通する内容。強く続刊が望まれる。

◆◆『図解きのこ鑑別法―マクロとミクロによる属の見分け方』D.L. ラージェント・R. ワトリング・D. ジョンソン（著）、井口潔（監修）、河原栄（翻訳）（2010）西村書店
D. L. Largent ほかが 1986 年に発行した世界的名著 "How to Identify Mushrooms to Genus のうち、肉眼的特徴の第1巻と顕微鏡観察の第3巻を合わせて

翻訳したもの。本格的に取り組む人には原著（1冊20ドル程度）を、ほかの巻も合わせて読むことを強くおすすめする。

◆◆『新菌学用語集』日本菌学会（編）（2014）日本菌学会
日本菌学会に入会するともらえる。こちらも形態の図解もふくめ非常に役立つ。販売は佐野書店のみが取り扱っている。
＊佐野書店：菌類を中心とした海外の専門書を主に扱うネット書店。
http://sanoshoten.blog13.fc2.com/

【きのこ観察結果のお手本】
◆◆『入生田菌類誌』神奈川県立生命の星・地球博物館
http://nh.kanagawa-museum.jp/research/archives/mycotairyuda01/index.html

◆◆『検証 キノコ新図鑑』城川四郎（著），神奈川キノコの会（編）（2017）筑波書房

◆◆『南西日本菌類誌：軟質高等菌類』寺嶋芳江（監修・編著）・高橋春樹・種山裕一（編著）（2016）東海大学出版部
以上3冊は基本的に網羅的な図鑑というよりは、1種ずつの記載が基本になっている。1ページずつがしっかり観察した記録の積み重ねになっている。こういうふうに形態や特徴を記録し、顕微鏡を観察するのだ、という見本になる。名前のわかっているものを観察し直しているのが前二者であり、不明なものを調べるところに力点があるのは後者である。

【きのこの生態をたのしく学ぶ】
<子供と一緒に>
◆『きのこ博士入門―たのしい自然観察』根田仁（著），伊沢正名（写真）（2006）全国農村教育協会
食べ物ではなく生物としてきのこを豊富な図版で取り上げている。入門書としてオススメ。

◆『きのこはともだち―さがす・みつける・たべる』松岡達英（構成）、下田智美（絵と文）（2001）偕成社

◆『かび・きのこ（菌の絵本）』白水貴（監修），山福朱実（イラスト）（2018）農山漁村文化協会

◆『きのこってなんだろう？　かがくのとも 2016 年 10 月』小林路子（著）（2016）福音館書店
この 3 冊は絵本ではあるが、しっかりと情報がつまっている。

<学生・大人向け>
◆『驚きの菌ワールド：菌類の知られざる世界』日本菌学会（編）（2017）東海大学出版部
ビジュアルな菌類に関する話題満載の普及書。おもしろそうなことがあるのかな、という興味づけに。

◆『ふしぎな生きものカビ・キノコ—菌学入門』ニコラス・マネー（著）、小川真（訳）（2007）築地書館

◆『キノコの不思議な世界』エリオ・シャクター（著）、くぼたのぞみ（訳）（1999）青土社
両方とも翻訳書だが、読み物として楽しめる。特にマネーは、胞子射出などに関する論文をいくつも書いており、このあたりは読ませる。本で読んだヒミツを観察で確かめてみよう。

◆『きのこと動物—ひとつの地下生物学』（きのこ生物学シリーズ）相良直彦（著）（1989）築地書館
入手困難

◆『きのこの下には死体が眠る !?—菌糸が織りなす不思議な世界—』吹春俊光（著）（2009）技術評論社
相良と吹春は師弟関係にある。研究がどう受け継がれたかもふくめ興味深い。

【体系的に菌類学を学ぶ】
◆◆『現代菌類学大鑑』David. Moore・Geoffrey. D.Robson・Anthony. P. J. Trinci（著）、堀越孝雄（代表）・清水公徳・白坂憲章・鈴木彰・田中千尋・服部力・山中高史（訳）（2016）共立出版
内容面では非常にバランスの取れたよい教科書。なんでこんないかめしい題名にしたのだろう、というのが最大の不満。が、それぐらいの迫力を感じる分厚さとお値段。原書は Cambridge University Press. から出ている "21st. Century Guidebook to Fungi" というペーパーバックの定番。学生には原書を辞書をひきつつたどり、ときに本書をカンニングしながら読み進めることを強くすすめる。原書版には DVD が付き、引用文献がリンクでたどれたり、画像がパワポで使えたりとすごく便利。

◆◆『菌類の生物学:生活様式を理解する』D. H. ジェニングス・G. リゼック（原著）、広瀬大・大園享司（翻訳）（2011）京都大学出版会

◆◆『菌類の生物学—分類・系統・生態・環境・利用—』柿嶌眞・徳増征二（2014）　共立出版
後者は日本菌学会の企画により作られた標準的な教科書でもある。大学の教科書を一人で読み進むのは慣れないとなかなか大変かもしれない。何人かで集まって、興味のある章を 1 つ選んでその日までにみんなで読んできて、誰かが紹介しながらみんなで議論するという形式は意外と進む。前者の著者の大園さんとも学生時代にそんな勉強をした。

◆◆『菌類のふしぎ第 2 版：形とはたらきの驚異の多様性』細矢剛・国立科学博物館（編）（2014）東海大学出版部
ビジュアルが豊富な構成で、1 つずつのトピックがそれなりに完結しているので読みやすいかもしれない。

【菌類生態学】
◆◆『基礎から学べる菌類生態学』大園享司（著）（2018）共立出版

◆◆『森林微生物生態学』二井一禎・肘井直樹（編）（2000）朝倉書店

◆◆『土壌微生物学実験法第 3 版』土壌微生物研究会（編）（2013）養賢堂

◆◆『目で見る菌類の採集と観察』三浦浩一郎（著）（1981）講談社
我流の実験／観察だけでなく、標準を知るための手引書として。『目で見る菌類の採集と観察』は身近な材料で広い菌類の世界を体験できる。

◆◆『キノコとカビの生態学—枯れ木の中は戦国時代—』深澤遊・大園享司（2017）共立出版

◆『生き物はどのように土にかえるのか　動植物の死骸をめぐる分解の生物学』大園享司（2018）ベレ出版
以上 2 冊は、いずれもきのこやカビなど菌類が昆虫や植物など、ほかの生物と深い関係を結んでいることを明らかにしてくれる。研究者がどのように現象

を明らかにしていくのか、そしてどこまで到達しているのか、菌類学の現状を知る好著。

◆『標本の作り方 自然を記録に残そう』大阪市立自然史博物館（編）（2007）東海大学出版会
きのこ標本も載せているが、冬虫夏草を扱うためには昆虫標本の、植物寄生菌には植物標本の知識も必要だ。幅広い分野をカバーする実用書としておすすめ。

【菌学者をたどる】
◆◆『菌を通して森を見る―森林の微生物生態学入門』小川真（著）（1980）創文

◆『森の生命学―つねに菌とともにあり』今関六也（著）（1988）冬樹社

◆『きのこの細道』本郷次雄（2003）トンボ出版
最初の2冊はなかなか手に入らなくなっているが、いずれも知識を得られるというより視座を与えられる気がした古典的名著。

【きのこの民俗学】
◆◆◆『毒きのこ今昔―中毒症例を中心にして』奥沢康正・奥沢淳治・久世幸吾（著）、松下裕恵（挿画）（2004）思文閣出版

◆◆『冬虫夏草の文化誌』奥沢康正（著）（2012）石田大成社

◆『きのこミュージアム―森と菌との関係から文化史・食毒まで』根田仁（著）（2014）八坂書房

◆『まつたけの文化誌』岡村稔久（著）（2004）山と渓谷社

◆『日本人ときのこ』岡村稔久（著）（2017）山と渓谷社

◆◆『キノコと人間：医薬・幻覚・毒キノコ』ニコラスマネー（著）、小川真（訳）（2016）築地書館

【顕微鏡観察】
◆『顕微鏡で見るミクロの世界―仕組み・使い方・撮影テクニックがわかる』山村紳一郎（著）（2012）誠文堂新光社

◆『顕微鏡フル活用術イラストレイテッド―基礎から応用まで』稲沢譲治・津田均・小島清嗣（監修）（2000）秀潤社

◆『顕微鏡観察の基本』井上勤（監修）（1998）地人書館

◆『植物の顕微鏡観察』井上勤（監修）（1998）地人書館
顕微鏡観察の教科書は何か1冊は手元に持っていたほうがいい。照明の調整の失敗ひとつ、工夫ひとつで見え方はまったく変わってしまう。

【その他】
◆『超拡大で虫と植物と鉱物を撮る―超拡大撮影の魅力と深度合成のテクニック（自然写真の教科書1）』日本自然科学写真協会（SSP）（監修）（2017）文一総合出版
深度合成のテクニック満載の1冊。

◆◆『みなか先生といっしょに統計学の王国を歩いてみよう―情報の海と推論の山を越える翼をアナタに！』三中信宏（著）（2015）羊土社
統計を実際にどうやればいいのか、マニュアル本は多いが、基礎原理を学ぶにはおすすめ。

【インターネットサイト】
<基礎情報>
Fungi 4 Schools
http://www.davidmoore.org.uk/Assets/fungi4schools/
英国菌学会が小中高で菌類を教えるための教材として作ったサイト。写真のところはフィルムカメラの説明であるなど、古くなっていることは否めないが、読みやすい。（英文）

『野生きのこの世界』
https://www.jataff.jp/kinoko/
形での見分けなど入門によいサイト。

『変形菌の世界』
https://www.kahaku.go.jp/research/db/botany/
henkeikin/index.html
国立科学博物館による同名特別展のサイト。

<研究の情報源>
日本菌学会
https://www.mycology-jp.org/

日本きのこ学会
https://www.jsmsb.jp/
＊このほかに、日本生態学会、植物病理学会、森林
学会などで、きのこに関連する研究発表が多くなさ
れている。

関西菌類談話会
http://kmc-jp.net/
関西の代表的なアマチュア研究団体。他の団体への
リンクも充実している。

JBIF　地球規模生物多様性情報機構日本ノード
http://www.gbif.jp/v2/
標本情報のデータベース。

地理院地図
https://maps.gsi.go.jp/

『きのこ雑記』（「日々の雑記」内）
http://fungi.sakura.ne.jp/
このサイトのリンクをたどれば主要な情報源にたど
り着けるだろう。

埼玉きのこ研究会
http://www.ippon.sakura.ne.jp/
顕微鏡関係の情報が特にくわしい。

レーベンフック研究会
http://microscopy.jp/leeuwenhoek/

<博物館>
国立科学博物館
https://www.kahaku.go.jp/

千葉県立中央博物館
http://www2.chiba-muse.or.jp/NATURAL/

神奈川県立生命の星・地球博物館
http://nh.kanagawa-museum.jp/

大阪市立自然史博物館
http://www.mus-nh.city.osaka.jp/

<学術文献検索サイト>
研究論文を統一的に検索できる環境には残念ながら
ないようだ。日本語の文献やローカルな出版物のな
かにも参考になるものが多く、一般検索サイトもふ
くめ、いろいろ試してみよう。

Google Scholar
https://scholar.google.co.jp/
国内外ともに検索できる。知りたいものの学名やキー
ワード、あるいは著者などで検索してみよう。[PDF]
と示されたリンクでは本文が読める。

CiNii
https://ci.nii.ac.jp/
国立情報学研究所が運営するサイト。くわしくはパー
ト 7 の 209 ページ参照。

J-STAGE
https://www.jstage.jst.go.jp/
日本語論文検索サイト。くわしくはパート 7 の 211
ページ参照。

AGROPEDIA
https://www.agropedia.affrc.go.jp/
林業試験場など林産系の報告はここが強い。

国立国会図書館　デジタルコレクション
http://dl.ndl.go.jp/
著作権の切れた古典的な教科書を公開している。

Biodiversity Heritage Library
http://www.biodiversitylibrary.org/subject/Fungi
同上。海外の古典文献を公開している。（英文）

<学名>
Index Fungorum
http://www.indexfungorum.org/
現在有効な学名を確認するためのサイト。

おわりに

いよいよ校正がやってきて、表紙のデザインもあがってきたというタイミングでこの最後のフレーズを書いています。『きのこの教科書』というタイトルになってしまったのか。仰々しいけど大丈夫かな、「きのこの副読本」「資料集」くらいのほうがおもしろそうでいいんだけどな、と編集のみなさんに愚痴ったり。でも、最初に図鑑を引けるようになるまでの手引きを作ることが目標だったので、教科書と嫌わず、手にしていただければ幸いです。でも、やっぱり一番ピッタリとするのは「きのこの実習書」かもしれません。実際にこの本を使って手を動かしてくれることを願っています。

そもそも英国菌学会の学生向け指導サイト「Fungi 4 Schools」には「南極から砂漠まで、菌類はどこにでもいるが、唯一いない場所がある。教科書の中だ」という一文が掲げられています。この本で一矢報いることができたでしょうか。

実はこの分野でも偉大な先輩がたくさんいます。印東弘玄さんの『キノコやカビの研究』（昭和23年／研究社）、土居祥兌さんの『キノコ・カビの生態と観察』（昭和52年［増補改訂版は平成元年］／築地書館）はいずれも観察の手引きとなる名著なのですが、今はほとんど手に入りません。それが今回の執筆の動機にもなりました。（今回は私の力不足もあり、カビの観察までは盛りこめませんでした。でも、カビの世界も、おもしろいですよ。）

この本は、大阪市立自然史博物館で行われた「きのこのヒミツ～きのこで世界は回ってる～」（2009年）と「きのこ！キノコ！木の子！～きのこから眺める自然と暮らし～」（2018年）という2つの特別展の解説書『きのこのヒミツを知るために』を基礎に、文章を見つめ直し、大幅に加筆し、写真を加え、まとめたものです。解説書は、特別展で見たきのこ標本や図譜での驚きをアマチュア研究へつなげて欲しいと思い書いたものでした。この本には博物館の展示というきっかけがありませんが、みなさんをきのこへ導いてくれるでしょうか。半信半疑だったのですが、全国のアマチュアの方々からは「き

のこが好きで観察をしたいのだけれど、手引きになる本がない」「是非もっと手に入れやすい本を」と言われ、半ば押し売りのように山と溪谷社の神谷有二さんにお願いし、遅れがちな進行に辛抱強く対応いただいた編集の山田智子さん、素晴らしい写真をたくさん提供いただいた大作晃一さん、デザイナーの椎名麻美さんの力を借りて形になったのです。

　たくさんの方のご協力を得てこの本はできています。本郷次雄先生の貴重な資料を活用させていただいたのは奥様の富代さんをはじめ本郷家の皆様のおかげです。資料調査にご協力いただいた神奈川県立生命の星・地球博物館、国立科学博物館、たつの市教育委員会、吉見家、豊嶋家、千葉菌類談話会のみなさんにも御礼申し上げます。

　浅井郁夫さん、小寺祐三さん、下原幸士さん、名部みち代さん、丸山健一郎さん、森本繁雄さんをはじめ、関西菌類談話会のみなさんには、図版の提供や原稿へのご意見などをいただきました。釋知恵子さんには基礎となった解説書の編集に大変お世話をかけました。執筆中は家族にも負担をかけました。学芸員という謎な仕事が、この本によって少しでもわかりやすくなっているといいのですが。

　最後に、この本の基礎には JSPS 科研費 JP 23300333、JP 15K01157、公益財団法人発酵研究所一般研究助成などの支援を受けた研究成果があります。関係した皆様に重ねて御礼申し上げます。

　きのこの特別展を行う自然史博物館は、残念ながらまだまだこの国には少ない状況です。この本がそのせめてもの代わりに、21 世紀中・後半の日本のきのこ、そして自然を記録するアマチュア研究者を育むきっかけになれば幸いです。

佐久間大輔 （大阪市立自然史博物館）

2019 年 8 月 13 日

佐久間大輔（さくま・だいすけ）

神奈川県横須賀市出身、京都大学大学院理学研究科博士後期課程単位取得退学。京都大学生態学研究センター在学中に菌根研究に出会い、里山から熱帯雨林まで、自然を読み解く視点として菌類を知るおもしろさに出会う。大阪市立自然史博物館の学芸員となり、2回の大規模なきのこ展、里山や博物館をめぐる種々の共同研究を行う。現在、学芸課長代理。
主著：『里と林の環境史』（文一総合出版 2011、分担執筆）、『考えるキノコ摩訶不思議ワールド』（LIXIL Booklet 2012、監修・分担執筆）

デザイン ——— 椎名麻美
イラスト ——— 松本剛
写真協力 ——— 大作晃一、佐久間大輔、丸山健一郎
取材協力 ——— 大久保泰和、鎌田佐代子、斎木達也、斎木治子、正井俊郎、森本滋雄、
　　　　　　　畑中俊美、関西菌類談話会、千葉菌類談話会
編集 ————— 山田智子、神谷有二（山と溪谷社）

＊本書は『新版 きのこのヒミツを知るために—観察から始めるきのこ入門—』（大阪自然史博物館／2018年発行）を大幅に改訂したものです。

[資料・情報・写真・映像協力]（大阪自然史博物館版）
浅井郁夫、いわたまいこ、小寺祐三、下原幸士、釋知恵子、名部みち代、本郷富代、丸山健一郎、森本繁雄、吉見一子、神奈川県立生命の星・地球博物館、関西菌類談話会、国立科学博物館、たつの市教育委員会

きのこの教科書
　観察と種同定の入門

2019年10月1日　　初版第1刷発行
2019年10月20日　　初版第2刷発行

著者 ————— 佐久間大輔
発行人 ———— 川崎深雪
発行所 ———— 株式会社 山と溪谷社
　　　　　　　〒101-0051　東京都千代田区神田神保町1丁目105番地
　　　　　　　https://www.yamakei.co.jp/
　　　　　　　■乱丁・落丁のお問合せ先
　　　　　　　山と溪谷社自動応答サービス　TEL.03-6837-5018
　　　　　　　受付時間　10〜12時、13〜17時30分（土日・祝日を除く）
　　　　　　　■内容に関するお問合せ先
　　　　　　　山と溪谷社　TEL.03-6744-1900（代表）
　　　　　　　■書店・取次様からのお問合せ先
　　　　　　　山と溪谷社受注センター
　　　　　　　TEL.03-6744-1919　FAX.03-6744-1927
印刷・製本 —— 図書印刷株式会社